TECHNIK, WIRTSCHAFT und POLITIK 53

Schriftenreihe des Fraunhofer-Instituts
für Systemtechnik und Innovationsforschung ISI

Harald Hiessl · Dominik Toussaint
Michael Becker · Amely Dyrbusch
Silke Geisler · Heinrich Herbst · Jens U. Prager

Alternativen der kommunalen Wasserversorgung und Abwasserentsorgung AKWA 2100

gefördert von der
WestLB-Stiftung Zukunft NRW

Unter Mitarbeit von
Thomas Kabbe, Uwe Kuntze, Martin Marggraff,
Frank Sperling, Thomas Stoffers, Raul Trujillo,
Lothar Unrast, Volker Zang

Physica-Verlag
Ein Unternehmen des Springer-Verlags

Dr.-Ing. Harald Hiessl
(Gesamtkoordination)
Dipl.-Ing. Dominik Toussaint
(Gesamtkoordination)
Fraunhofer ISI
Institut für Systemtechnik
und Innovationsforschung
Breslauer Straße 48
76139 Karlsruhe
http://www.isi.fraunhofer.de

Dipl.-Ing. Michael Becker
Dipl.-Ing. Silke Geisler
Emschergenossenschaft/Lippeverband
Königswall 29
44137 Dortmund

Dipl.-Ing. Amely Dyrbusch
Professor Dr.-Ing. Stein & Partner GmbH
Beratende Ingenieure
Konrad-Zuse-Straße 6
44801 Bochum

Dipl.-Ing. Heinrich Herbst
Institut für Siedlungswasserwirtschaft
(ISA)
RWTH Aachen
52056 Aachen

Dr. rer. oec Jens U. Prager
Matrix Gesellschaft für Beratung
in Wirtschaft, Politik
und Verwaltung mbH & Co. KG
Schloss Elbroich
Am Falder 4
40589 Düsseldorf

Mit 50 Abbildungen und 13 Tabellen

ISSN 1431-9659
ISBN 3-7908-0037-6 Physica-Verlag Heidelberg

Bibliografische Information Der Deutschen Bibliothek
Die Deutsche Bibliothek verzeichnet diese Publikation in der Deutschen Nationalbibliografie; detaillierte bibliografische Daten sind im Internet über <http://dnb.ddb.de> abrufbar.

Physica-Verlag Heidelberg
ein Unternehmen der BertelsmannSpringer Science+Business Media GmbH

Umschlaggestaltung: Erich Kirchner, Heidelberg

SPIN 10913147 88/3130-5 4 3 2 1 0 – Gedruckt auf säurefreiem Papier

Die maßgeblichen Probleme,
denen wir uns heute gegenüber sehen,
lassen sich nicht mit demselben Denkansatz lösen,
den wir hatten, als wir sie schufen.

Albert Einstein

Vorwort

Fundamentale Voraussetzung für das Funktionieren einer Volkswirtschaft ist eine moderne und leistungsfähige Infrastruktur. Ein besonders wichtiges Infrastrukturelement stellt die Wasserinfrastruktur dar, die eine sichere Versorgung der Bevölkerung und der Wirtschaft mit qualitativ hochwertigem Wasser ebenso sicherstellt, wie die Sammlung und Reinigung der häuslichen und gewerblichen Abwässer und die schnelle Ableitung der Niederschlagsmengen aus den Siedlungsräumen.

Die Wasserinfrastruktursysteme der westlichen Industrieländer haben sich in den letzten 100 Jahren wasser- und abwasserseitig zu ausgedehnten Leitungsnetzen mit zentralen Aufbereitungsanlagen ausgeformt. Der Aufwand, der in den kommenden Jahren zur Sanierung und Modernisierung dieser Netze und Anlagen notwendig werden wird, ist erheblich. Er wird sich aller Voraussicht nach jährlich auf mehrere Milliarden Euro belaufen.

Angesichts dieser enormen, von unseren Gemeinwesen aufzubringenden Summen, aber auch unter dem Gesichtspunkt, dass die heute vorgefundene Struktur der Wasserver- und Abwasserentsorgung vor dem Hintergrund der in Politik und Gesellschaft geführten Nachhaltigkeitsdebatte durchaus Anlass zu einer kritischen Betrachtung gibt, erhielt das Fraunhofer Institut für Systemtechnik und Innovationsforschung von der Stiftung „Zukunft NRW" der WestLB, Düsseldorf den Auftrag, mit einer Perspektive von 50 und mehr Jahren Szenarien einer anderen Wasserwirtschaft zu entwerfen und hinsichtlich ihrer technischen Machbarkeit, ihrer ökonomischen Auswirkungen und ihrer Nachhaltigkeitsaspekte zu beleuchten. Die vorliegende Arbeit widmet sich darüber hinaus innovationstheoretischen Überlegungen, die das Problem aufgreifen, wie ein bestehendes Infrastruktursystem, das wie im vorliegenden Fall technisch und institutionell über erhebliche Trägheitsmomente verfügt, in endlicher Zeit auf ein System umgesteuert werden kann, das neuen Anforderungen und Herausforderungen genügt.

Im Ergebnis zeigt sich, dass die Auseinandersetzung mit Alternativen zur vertrauten Wasserinfrastruktur in vielerlei Hinsicht lohnt. Neben den Vorteilen vor Ort eröffnet sich durch den nachhaltigeren Umgang mit der Ressource Wasser die Hoffnung, diese Konzepte in klimatisch weniger begünstigten Regionen der Erde übertragen und damit der deutschen Wasserindustrie ein attraktives Marktsegment erschließen zu können.

Karlsruhe, im November 2002

Prof. Dr. rer. pol. Frieder Meyer-Krahmer
Institutsleiter
Fraunhofer-Institut
für Systemtechnik und Innovationsforschung

Inhaltsverzeichnis

Abbildungsverzeichnis

Tabellenverzeichnis

1 Einführung und Problemstellung

1.1 Ausgangssituation

Die urbanen Wasserinfrastruktursysteme, die heute in den industrialisierten Ländern vorgefunden werden, begannen sich in der Mitte des 19. Jahrhunderts zu bilden. Sie versorgten die Bevölkerung und die Wirtschaft in dicht besiedelten Gebieten mit (Trink-)Wasser und stellten ausreichend Wasser für Feuerlöschzwecke bereit. Neben der Versorgungsaufgabe bestand die Entsorgungsaufgabe darin, das in den Städten anfallende Regenwasser sowie das häusliche und gewerbliche Abwasser zu fassen und abzuleiten. Wegen der im Lauf der Zeit angestiegenen Gewässerbelastung und der zunehmenden Notwendigkeit, hygienisch einwandfreies Trinkwasser bereitzustellen und die Belastungen der Gewässer durch Abwässer zu reduzieren, wurden die Systeme nach und nach um Anlagen zur Trinkwasseraufbereitung und zur Abwasserbehandlung ergänzt. Mit wachsendem Wasserbedarf und steigenden Anforderungen an die Trinkwasserqualität und die Gewässergüte der Vorfluter wurden die Anlagen kontinuierlich erweitert.

Heutige urbane Wasserinfrastruktursysteme lassen sich wie folgt charakterisieren:

- Die Wasserinfrastruktursysteme haben eine zentralistische Grundkonzeption. Die Aufbereitung des Trinkwassers und die Behandlung des Abwassers erfolgen in großen, zentralen Anlagen. Der Verteilung des Wassers und der Sammlung des Abwassers dienen weit verzweigte Leitungs- und Kanalnetze.

- Urbane Wasserinfrastruktursysteme sind im Hinblick auf Wasser und die Nährstoffe Stickstoff und Phosphor offene Durchflusssysteme: Trinkwasser wird in das kommunale Verteilungssystem eingespeist, einmal genutzt und dann als Abwasser abgeleitet. Ein wesentlicher Anteil des oft aufwändig aufbereiteten Trinkwassers wird lediglich als Transportmedium für Abfallstoffe und Fäkalien eingesetzt. Die heute im gewerblich-industriellen Bereich übliche innerbetriebliche Mehrfachnutzung des Wassers findet auf kommunaler Ebene und in den Haushalten nicht statt. Abgesehen von der infolge ihrer Schadstoffbelastung zunehmend in Kritik geratenen Verwertung der Klärschlämme in der Landwirtschaft findet für die Stickstoff- und Phosphorfracht, die aus der Nahrung über Fäkalien und Urin ins Abwasser und zum Teil in die Klärschlämme gelangt, keine Wiedernutzung statt.

- Das urbane Wasserinfrastruktursystem ist abwasserseitig in mehrfacher Hinsicht ein „vermischendes" System. Trotz unterschiedlicher Inhaltsstoffe und damit anderen Anforderungen an die Aufbereitung werden häusliche mit gewerblichen Abwasserströmen vermischt. Eine weitere Vermischung erfolgt durch die gemeinsame Erfassung von Schmutz- und Regenwasser von Dach- und Straßenflächen, aber auch durch Grundwasser, das als Fremdwasser (Stein, 1998; Stein und Stein, 2000) in die Kanalisation eindringt (Leckagen).

- Das System der öffentlichen Wasserversorgung stellt für alle Anwendungen Wasser einer sehr hohen Qualitätsstufe, nämlich Trinkwasser, bereit. Die im gewerblich-industriellen Bereich häufig anzutreffende Bereitstellung mehrerer bedarfsorientierter Wasserqualitäten findet sich in der kommunalen Wasserwirtschaft nicht.
- Die beiden Teilsysteme der urbanen Wasserinfrastruktur - Wasserver- und Abwasserentsorgung - werden in Deutschland in der Regel institutionell getrennt betrieben. Aufgrund dessen werden die Synergiepotenziale einer integrierten Wasserbewirtschaftung nicht optimal ausgeschöpft.

Anlässe, das bestehende Konzept der urbanen Wasserinfrastruktur grundsätzlich zu überdenken, gibt es vor allem seitens der Abwasserentsorgung, aber durchaus auch aus Sicht der Wasserversorgung:

- Die ATV-DVWK-Umfrage 2001 (Berger et al., 2002) zum Zustand der Kanalisation in Deutschland ergab, dass von den ca. 446.000 km öffentlicher Kanalisation ungefähr 17 % kurz- bis mittelfristig sanierungsbedürftig sind. Bei durchschnittlichen Sanierungskosten von 594 €/m ergeben sich damit von der öffentlichen Hand zu tragende Sanierungskosten in Höhe von 45 Mrd. €. Weitere 14 % der Kanäle weisen geringfügige Schäden auf und müssen langfristig saniert werden. Hinzu kommt der Sanierungsbedarf der rund 900.000 km privaten Entwässerungsleitungen, von denen ca. 40 % mittelfristig sanierungsbedürftig sind.
- Für Betrieb, Instandhaltung und Neubau der öffentlichen Abwasserentsorgung in Deutschland müssen in den nächsten 15 Jahren rund 12 Mrd. € pro Jahr aufgebracht werden (Investitionen: 6,5 Mrd. €/a; Betrieb: 5,5 Mrd. €/a; Dohmann, Ewringmann, 1997).
- Neben der o. g. Summe von 12 Mrd. €/a zum Erhalt, Ausbau und Betrieb der bestehenden Abwasserinfrastruktur, liegt in der zentralistisch angelegten Konzeption der urbanen Wasserinfrastruktur ein weiteres ökonomisches Problem. Die Kostenstruktur der Wasserver- und der Abwasserentsorgung hat sich so entwickelt, dass mittlerweile ca. 80 % der Gesamtkosten für die Netze (Betrieb, Instandhaltung, Erneuerung, Erweiterung) und nur 20 % für Behandlungsanlagen aufgewendet werden.
- In der Wasserver- und Abwasserentsorgung liegt der Fixkostenanteil bei 80 %, während die variablen Kosten nur 20 % der Gesamtaufwendungen betragen. Nur auf die variablen Kosten kann der Verbraucher durch einen sparsamen Umgang mit Wasser Einfluss nehmen. Die finanzielle Belastung der Kommunen und damit die Gebührenbelastung der Haushalte und des Gewerbes sind somit vorrangig eine Folge der ausgedehnten Leitungsnetze.
- Das Deutsche Institut für Urbanistik hat in einer aktuellen Untersuchung (Reidenbach et al., 2002) ermittelt, dass der gesamte kommunale Investitionsbedarf in Deutschland für das erste Jahrzehnt des 21. Jahrhunderts 686 Mrd. €

beträgt. Die kommunalen Infrastrukturen der Wasserver- und Abwasserentsorgung werden (zusammen mit der Abfallwirtschaft sowie Maßnahmen im Zusammenhang mit Altablagerungen) als Bereich „Wasser und Umweltschutz" ausgewiesen, mit einem Investitionsbedarf von 125,2 Mrd € (18,2 %) für die Dekade 2000 bis 2009. Damit liegen die Entsorgungsaufwendungen nach dem Verkehrsbereich (Straßen und ÖPNV) mit 26 % und dem Investitionsbedarf für die soziale Infrastruktur mit 18,7 % an dritter Stelle. Umgerechnet auf die Einwohner bedeutet dies, dass im Bundesdurchschnitt im Bereich Wasser- und Umweltschutz 1.526 € pro Einwohner (westliche Bundesländer: 1.479 €/Einwohner, östliche Bundesländer: 2.401 €/Einwohner) für die kommunalen Infrastrukturen aufzuwenden sein werden. In diesen Zahlen sind die im Zusammenhang mit der Hochwasser-Katastrophe vom August 2002 entstandenen Schäden nicht enthalten.

- Aus der im Jahr 2000 verabschiedeten Europäischen Wasserrahmenrichtlinie (WRRL) ergeben sich neue Qualitätsziele, zu deren Einhaltung zusätzliche Investitionen notwendig sein werden. Es ist damit zu rechnen, dass Einleitungsbeschränkungen für Stoffe erlassen werden, die heute in den Kläranlagen nicht zurückgehalten werden. Exemplarisch seien hormonell wirkende Stoffe, Abbauprodukte von Pharmaka sowie antibiotisch wirkende Stoffe (die beiden letztgenannten Stoffgruppen sind bislang nicht in der Liste der prioritären Stoffe zur WRRL enthalten), die vor allem über den Urin ins Abwasser gelangen.
- Kommunale Klärschlämme sind u. a. wegen der Mischung häuslicher und gewerblicher Abwässer mit unterschiedlichen Schadstoffen belastet (z. B. Schwermetalle, organische Schadstoffe, Medikamentenrückstände). Da die Anforderungen an den zulässigen Schadstoffeintrag in die Böden steigen (UBA, 2001), ist damit zu rechnen, dass immer weniger Klärschlämme landwirtschaftlich genutzt werden können, und zu höheren Kosten thermisch zu entsorgen sind.
- Die Grundwasservorkommen sind durch die Landwirtschaft zum Teil mit Nährstoffen und Pestiziden belastet, so dass in manchen Regionen ein zunehmender Aufbereitungsaufwand für die Trinkwassergewinnung erforderlich ist oder gar Fernwasserversorgungssysteme in Betracht gezogen werden müssen.
- Die bei der Planung der heute bestehenden Verteilungsnetze zugrunde gelegten Annahmen eines steigenden Wasserverbrauchs sind nicht eingetreten. Vielmehr hat sich der Haushaltswasserverbrauch in Deutschland seit Anfang der 90er Jahre kontinuierlich um insgesamt 12 % auf 129 l/(E·d) im Jahr 2000 verringert (vgl. Abbildung 1-1), so dass die Versorgungsleitungen teilweise überdimensioniert sind. Wegen der längeren Aufenthaltszeiten des Wassers in den Verteilungsnetzen kommt es zu Hygieneproblemen infolge von Wiederverkeimung.

Abbildung 1-1: Durchschnittlicher täglicher Pro-Kopf-Trinkwasserverbrauch der Wohnbevölkerung in Deutschland im Jahr 2000 (BGW, 2001)

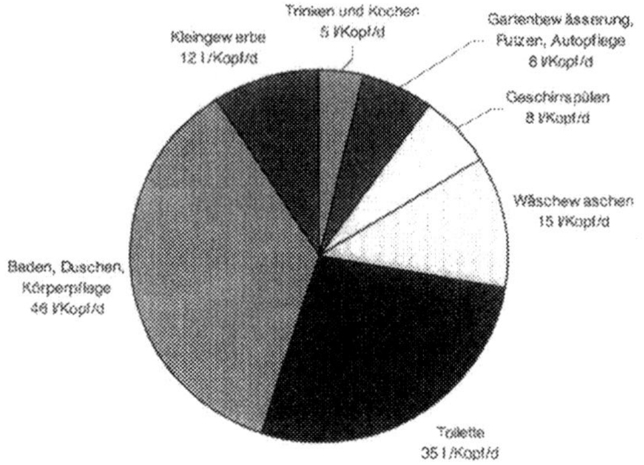

Zusätzliche Argumente, sich ernsthaft mit anderen Grundkonzeptionen für Wasserinfrastruktursysteme auseinander zu setzen, liefert der Blick über die nationalen Grenzen. Vor allem in den Entwicklungsländern haben derzeit über 2,4 Mrd. Menschen keinen Zugang zu einer hygienisch unbedenklichen Wasserversorgung, und etwa die Hälfte der Weltbevölkerung ist nicht an Abwasserentsorgungsysteme angeschlossen. Ohne massive Hilfsmaßnahmen seitens der Industrieländer werden sich diese Zahlen in den nächsten 20 Jahren verdoppeln. Schon heute sterben jährlich zwischen 3 und 4 Mio. Menschen an Krankheiten, die in unmittelbarem Zusammenhang mit einer unzureichenden Wasserver- und Abwasserentsorgung stehen (World Water Council, 2000). Vor diesem Hintergrund hat die Bundesregierung gemeinsam mit der Europäischen Union im Vorfeld des UN-Umweltgipfels 2002 in Johannesburg vorgeschlagen, die Anzahl der Menschen ohne Zugang zur sanitären Grundversorgung mit Wasser von derzeit 2,4 Mrd. auf 1,2 Mrd. Menschen bis zum Jahr 2015 auf die Hälfte zu senken. Um dieses Ziel zu erreichen, müssten pro Jahr mindestens 23 Mrd. € investiert werden. Tatsächlich werden derzeit aber nur 16 Mrd. € jährlich für den Aufbau entsprechender Wasserinfrastruktursysteme in den Entwicklungsländern ausgegeben.

Die technologischen und finanziellen Konsequenzen dieses Vorschlags für die Industrieländer werden deutlich, wenn man bedenkt, dass vor allem in den rasch wachsenden Megastädten sowie in den ländlichen Regionen der Transformations- und Entwicklungsländer Wasserver- und Abwasserentsorgungsinfrastrukturen nur ansatzweise vorhanden sind bzw. weitgehend fehlen. Zur Verbesserung der hygienischen Verhältnisse und als Voraussetzung für die ökonomische Entwicklung dieser Länder müssen die Wasserinfrastruktursysteme im Wesentlichen neu errichtet werden.

Da die Entwicklungsländer häufig in wasserarmen Regionen liegen, kann das in westlichen Industrienationen historisch entstandene Konzept einer zentralen Wasserversorgung und einer auf der Schwemmkanalisation (Wasser als Transportmedium) aufbauenden zentralen Abwasserentsorgung nicht sinnvoll übertragen werden. Es ist auch wegen des notwendigen Finanzbedarfs und der mit diesem Konzept verbundenen hohen institutionellen Anforderungen kaum geeignet.

Berücksichtigt man die wirtschaftlich-technischen Rahmenbedingungen und die technologischen Kompetenzen, die für die Errichtung eines nachhaltigen Wasserinfrastruktursystems notwendig sind, kann der erforderliche technologische Quantensprung zunächst nur in und von den Industrieländern geleistet werden. Es besteht daher dringender Handlungsbedarf innovative Wasserinfrastrukturkonzepte und Technologien zu entwickeln, die sowohl finanzierbar wie auch nachhaltig sind und auch in den Industrieländern erprobt bzw. angewendet werden.

1.2 Paradigmen einer nachhaltigen Wasserwirtschaft

Vor diesem Hintergrund wird deutlich, dass die Grundkonzeption der konventionellen urbanen Wasserwirtschaft sowohl in den Industrie- als auch in den Entwicklungsländern an Grenzen stößt. Die Lösung liegt in der Entwicklung und Anwendung nachhaltiger Wasserinfrastruktursysteme.

Eine Zusammenstellung verschiedener Handlungsschwerpunkte zur Umsetzung einer „nachhaltigen Wasserwirtschaft“ für Deutschland und Regierungen mit vergleichbaren Rahmenbedingungen wurde im Rahmen des vom Umweltbundesamt geförderten Forschungsprojekts „Maßnahmenplan Nachhaltige Wasserwirtschaft“ erarbeitet (Böhm, Hillenbrand et al., 1999). Unter den über 70 Maßnahmen sind sowohl kurz- (d. h. bis etwa 2005) als auch längerfristig (bis etwa 2020) umsetzbare Ansätze, wobei der überwiegende Anteil die Reduktion von Schadstoffeinträgen in die Gewässer betrifft. Sechs Vorschläge befassen sich mit Maßnahmen, die direkt die urbanen Wasserinfrastruktursysteme betreffen. Hierzu gehören Erweiterungen der bestehenden kommunalen Kläranlagen zur Elimination von Phosphor sowie die Hygienisierung der aufbereiteten Abwässer, die Regenwasserbewirtschaftung, die Kanalinspektion und -sanierung, die Umsetzung der Agenda 21 im Bereich der Wasserwirtschaft auf lokaler Ebene, die Nachrüstung der Gebäude mit wassersparenden Einrichtungen, Armaturen und Wasserzählern und schließlich die Förderung der Nutzung von Regen- und Brauchwasser bzw. gereinigtem industriellem Abwasser. Implizit geht der Maßnahmenplan davon aus, dass die Grundkonzeption der heute bestehenden Wasserinfrastruktursysteme in ihren Grundzügen (zentrale Trinkwasserversorgung und Schwemmkanalisation mit zentraler Kläranlage) im Rahmen des in der Untersuchung betrachteten Zeitraums bis 2020 nicht in nennenswertem Umfang verändert werden kann.

Mit all diesen Anstrengungen, insgesamt einen Übergang zu einer nachhaltigen Entwicklung zu erreichen, deutet sich auch in der Wasserwirtschaft ein **Paradigmenwechsel** hin zu einer ökoeffizienten und nachhaltigen Nutzung der Ressource Wasser an (Hiessl, 2001):

- Regenwasser und Abwasser wurden bisher als „Belastungen" angesehen, derer man sich möglichst rasch entledigen wollte. Jetzt gewinnt - unterstützt durch die Praxis in der Industrie - die Erkenntnis an Boden, dass Regen- und Abwasser auch im kommunalen Bereich ökonomisch nutzbare Ressourcen sein können.

- Während in der industriellen Wasserwirtschaft durch eine entsprechende Gesetzgebung der Aufbau von Systemen vorangetrieben wurde, die die verschiedenen (Ab-) Wasserströme getrennt halten und durch den Einsatz dezentraler Aufbereitungstechnologien eine Mehrfachnutzung des Wassers in Nutzungskaskaden und Kreisläufen ermöglichen (Böhm und Hillenbrand, 2002), ist die kommunale Wasserwirtschaft in Deutschland bis heute ein reines Durchflusssystem geblieben, während beispielsweise in Japan (Kawamura, Jinno, 1996) oder in den USA (EPA, 1992; Murphy, Hanock, 1991) die Wiedernutzung von aufbereiteten kommunalen Abwässern seit einigen Jahren verstärkt praktiziert wird.

- Im alten Paradigma wurden ökonomische Skaleneffekte durch große, zentrale Infrastruktursysteme der Wasserver- und Abwasserentsorgung realisiert. Zunehmend wird erkannt, dass bei vielen zentralen Systemen die optimale räumliche Ausdehnung überschritten ist und aufgrund des technischen Fortschritts möglich gewordene dezentrale Konzepte aus ökonomischer und ökologischer Sicht günstiger sein können. Ökonomische Skaleneffekte ließen sich möglicherweise eher durch eine industrielle Serienfertigung kleiner dezentraler Anlagen und Komponenten erreichen.

- Die in der urbanen Wasserwirtschaft historisch gewachsene und immer noch vorherrschende institutionelle Trennung der Wasser- und Abwasserentsorgung wird bisher kaum hinterfragt. Das neue Paradigma setzt hingegen auf die Erschließung der Synergieeffekte einer institutionell integrierten Wasserver- und Abwasserentsorgung (Stein, 2002). Diese Entwicklung trägt der im Kreislaufwirtschafts- und Abfallgesetz für den Umgang mit materiellen Produkten geforderten Produktverantwortung auch für das Produkt („Trink-)wasser" Rechnung.

- Bisher wurde versucht, die Komplexität technischer Systeme durch standardisierte Lösungen zu reduzieren. Da den lokalen spezifischen Rahmenbedingungen so nicht optimal Rechnung getragen werden kann, setzt das neue Paradigma wesentlich stärker auf problemspezifische und flexible Lösungen. Hierbei werden gezielt auch solche Technologieentwicklungen einbezogen, die außerhalb des klassischen siedlungswasserwirtschaftlichen Innovationssystems entwickelt wurden (z. B. Membran-, Plasma-, IuK-Technologie).

- Innovationsfreundliche Rahmenbedingungen in der Wasserwirtschaft waren im alten Paradigma kein vordringliches Thema, da die Wasserver- und die Abwasserentsorgung innerhalb weitgehend geschützter Gebietsmonopole stattfand. Sowohl aus Kostengründen als auch aus Gründen einer verbesserten Nachhaltigkeit kommt im neuen Paradigma der Schaffung innovations- und wettbewerbsfördernder Rahmenbedingungen und einer systematischen Nutzung der außerhalb der Wasserwirtschaft entwickelten technologischen Innovationen eine wichtige Rolle zu.
- Wasserbedarf war im alten Paradigma ein „angebotsseitiges“, d. h. die Sicht der Wasserversorgungsunternehmen abbildendes Konzept, das in erster Linie die bedarfsdeckende Auslegung und den Betrieb der Wasserversorgungsanlagen in den Vordergrund stellte. Demgegenüber gewinnen „nachfrageseitige“ Aspekte, d. h. die Sicht der Wassernutzer und damit Aspekte des Bedarfsmanagements an Bedeutung. Dies wiederum bedeutet, dass sich die Nutzung von Wasser stärker als bisher auch an den nutzungsspezifischen Qualitäts- und Kostenanforderungen orientiert.
- Bisher spielt die Öffentlichkeit, und hier in erster Linie die Privathaushalte, eine passive, rezipierende Rolle. Diese sind per Anschluss- und Benutzungszwang zur Inanspruchnahme der als hoheitliche Aufgabe und als Daseinsvorsorge verstandenen Wasserver- und Abwasserentsorgungsdienstleistungen der lokalen Monopolanbieter verpflichtet. Nicht zuletzt vor dem Hintergrund der Liberalisierung in der Strom- und Gasversorgung beginnen die Ver- und Entsorger der Wasserwirtschaft die Haushalte und Verbraucher stärker als „Kunden“ wahrzunehmen.

Wie stark das alte Paradigma noch immer in unser aller Bewusstsein verankert ist, lässt sich am Beispiel der Diskussion um die Möglichkeiten und Wege zur Liberalisierung des Wassermarkts illustrieren. Die Liberalisierungsdiskussion war und ist dadurch charakterisiert, dass alle Argumentationslinien zur Stärkung der marktlichen Kräfte (Wettbewerb um den Markt, Durchleitung) implizit auf der Beibehaltung einer zentralistischen Wasserver- und Abwasserentsorgung beruhen. Diese Grundannahme, dass es sich sowohl bei der Wasserver- als auch bei der Abwasserentsorgung wegen der Leitungsgebundenheit um natürliche Monopole handelt, wurde nicht hinterfragt, obwohl es deutliche Anzeichen dafür gibt, dass durch den technischen Fortschritt dezentral einsetzbare Technologien verfügbar werden, die bei der Wasseraufbereitung, der Abwasserreinigung und der Kreislaufführung von Wasser auf der Ebene der Einzelgebäude große Anwendungspotenziale aufweisen (Hiessl und Toussaint, 1999; Hiessl und Herbst, 2001; Herbst und Hiessl, 2002).

Der Betrieb dieser dezentralen Anlagen in Haushalten und Gewerbe - entweder durch die Eigentümer selbst oder durch Dienstleistungsunternehmen im Rahmen neuer Versorgungsdienstleistungen und Betreibermodellen - würde das Problem der

Gebietsmonopole, um die sich die bisherige Liberalisierungsdebatte rankt, zumindest teilweise irrelevant werden lassen. Dezentrale Technologien eröffnen erstmals die Möglichkeit echter Wettbewerbselemente im Wassermarkt - nämlich den Wettbewerb um die einzelnen Haushalte. Ein solcher Wettbewerb würde der Innovationsintensität und -geschwindigkeit im Bereich der Wasserinfrastrukturtechnologien zugute kommen.

1.3 Aufgabenstellung

Vor dem Hintergrund der anstehenden Sanierung der urbanen Wasserinfrastruktursysteme und der damit verbundenen beträchtlichen und langfristig aufzubringenden Investitionen bestand das Ziel des Projekts AKWA 2100 darin zu prüfen, ob sich aus dem breiten Spektrum alternativer Lösungsansätze ökologisch und ökonomisch vorteilhafte Systemlösungen generieren lassen, die das Potenzial haben, das traditionelle Konzept abzulösen.

Hierbei wurde insbesondere darauf geachtet, innovative Technologien einzubeziehen, die entweder heute bereits verfügbar sind oder mittel- bis langfristig verfügbar werden. Vor dem Hintergrund der Langlebigkeit technischer Infrastruktursysteme im Allgemeinen und urbaner Wasserinfrastruktursysteme im Besonderen (60 bis 100 Jahre) wurde der Zeitraum nach dem Jahr 2050 als Zielhorizont gewählt, bis zu dem ein alternatives Systemkonzept das bestehende abgelöst haben und in Betrieb genommen sein könnte.

Mit dieser langfristig strategischen Zeitperspektive eng verbunden sind vielfache Unsicherheiten, wie beispielsweise die zukünftigen Zielvorstellungen der zahlreichen, von einem möglichen Systemwechsel betroffenen Akteure oder auch die Entwicklung der gesetzlichen Rahmenbedingungen. Weiter kompliziert werden die strategischen Überlegungen durch die vielfach nicht oder nur in Ansätzen erkennbaren Wechselwirkungen der unterschiedlichen Einflussbereiche (Technologie, Wirtschaft, Gesellschaft und Politik) auf einen Systemwechsel. Die damit verbundenen Konsequenzen und Risiken der einzelnen Handlungsalternativen in diesen Bereichen sind nur schwer abzuschätzen.

Wie überall neigen auch die Akteure, die sich mit dem Betrieb der heutigen Wasserinfrastruktursysteme befassen dazu, „betriebsblind" zu werden und langfristige Perspektiven gegenüber dem Tagesgeschäft zu vernachlässigen. Gründe hierfür sind beispielsweise die im Vergleich zur technischen Lebensdauer der Wasserinfrastruktur sehr kurzen politischen Entscheidungshorizonte, die sich stark an der Länge der Wahlzyklen für die politischen Gremien orientieren. Ein anderer Grund liegt in der zunehmenden Schwierigkeit, die für die Entwicklung einer Langfriststrategie im Wasserinfrastrukturbereich relevanten Technologiebereiche und ihre möglichen technologischen Beiträge zu überblicken und systematisch zu verfolgen. Nicht nur die Zahl der Technologiebereiche, die potenziell auch für innovative Wasserinfrastrukturkonzepte genutzt werden können, nimmt zu, sondern auch die Geschwindigkeit des Fortschritts in den jeweiligen Technologiebereichen.

Mit dem Projekt AKWA 2100 wurde erstmals der Versuch unternommen, für die Herausarbeitung einer Langfristvision und Langfriststrategie für urbane Wasserinfrastruktursysteme auf kommunaler Ebene eine geeignete Vorgehensweise zu erarbeiten. Am Beispiel zweier Untersuchungsgebiete in Nordrhein-Westfalen, dem Stadtteil Asseln in Dortmund und dem Stadtteil Bork in Selm, wurden mit Hilfe des Szenarioansatzes und unter Einbeziehung der kommunalen Entscheidungsgremien Visionen urbaner Wasserinfrastrukturkonzepte entwickelt. Zunächst wurden drei Szenarien alternativer Infrastrukturkonzepte mit dem Zeithorizont „2050 und danach" entworfen. Diese wurden dann für jedes der beiden Untersuchungsgebiete als mögliche Konzepte konkretisiert. Zur Beurteilung der Konzepte wurde ein Satz ökonomischer, gesellschaftlicher und ökologischer Kriterien erarbeitet und angewandt. Schließlich wurden Handlungsempfehlungen für die langfristige Planung abgeleitet, wie ausgehend vom heutigen Infrastruktursystem ein Systemwechsel umgesetzt werden kann.

2 Untersuchungsgebiete

Wasser ist eine lokale Ressource. Das bedeutet, dass das natürliche Wasserdargebot in einem Versorgungsgebiet durch die lokalen Klimaverhältnisse und das Niederschlagsregime durch die topographische und geologische Situation sowie die Landnutzung und die Bebauung beeinflusst wird. Diese Faktoren bestimmen zusammen mit weiteren, wie beispielsweise Art und Dichte der Bebauung oder die Zahl der Einwohner und der industriell-gewerblichen Wassernutzer den Wasserbedarf und die Anforderungen an die Entwässerung im Versorgungsgebiet.

Obwohl alternative Grundkonzeptionen für Infrastruktursysteme zur Wasserver- und Abwasserentsorgung durchaus ortsunabhängig betrachtet werden können, lässt sich eine Beurteilung verschiedener Systemkonzepte nur vor dem Hintergrund einer konkreten lokalen Situation sinnvoll durchführen. Dies gilt zum einen für die ökonomische Beurteilung, weil die Investitions- und Betriebskosten eines Wasserinfrastrukturkonzeptes von dessen Ausgestaltung und Auslegung (z. B. Länge, Art und Kapazität des Verteilungsnetzes, Länge des Kanalnetzes, Zahl der Hausanschlüsse pro km Kanalnetz) im Ver-/Entsorgungsgebiet determiniert werden. Zum anderen wird auch die ökologische und gesellschaftliche Beurteilung eines Konzeptes ganz wesentlich von den lokalen Gegebenheiten (z. B. den Möglichkeiten zur Versickerung von Niederschlagswasser, zur Nutzung lokalen Wasserdargebots und zur effizienten Wassernutzung) und Erfordernissen beeinflusst. Um im Rahmen des Projekts zu möglichst belastbaren Aussagen über verschiedene Wasserinfrastrukturkonzepte zu kommen, wurden die alternativen Konzepte daher am Beispiel zweier Modellgebiete entwickelt.

Bei der Auswahl der Untersuchungsgebiete wurde darauf geachtet, dass die Gebiete für möglichst viele Kommunen in Deutschland repräsentativ sind. Zum einen wurde ein Modellgebiet mit dichter, städtischer Bebauung und altem Gebäudebestand, zum anderen ein Modellgebiet mit eher ländlich-lockerer Siedlungsform und geplantem Erweiterungsgebiet gewählt.

Im Einzelnen sollten die Modellgebiete folgende Kriterien erfüllen:

- Die Gebiete sollten zwischen 3.000 und 10.000 Einwohner umfassen, gemischte Nutzungsstruktur (Wohnzwecke, gewerbliche Nutzung) und unterschiedliche Bevölkerungsdichten aufweisen.
- Die Entwässerung sollte im Mischsystem erfolgen.
- Im Untersuchungsgebiet sollten Ableitung und Behandlung von Regenwasser weitgehend konventionell erfolgen.
- Das Abwasserkanalisationssystem sollte einen repräsentativen Sanierungsbedarf aufweisen.

- Über die Untersuchungsgebiete sollten gute Planungsgrundlagen (Anschlussgrößen, Anlagenbestand, Anlagenzustand, Leistungsfähigkeit, Hydrogeologie) vorliegen.
- Die Kosten (Abschreibungs- und Betriebskosten) für das konventionelle Abwasserentsorgungssystem, aufgeschlüsselt nach Kostenarten, sowie die Gebühren sollten möglichst detailliert und vollständig vorliegen.
- Der Sanierungs- und Erweiterungsbedarf anderer Versorgungsarten (Gas, Fernwärme, Trinkwasser, Strom, Kommunikation) sollte ebenfalls repräsentativ sein.

Mit diesen Kriterien wurden die Kommunen Dortmund-Asseln und Selm-Bork als geeignete Untersuchungsgebiete ermittelt. Durch die kompakte, dichte Bebauung bot sich Dortmund-Asseln als städtische Modellregion an, während Selm-Bork mit seinen verstreut gelegenen Siedlungsbereichen den ländlichen Gebietstyp darstellt.

Da die örtliche Situation der Wasserver- und Abwasserentsorgung von einer Vielzahl von Einflussfaktoren geprägt wird, ist es für eine systematische Analyse notwendig, eine möglichst gute und vergleichbare Datengrundlage zur Beschreibung der Situation in den Untersuchungsgebieten zu schaffen. Diese Bestandsaufnahme wird nachfolgend kurz beschrieben. Eine ausführliche Darstellung der erfassten Daten findet sich im AKWA-Arbeitsbericht „Bestandsaufnahme“ (Dyrbusch et al., 2001)

2.1 Raster der Datenbestandsaufnahme

Zunächst wurde ein Katalog der in den Untersuchungsgebieten zu erhebenden Daten erarbeitet. Dabei wurden folgende Bereiche berücksichtigt:

Natürliche Gegebenheiten: Die Angaben über die topographischen Gegebenheiten der Untersuchungsgebiete wie beispielsweise Geländeneigungen sind Grunddaten für die hydraulischen Berechnungen der Kanalisation. Hydrogeologische Daten geben Aufschluss über einsetzbare Bauverfahren für Ver- und Entsorgungsleitungen (z. B. grabenloser Leitungsbau), die Tragfähigkeit des Baugrunds, Randbedingungen für die Regenwasserversickerung aber auch über Besonderheiten wie Bergsenkungsgebiete oder Poldergebiete. Die Klimadaten - und hier insbesondere die Niederschlagsdaten - gehen direkt in die Hydraulik der Abwassersysteme und in den Umfang der Regenwassernutzung ein und sind damit von besonderer Wichtigkeit.

Raum- und Siedlungsstruktur: In der Bestandsaufnahme wurde die Flächennutzung, d. h. die Veränderung der natürlichen Landschaft durch die Besiedelung erfasst. Aus dem Bebauungsplan und dem Flächennutzungsplan sind die vorhandenen und geplanten Arten der Bodennutzung und die Bebauungsdichte zu entnehmen.

Daraus sind Rückschlüsse auf Versiegelungsgrad und Einwohnerdichte möglich. Die ausgewiesenen Sonderflächen, für die besondere Regelungen gelten (z. B. Bergbausenkungsgebiete, Flughäfen, Wasserschutzbereiche, Naturschutzgebiete, denkmalgeschützte Anlagen, Altlasten), müssen ebenfalls als wichtige Randbedingungen in den Planungen berücksichtigt werden.

Sozialstruktur: Bei der Erfassung der bevölkerungsrelevanten Daten sind die vorhandenen und prognostizierten Einwohnerzahlen zur Ermittlung des Schmutzwasseranfalls erforderlich. Darüber hinaus geben sozioökonomische Daten wie Alter, Bildungsstand und ggf. die ethnische und kulturelle Zusammensetzung wichtige Hinweise auf die zu erwartende Akzeptanz eines neuartiger Wasserinfrastruktursysteme.

Infrastrukturanlagen: Die möglichst umfassende Kenntnis des Status-quo der Infrastruktursysteme (Bemessungsdaten, Bestand, Alter, Zustand etc.) im privaten, kommunalen, gewerblichen und industriellen Bereich ist Grundlage für die Umplanung eines Systems. Um die Potenziale der Zusammenlegung unterschiedlicher Ver- und Entsorgungsstrukturen untersuchen zu können, sind neben den Anlagen zur Abwasserableitung und Abwasserreinigung auch die Anlagen zur Wasser- und Energieversorgung sowie zur Abfallentsorgung und das Verkehrsnetz von Interesse.

Verwaltungsstruktur/Organisationsform: Die Frage einer möglichen Umorganisation der meist im Regiebetrieb betriebenen kommunalen Abwasserbeseitigung wird vor dem Hintergrund der angespannten Lage in den kommunalen Haushalten kontrovers diskutiert. Im Rahmen der Bestandsaufnahme wurde daher erhoben, welche Organisationsformen in den Kommunen verwirklicht und welche Umorganisationen für die Zukunft geplant sind.

Gebühren, Kosten, Finanzierung: Schließlich wurden, für die im Rahmen von AKWA 2100 vorzunehmende ökonomische Bewertung des bestehenden Systems im Vergleich zu den entwickelten Alternativlösungen, Daten zur Kostenstruktur der Ver- und Entsorgung erhoben.

Bestehende Planungen: Bei Neuplanungen sind selbstverständlich bestehende Planungen auf den verschiedenen verwaltungstechnischen Ebenen und für verschiedene Bereiche der Infrastruktur zu berücksichtigen.

Rechtliche Vorschriften/Regelwerke: Rechtliche Rahmenbedingungen und andere Regelwerke sind wichtige Randbedingungen, die bei der technischen und organisatorischen Ausgestaltung von Wasserinfrastruktursystemen zu beachten sind. Im Rahmen dieses Vorhabens wurde keine Zusammenstellung aller im Bereich der Wasserver- und Abwasserentsorgung geltenden Vorschriften und Regelwerke angestrebt, sondern es wurden nur die Entwässerungssatzungen der Kommunen einbezogen, da sie die spezifischen Besonderheiten des Einzelfalls regeln.

Schwierigkeiten bei der Datenbeschaffung machte der Umstand, dass zahlreiche unterschiedliche Institutionen für einzelne Datenbereiche zuständig waren. Auch waren nicht alle Institutionen gleichermaßen bereit, Daten zur Verfügung zu stellen, so dass die Datenbasis innerhalb des Projekts teilweise erhebliche Lücken aufweist (z. B. keine Daten zur Wasserversorgungsinfrastruktur). Sowohl über die nicht unerhebliche Zahl privater als auch über gewerbliche und industrielle Anlagen waren keine oder nur sehr wenige und lückenhafte Daten verfügbar.

Bei der Datenauswertung gab es Erschwernisse, da viele Daten nur analog vorhanden waren. Um diese Daten im Projekt nutzen zu können, war eine aufwendige Digitalisierung erforderlich.

Das Ergebnis der Datenerfassung war ein für beide Untersuchungsgebiete einheitlich strukturierter und die o. g. thematischen Bereiche umfassender, weitgehend digitaler Datenfundus, der für die weiteren Arbeiten, insbesondere für die in Kapitel 5 beschriebene Kosten-Nutzen-Ermittlung, eine wertvolle Grundlage war.

2.2 Beschreibung der Untersuchungsgebiete

2.2.1 Untersuchungsgebiet Dortmund-Asseln

Der Stadtteil Dortmund-Asseln im östlichen Dortmunder Stadtgebiet ist ein eigenständiges Stadtteilzentrum mit kompakter alter Wohnbebauung, einem Schulzentrum und dem Gewerbegebiet Asseln-Süd (vgl. Abbildung 2-1). Die Wohnbebauung besteht zum großen Teil aus Einzel- und Reihenhäusern. Größere Wirtschaftsbetriebe finden sich in Asseln nicht. Das der Versorgung der Anwohner dienende Kleingewerbe konzentriert sich entlang des Asselner Hellwegs.

Das Untersuchungsgebiet ist 371 ha groß. Gemäß einer Erhebung vom 30. Juni 1997 leben in Dortmund-Asseln 9.161 Einwohner. Die Tendenz ist leicht steigend.

Anhand der Bodenkarten und vorliegender Untersuchungen, die im Rahmen baulicher Einzelmaßnahmen durchgeführt wurden, kann davon ausgegangen werden, dass die Versickerung des Regenwassers generell möglich ist, wenn auch in Einzelfällen Einschränkungen gegeben sind. Dies liegt zum Teil an den anstehenden schluffigen Böden, zum Teil aber auch an geringen Grundwasserflurabständen.

Abbildung 2-1: Charakteristisches Teilgebiet Dortmund-Asseln

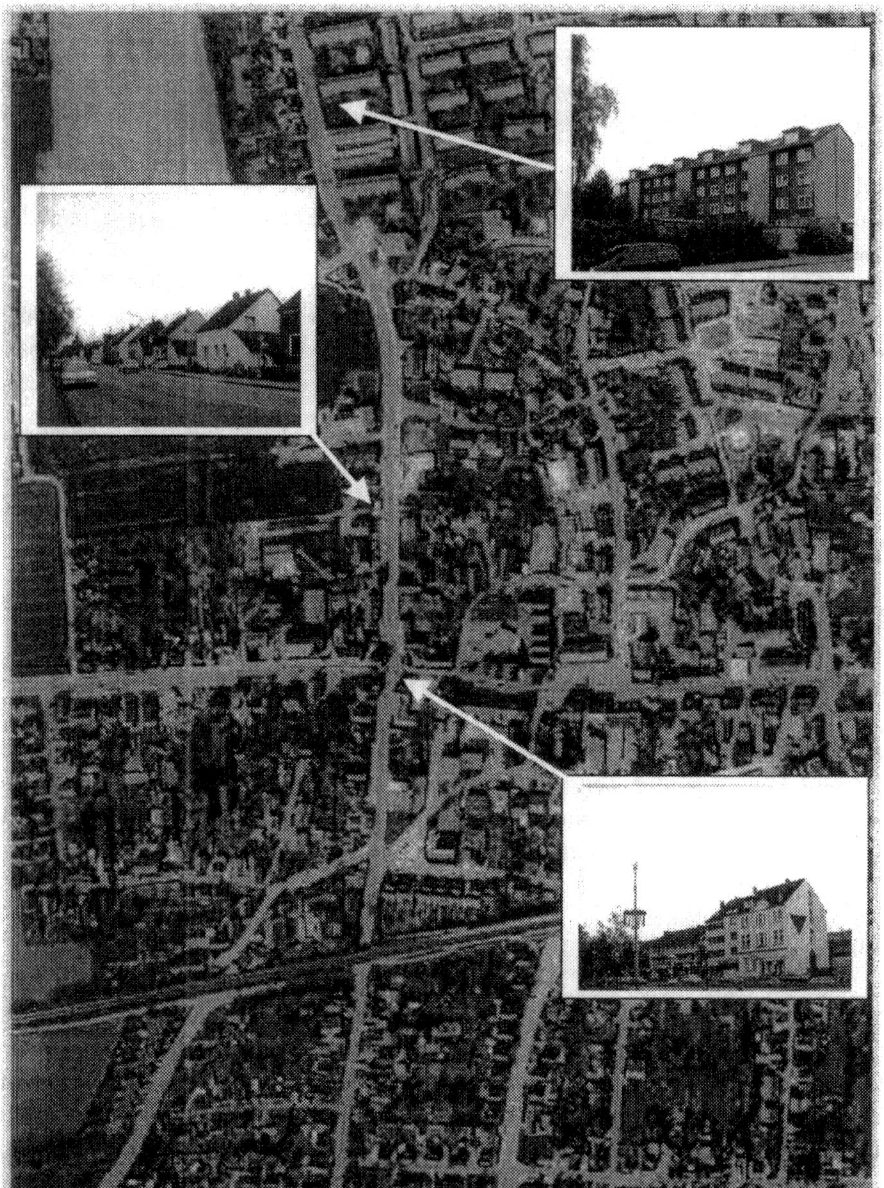

Das anfallende Abwasser wird im Mischsystem erfasst und zur zentralen, ca. 12 km nördlich des betrachteten Gebiets gelegenen, 160.000 Einwohnerwerte (EW) großen Kläranlage Kamen-Körnebach des Lippeverbandes abgeleitet. Private Anlagen zur Abwasserreinigung (Kleinkläranlagen) sind im Untersuchungsgebiet nicht mehr vorhanden.

Das öffentliche Kanalnetz in Dortmund-Asseln hat eine Länge von ca. 33 km. Über 20 % der Kanäle stammen noch aus der Zeit vor dem zweiten Weltkrieg. Nur 15 % des Kanalnetzes sind jünger als 20 Jahre (vgl. Abbildung 2-2). Über den Zustand der Kanäle liegen nur unzureichende Angaben vor. Es ist jedoch davon auszugehen, dass in großen Teilen des Netzes Sanierungsbedarf besteht. Betrieben wird das Kanalnetz vom Tiefbauamt der Stadt Dortmund.

Abbildung 2-2: Verteilung des Kanalalters in Dortmund-Asseln

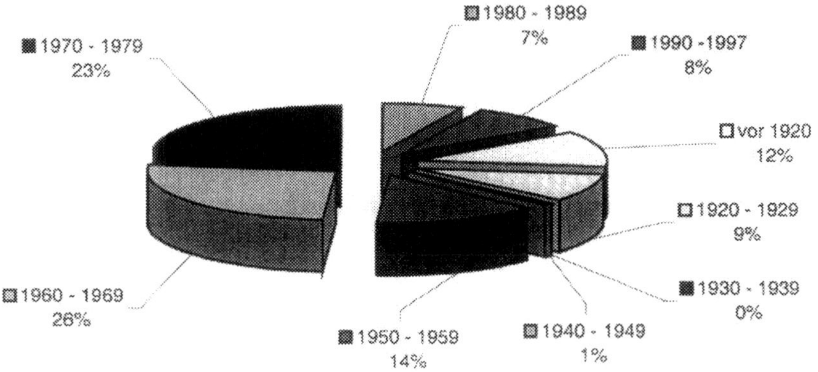

Die Wasser-, Erdgas-, Fernwärme-, Nahwärme- und die Stromversorgung liegen in den Händen der Dortmunder Energie- und Wasserversorgung GmbH (DEW). Die Wasserverbrauchszahlen lagen im Jahr 1998 für das Gesamtversorgungsgebiet (Dortmund und Herdecke) bei 137 Litern je Einwohner und Tag (l/(E·d)). Abbildung 2-3 zeigt eine grobe Wasserbilanz Dortmund-Asselns.

Abbildung 2-3: Wasserbilanz Dortmund Asseln

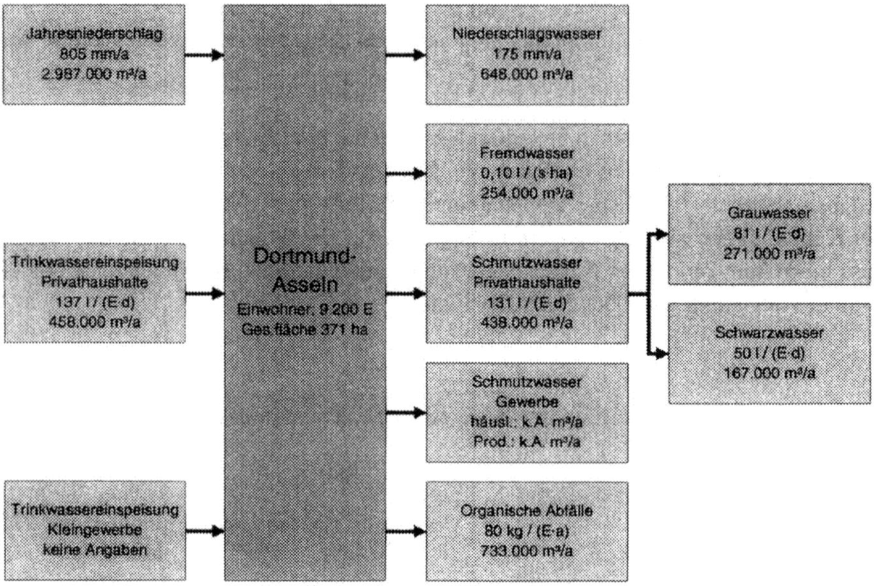

2.2.2 Untersuchungsgebiet Selm-Bork

Selm ist eine Stadt im Süden des Münsterlandes. Der Stadtteil Selm-Bork liegt im südöstlichen Bereich des Stadtgebiets. Das betrachtete Gebiet mit einer Gesamtfläche von 662 ha ist sehr heterogen (vgl. Abbildung 2-4). Neben dem dicht besiedelten alten Ortskern gibt es zwei, vorwiegend mit Einzelhäusern bebaute Siedlungen und ein Gewerbegebiet. Hinzu kommt eine 70 ha große Sonderfläche südöstlich des Ortskerns mit einem Gerätedepot der Bundeswehrverwaltung und dem Polizeiausbildungsinstitut des Landes Nordrhein-Westfalen. Die Einwohnerzahl liegt heute bei 6.700 Einwohnern mit leicht sinkender Tendenz.

Im Untersuchungsgebiet sind überwiegend sandig-schluffige Böden anzutreffen. Über die Grundwasserstände liegen keine flächendeckenden Angaben vor. Hydrogeologische Untersuchungen im Rahmen von Baumaßnahmen im ortskernnahen Bereich haben ergeben, dass eine Versickerung aufgrund der Durchlässigkeitsbeiwerte des Untergrunds und der hohen Grundwasserstände mit vernetzten, d. h. untereinander verbundenen Elementen ausgeführt werden sollte.

Abbildung 2-4: Charakteristisches Teilgebiet Selm-Bork

Für die Abwasserableitung ist das Tiefbauamt der Stadt Selm zuständig. Das Entwässerungsnetz im betrachteten Gebiet hat eine Länge von 32 km. Auffällig ist, dass nur 4 % der Kanäle vor dem zweiten Weltkrieg erbaut wurden. In den letzten 20 Jahren wurden 34 % des Netzes errichtet (vgl. Abbildung 2-5).

Abbildung 2-5: Verteilung des Kanalalters in Selm-Bork

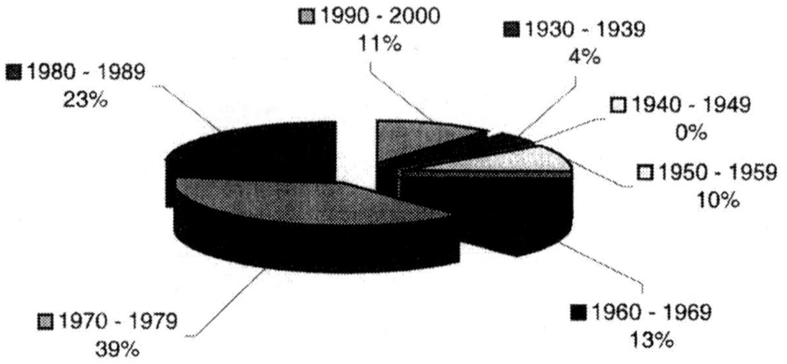

In Selm-Bork wurde im Jahr 2001 für 84 % des Netzes eine Kanalzustandsklassifizierung nach ATV-Merkblatt M 149 (ATV-DVWK, 1999) mit dem Ergebnis durchgeführt, dass fast 60 % der untersuchten Kanäle kurz- bis langfristig sanierungsbedürftig sind (vgl. Abbildung 2-6; dabei bedeuten die Zustandsklassen (Z.Kl.): Z.Kl. 0: sofortiger Handlungsbedarf; Z.Kl. 1: kurzfristiger Handlungsbedarf; Z.Kl. 2: mittelfristiger Handlungsbedarf; Z.Kl. 3: langfristiger Handlungsbedarf; Z.Kl. 4: kein Handlungsbedarf).

Abbildung 2-6: Kanal-Zustandsklassen in Selm-Bork

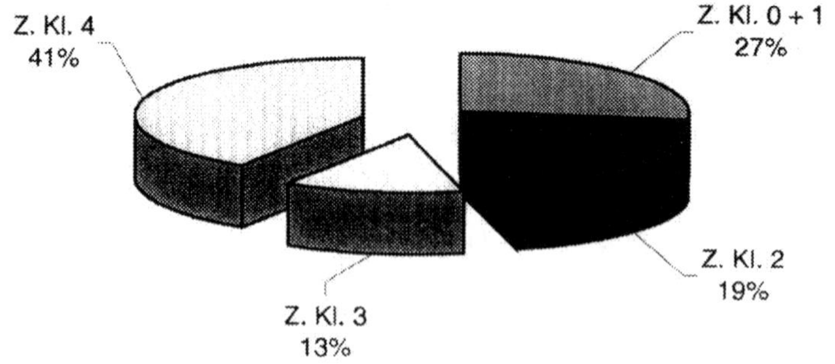

Die Entwässerungssituation in Selm-Bork ist typisch für ein ländlich geprägtes Gebiet. 75 % der Einwohner sind an das städtische Mischwassersystem angeschlossen. Teile der außerhalb gelegenen Siedlungsgebiete sowie das Gewerbegebiet werden im Trennsystem entwässert (13 %).

Der überwiegende Teil des Stadtgebiets entwässert zur Kläranlage Selm-Bork, einer Kläranlage des Lippeverbandes. 12 % der Einwohner sind nicht an die städtische Abwasserentsorgung angeschlossen, sondern verfügen über Kleinkläranlagen mit unterschiedlichen Reinigungsleistungen und häufig auch über eine private Trinkwasserversorgung mit Hausbrunnen.

Die Wasserversorgung von Selm-Bork (private Haushalte, Gewerbe, Industrie) erfolgt durch die Gelsenwasser AG. Wasserverbrauchszahlen liegen nur für Gesamt-Selm vor (März 1999). Demnach liegen die Pro-Kopf-Werte für 1998 bei 117 l/(E·d) mit leicht fallender Tendenz. Wie bereits erwähnt, werden auch private Brunnenanlagen betrieben. Genauere Angaben hierüber sind jedoch nicht verfügbar. Abbildung 2-7 zeigt eine grobe Wasserbilanz für Selm-Bork.

Abbildung 2-7: Wasserbilanz Selm-Bork

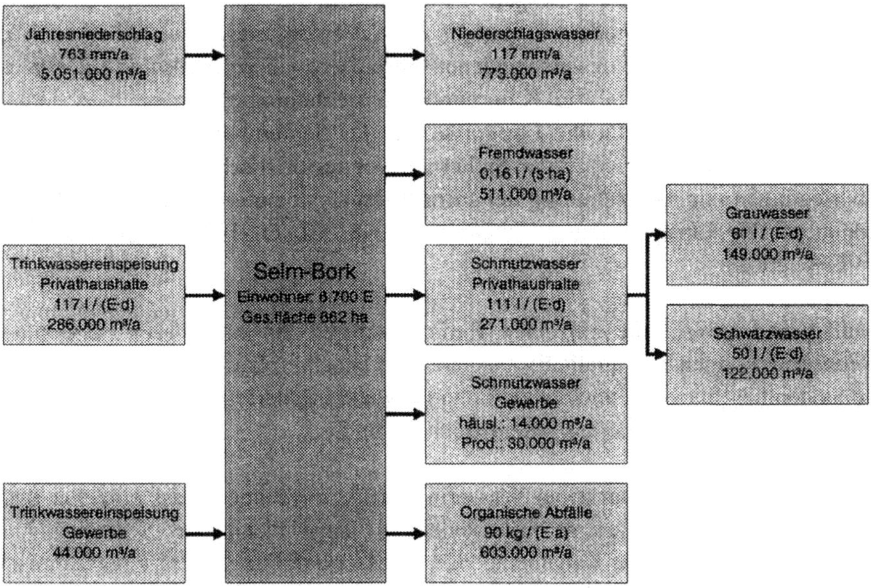

3 Szenarien als strategisches Planungsinstrument

3.1 Strategischer Planungsbedarf

Große technisch-organisatorische Systeme, wie es Wasserinfrastruktursysteme sind, stellen im Hinblick auf ihren Betrieb und ihre kontinuierliche Instandhaltung, aber auch hinsichtlich ihrer Erweiterung, Modernisierung und ihrer Funktionsentwicklung große Anforderungen an die zuständigen Entscheidungsträger. Wegen der langen Lebensdauer derartiger Systeme spielen dabei langfristige und strategische Aspekte eine besondere Rolle. Gerade diese strategischen Überlegungen werden jedoch durch die hohe Komplexität der Systeme stark erschwert.

Die Komplexität von Wasserinfrastruktursystemen ergibt sich aus zahlreichen Einzelaspekten, die hier nur beispielhaft dargestellt werden können. Zahlreiche endogene und exogene Faktoren sind auf vielfältige Art und Weise untereinander gekoppelt und beeinflussen sich gegenseitig. Im Allgemeinen liegen über die beteiligten Faktoren, über die Art und Weise ihrer Wechselwirkungen und über ihre zeitlichen Entwicklungen nur partielle Informationen vor.

Beispiele für endogene Faktoren sind der Wasserverbrauch in einem Versorgungsgebiet, die Zahl der Wassernutzer und ihre spezifischen Nutzungsanforderungen (Hiessl, 2002). Beispiele für exogene Faktoren sind die Klimaverhältnisse und das damit einhergehende Niederschlagsregime im Versorgungsgebiet. Aber auch die technische Entwicklung in verschiedenen Bereichen wie beispielsweise der Werkstoff-, der Informations- und Kommunikationstechnologie können hier genannt werden. Wie nicht zuletzt die Ereignisse des 11. September 2001 gezeigt haben, sind zunehmend auch Fragen der Sicherheit vor terroristischen Übergriffen in die Überlegungen zur Ausgestaltung der Infrastruktursysteme einzubeziehen (The President of The United States of America, 1998; CIAO, 1998; DeNileon, 2001; DVGW, 2002).

Häufig sind sowohl die einzelnen Einflussfaktoren als auch deren gegenseitige Wechselwirkungen nur qualitativ bekannt und beschreibbar. Dies führt dazu, dass die Systembeschreibung und die zeitliche Entwicklung derartiger Systeme durch ein hohes Maß an Unsicherheiten gekennzeichnet sind.

Komplexitätssteigernd wirkt bei Wasserinfrastruktursystemen, dass einzelne Komponenten des Gesamtsystems unterschiedlich lange technische Nutzungsdauern aufweisen. So haben die Kanalnetze oder Wasserverteilungsnetze eine technische Nutzungsdauer von 50 bis 100 Jahren, während andere Komponenten wie etwa die Abwasseraufbereitungsanlagen, Pumpen oder die sanitärtechnischen Komponenten (Toilettenspülung, Duschköpfe etc.) in den Haushalten sehr viel kurzlebiger sind.

Wegen der unterschiedlichen Lebensdauern werden die Komponenten verschieden häufig durch neue, in der Regel technisch verbesserte Komponenten ersetzt. Dies führt dazu, dass unter Umständen die funktionelle Kompatibilität zwischen den einzelnen Komponenten im Laufe der Zeit divergiert und die ursprünglich aufeinander abgestimmten Dimensionierungen der Systemkomponenten mit der Zeit immer weniger harmoniert.

Verschärft wird dieser Effekt bei Wasserinfrastruktursystemen dadurch, dass zahlreiche, voneinander weitgehend unabhängig agierende Akteure die zeitliche Entwicklung des Gesamtsystems beeinflussen, indem sie für den in ihrem Entscheidungsbereich stehenden Teil des Gesamtsystems Entscheidungen über Komponenten treffen, die Auswirkungen auf das Gesamtsystem haben. So sind auf der „Angebotsseite" eines Wasserinfrastruktursystems nach dem heute üblichen Konzept nur zwei wichtige Akteure tätig, der Wasserversorger und der Abwasserentsorger. Diese beiden Akteure sind aber für einen sehr großen Teil des gesamten Wasserinfrastruktursystems, nämlich für die Wassergewinnung, -aufbereitung und -verteilung sowie für die Sammlung und Behandlung der Abwässer zuständig.

Die „Nachfrageseite" umfasst demgegenüber eine sehr große Zahl von Akteuren, nämlich die privaten, gewerblichen und industriellen Wassernutzer. Jeder einzelne Nutzer verfügt zwar nur über ein relativ kleines technisches Teilsystem und hat damit im Hinblick auf Wasserverbrauch und Abwasseranfall aus Sicht des Gesamtsystems nur einen marginalen Einfluss. Durch ihre große Zahl spielt die Gesamtheit der Nutzer des Wasserinfrastruktursystems jedoch eine maßgebliche Rolle bei der Entwicklung des Gesamtsystems. Beispielhaft seien hier nur die privaten Haushalte genannt, die in den 70er und 80er Jahren Wasch- und Geschirrspülmaschinen angeschafft haben. Die Folge davon war zunächst ein steigender Wasserverbrauch der Haushalte. Dieser Trend wirkte sich damals auf die Kapazitätsauslegung der in dieser Zeit geplanten und gebauten Wasserversorgungseinrichtungen aus. Durch die im Vergleich zur Lebensdauer der langlebigen Komponenten des Gesamtsystems (z. B. Trink- und Abwasserwerke) kurze Lebensdauer dieser Geräte, aber auch aus betriebswirtschaftlichen Beweggründen (Senkung der Kosten für Wasser und Abwasser) der Einzelhaushalte, werden sie relativ häufig durch neue verbesserte Geräte mit geringem Wasserbedarf ersetzt. Die hierdurch bedingte Reduzierung des Wasserbedarfs und des Abwasseranfalls des einzelnen Privathaushalts stört die Funktion des Gesamtsystems nicht. Erfolgt aber im Laufe der Zeit ein vollständiger Ersatz aller Geräte, hat dies deutliche Auswirkungen auf den Wasserverbrauch in einem Versorgungsgebiet und damit auf die Funktionstüchtigkeit der ver- oder entsorgungsseitigen Komponenten (z. B. Leitungsnetze). Ähnliche Argumente gelten auch für den Einsatz wassersparender Armaturen oder die Nutzung von Regenwasser in Haushalten. Für industrielle und gewerbliche Wassernutzer und Abwassererzeuger sind diese Überlegungen aufgrund der hier geltenden wesentlich schärferen gesetzlichen Anforderungen sowie der betriebswirtschaftlichen Betrachtungsweise in noch weit stärkerem Umfang relevant.

Daneben gibt es zahlreiche weitere Akteure, die die Entwicklung eines Wasserinfrastruktursystems beeinflussen. Hier seien neben den gesetzgebenden und verwaltenden Institutionen auf den verschiedenen politischen Ebenen auch die Industrie als Hersteller technischer Komponenten und Systeme sowie das Handwerk als Schnittstelle und Serviceanbieter zum Endverbraucher genannt. Da die Akteure der privaten Wirtschaft in einem marktlichen Umfeld tätig sind, spielt die Innovationsfähigkeit und die rasche Umsetzung in neue Produkte eine zentrale Rolle.

Zusammenfassend kann festgehalten werden, dass auf der Angebotsseite der heutigen Wasserinfrastruktursysteme nur wenige Akteure angesiedelt sind, die vor allem die relativ langlebigen technischen Komponenten des Systems betreiben und deren Modernisierung beeinflussen. Die Innovations- und die Diffusionsgeschwindigkeit neuer Technologien in die Anwendung ist in diesem Bereich eher langsam. Die Akteure müssen aus dieser Sicht ihre strategischen Überlegungen an langfristigen Zeithorizonten ausrichten. Demgegenüber gibt es auf der Nachfrageseite des Wasserinfrastruktursystems zahlreiche Akteure, die in der Regel eher die relativ kurzlebigen technischen Komponenten des Gesamtsystems beeinflussen. Diese Komponenten unterliegen im Vergleich zu den Systemkomponenten im Zuständigkeitsbereich der Akteure der Angebotsseite einer relativ hohen Innovations- und Diffusionsgeschwindigkeit neuer Technologien. Die Akteure der Nachfrageseite haben daher bei der Integration des technischen Fortschritts eine eher kurz- bis mittelfristige Perspektive (5 - 20 Jahre).

Strategische Überlegungen im Zusammenhang mit Wasserinfrastruktursystemen müssen also nicht nur die Vielfalt der Einflussfaktoren und ihre Wechselwirkungen, sondern auch einen langfristigen Zeithorizont abdecken. Bei Planungszeiträumen von 30 Jahren und mehr stehen jedoch keine verlässlichen Prognosemethoden über die zeitlichen Entwicklungen der zahlreichen die Konzeption, die Auslegung und die Bewirtschaftung beeinflussenden technischen, ökonomischen, gesellschaftlichen und institutionellen Faktoren zur Verfügung. Dies darf aber nicht dazu führen, dass die damit einhergehenden Unsicherheiten unberücksichtigt bleiben oder durch eine allzu simple Fortschreibung isolierter Trends behandelt werden. Vielmehr müssen sowohl die Unsicherheiten der wesentlichen Einflussfaktoren als auch ihre gegenseitigen Wechselwirkungen systematisch in die langfristigen Planungen und Entscheidungen einbezogen werden.

Entscheidungsträgern, die die Entwicklung des Systems beeinflussen und verantworten, steht ihre Entscheidung in der Praxis immer weniger Information zur Verfügung, als erwünscht oder idealerweise benötigt wird. Das betreffende Gesamtsystem ist damit nicht vollständig kontrollierbar und die Abschätzung seiner mutmaßlichen künftigen Entwicklungslinien schwierig. Daher muss ein Entscheidungsträger seine Entscheidungen unter Zuhilfenahme von Annahmen über künftige Entwicklungen wichtiger Einflussfaktoren fällen. Diese Annahmen sind immer mit Unsicherheit verbunden. Unsicherheit ist somit ein allgegenwärtiges Element bei Entscheidungsprozessen mit langfristiger zeitlicher Perspektive.

Bei einer langfristigen Vorausschau müssen nicht nur mögliche singuläre Ereignisse antizipiert werden, sondern auch zeitliche Muster, Trends und Trendbrüche. Eine besondere Bedeutung kommt den kausalen und strukturellen Zusammenhängen von Ereignissen zu. Die Zusammenhänge zwischen Ereignissen, Mustern und Strukturen sind in Abbildung 3-1 im „Eisberg"-Modell dargestellt (van der Heijden, 1996).

Abbildung 3-1: Eisberg-Modell der zeitlichen Entwicklung komplexer Systeme

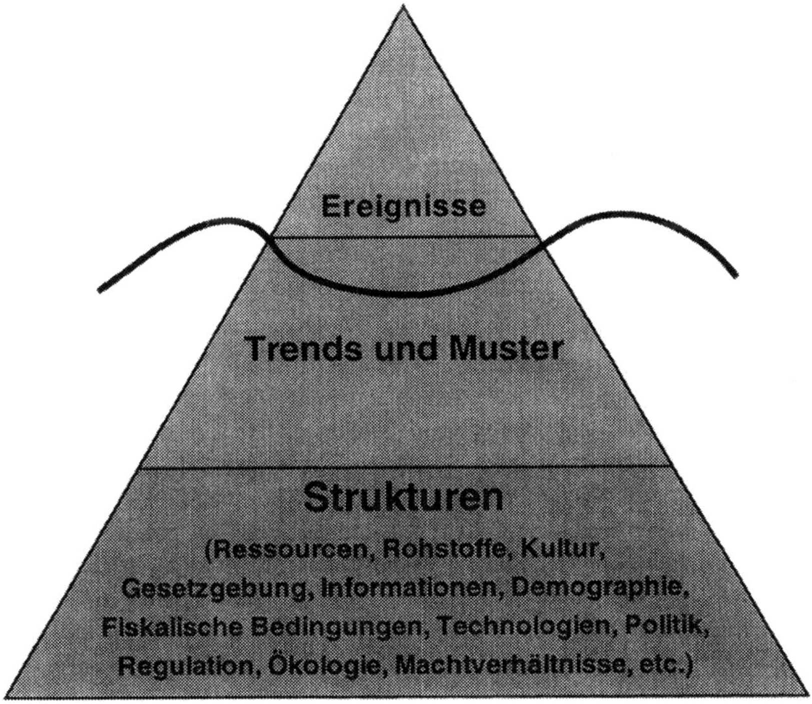

Ereignisse bilden die aus dem Wasser herausragende Spitze des Eisbergs. Ereignisse sind in der Regel sichtbar und mit etwas Aufmerksamkeit und Wachsamkeit ohne besonderen Aufwand wahrnehmbar. Ereignisse stellen nur den kleinsten Teil der Welt dar. Entsprechend dem Eisberg-Modell liegt der überwiegende Teil „unter Wasser", ist also nicht ohne Weiteres wahrnehmbar. Ebenso wie der über der Wasseroberfläche sichtbare Teil eines Eisbergs eine wichtige Warnfunktion vor den unter der Wasseroberfläche lauernden Gefahren hat, weisen Ereignisse auf tiefer liegende, der direkten Einsicht entzogene Informationen über weitaus wichtigere

Zusammenhänge des zugrunde liegenden Systems hin. Deshalb müssen hinter den Ereignissen stehende Muster und Trends erkannt werden. Zu deren Erklärung wiederum muss nach den darunter verborgenen kausalen Ursachen und systemischen Wechselwirkungen gesucht werden. Erst mit einem hinreichenden Verständnis der systemischen Zusammenhänge kann eine fundierte, zukunftsorientierte Handlungsstrategie entwickelt werden.

Lösungen von Problemen in komplexen Systemen benötigen Zeit. Wartet man jedoch zu lange, ohne konkrete Ansätze für die Problemlösung zu ergreifen, verschärft sich in der Regel das Problem und kann sogar zu einer Krisensituation auswachsen. Die dann für eine gute Problemlösung verfügbare Zeit wird knapp und die Gegenmaßnahmen müssen unter hohem Zeit- und Handlungsdruck ergriffen werden. Erkennt man die Problemsituation hingegen frühzeitig, bleibt nicht nur für eine eingehende Problemanalyse, sondern auch für die Konzeption entsprechender Lösungsansätze mehr Zeit. Dies wirkt sich im Allgemeinen positiv auf die Qualität der Lösungen und deren Umsetzung aus. Will man nicht nur auf Probleme reagieren, sondern Problemsituationen proaktiv und damit zielgerichtet und gestalten, kommt der Problemfrüherkennung vor allem in komplexen Systemen eine herausragende Bedeutung zu. Genau darauf richtet sich der Einsatz der im Folgenden vorgestellten Szenario-Methode.

3.2 Was sind Szenarien?

Szenarien sind ein Werkzeug, das es ermöglicht, einen Blick in die fernere Zukunft einer mit zahlreichen Unsicherheiten behafteten Welt zu werfen (Kahn und Wiener, 1967; Schwartz, 1991). Szenarien sind Geschichten über die Welt, wie sie morgen aussehen kann. Diese Geschichten helfen, Veränderungen im gegenwärtigen Umfeld zu erkennen und die Handlungen entsprechend anzupassen. In diesem Sinne sind Szenarien eine Methode, verschiedene künftige Handlungslinien und Handlungsoptionen zu entwerfen. Eine szenariogestützte Planung ermöglicht es, heute zu treffende Entscheidungen mit einem Verständnis ihrer künftigen Konsequenzen besser zu fundieren.

Ein zentrales Charakteristikum des Szenario-Ansatzes ist das Denken in Systemen. Die Szenariotechnik betont Ganzheiten gegenüber der Untersuchung von Details und konzentriert sich auf das Erfassen der Beziehungen zwischen den Einflussgrößen. Daher wird in Szenarien nicht nur der eigentliche Untersuchungsgegenstand, sondern auch sein Umfeld in die Betrachtung einbezogen.

Szenarien (einschließlich des zur Erstellung der Szenarien führenden Prozesses) stellen ein wichtiges Werkzeug dar, um mit Unsicherheiten im Rahmen strategischer Entscheidungsprozesse systematisch umzugehen und erfüllen darüber hinaus eine Reihe nützlicher Funktionen (Schwartz, 1991; van der Heijden, 1996; Kroy, 1996; Gausemeier und Fink, 1999):

- **Erkundungsfunktion:** Idealerweise werden bei der Entwicklung von Szenarien die einer Entscheidung zugrunde liegenden - oft nur unbewussten - Bedingungen aufgedeckt, unter denen eine bestimmte künftige Entwicklung oder auch bestimmte erwünschte Ziele erreichbar sind. Szenarien zeigen auf, wie eng (oder auch wie breit) Handlungsspielräume tatsächlich sind. Dies ist vor allem in solchen Situationen wichtig, in denen exogene autonome (d. h. nicht beeinflussbare) Einflussfaktoren eine Entscheidungssituation oder einen Entscheidungsprozess dominieren.

- **Komplexitätsmanagement-Funktion:** Szenarien ermöglichen es einerseits Komplexität zu reduzieren und Diskussionen über mögliche künftige Ereignisse anzustoßen, indem sie die verfügbaren Informationen zusammenbringen, sie ordnen und gleichzeitig eine Informationsüberflutung vermeiden. Andererseits unterstützen sie eine systemische Herangehensweise an komplexe Probleme, indem sie vernetztes Denken fördern.

- **Kommunikationsfunktion:** Szenarien stimulieren das Denken über alternative Zukunftsentwicklungen, führen den Entscheidungsträgern Handlungsoptionen vor Augen und ermöglichen einen Einblick in die Auswirkungen dieser Handlungsoptionen. Hierdurch zeigen sie unterschiedliche Sichtweisen auf und tragen zu einer strukturierten Kommunikation über unsichere Einflussfaktoren sowie unsicherheitsbehaftete und komplexe Zusammenhänge bei.

- **Monitoringfunktion:** In Szenarien sind Trends wichtiger Einflussfaktoren integriert. Durch die Definition geeigneter Indikatoren für diese Trends unterstützen Szenarien das Monitoring relevanter Entwicklungen. Deutet sich für einen aus den Szenarien abgeleiteten Indikator eine deutlich andere Entwicklung an, als bei der Erstellung des Szenarios zugrunde gelegt wurde, so wird dadurch die Reflektion über die aus dem Szenario abgeleitete Strategie angestoßen.

- **Legitimierungsfunktion:** Szenarien mobilisieren Menschen und stoßen Prozesse des Bewusstwerdens und des Wandels an, indem sie die Auswirkungen aufzeigen, mit denen zu rechnen ist, falls nichts getan wird oder konkrete Handlungsstrategien ergriffen werden.

- **Lernfunktion:** Szenarien sind Übungsräume für Gedankenspiele. Sie sind keine Vorhersagen oder Prognosen über wahrscheinliche zukünftige Entwicklungen. Ihr größter Effekt ist die Veränderung der Denkweisen bei den Personen, die Szenarien erstellen oder mit ihnen arbeiten.

Einer der ersten Anwender der Szenariotechnik als unternehmensstrategisches Werkzeug war die Firma Royal Dutch/Shell (Wack, 1985a und 1985b, de Geus, 1988). Zahlreiche weitere praktische Anwendungen von Szenarien im Bereich der strategischen Unternehmensplanung und zur Ableitung langfristiger Strategien von Institutionen im politischen und öffentlich-rechtlichen Bereich wurden von van der Heijden (1996), Fahey und Randall (1998) sowie Ringland (1998) beschrieben.

Szenarien können Entscheidungsträger bei strategischen Entscheidungen auf verschiedene Arten unterstützen (Taylor, 1990):

- Identifikation von Krisensignalen durch Beobachten und Überwachen des externen Umfelds.
- Auswahl stabiler Handlungsoptionen, die unter den verschiedensten Randbedingungen robuste Ergebnisse gewährleisten.
- Beurteilung von Rückfallstrategien um exogene Störeinflüsse meistern zu können.
- Risikobeurteilung und Risikovergleich unterschiedlicher und unsicherer künftiger Entwicklungen.
- Förderung geistiger Offenheit und Flexibilität der Entscheidungsträger und der Entscheidungsstrategien.

Aus diesen Überlegungen heraus lassen sich eine Reihe von Anforderungen an Szenarien formulieren. So ist es wichtig, dass alle entwickelten Szenarien nicht nur „wünschenswerte" Elemente enthalten. Falls die einzelnen Szenarien sich nur auf wünschenswerte oder ausschließlich auf nicht wünschenswerte Aspekte konzentrieren, besteht die Gefahr, dass sie ihre eigentliche Aufgabe, nämlich das Nachdenken über potenzielle Entwicklungen zu stimulieren, nicht erfüllen. Auch ist Genauigkeit kein entscheidendes Maß für die Güte eines Szenarios. Geeignete Gütekriterien sind vielmehr: Plausibilität (mehrere rational begründbare Wege „von hier nach da"), innere Konsistenz, Beschreibung der kausalen Prozesse sowie Nutzen bei Entscheidungsprozessen.

Gute Szenarien sind sowohl plausibel als auch überraschend. Sie lassen alte, stereotype Vorstellungen hinter sich und werden von den Mitgliedern des Teams, das die Szenarien erstellt, als ihr Werk akzeptiert und angewandt. Aus diesen Gründen hat sich die Szenariomethodik in zahlreichen Unternehmen als ein wichtiges strategisches Planungsinstrument durchgesetzt.

3.3 Der Prozess der Szenarienerstellung

Der Aufwand zur Erstellung von Szenarien kann erheblich variieren. Zum einen ist die Art und Weise wie der Untersuchungsgegenstand bei einer Szenarioanalyse abgebildet wird entscheidend, zum anderen auch die Maßgabe, ob und wie die wesentlichen, den Untersuchungsgegenstand beeinflussenden Kausalitäten zwischen den Einflussfaktoren berücksichtigt werden. Bei der Abbildung des Untersuchungsgegenstands wird im Allgemeinen zwischen dem Gegenstandsbereich und dem Umfeldbereich unterschieden. Der Gegenstandsbereich ist der im Rahmen der Untersuchung eigentlich interessierende Teil der Realität, während der Umfeldbereich zunächst den „Rest der Welt“ repräsentiert und das Komplement des Gegenstandsbereichs darstellt. Der Umfeldbereich wird allerdings häufig auf die aus Sicht der Szenarioentwickler wesentlichen Randbedingungen reduziert und dient der Einbindung des Gegenstandsbereichs in einen Gesamtzusammenhang.

Entscheidend für den zu leistenden Aufwand ist die Frage, welche und wie viele Einflussfaktoren zur Abbildung der jeweiligen Fragestellung verwendet werden. Hier besteht grundsätzlich ein Zielkonflikt. Einerseits soll der Untersuchungsgegenstand hinreichend genau abgebildet werden, was tendenziell die Einbeziehung vieler Einflussfaktoren nahe legt (vor allem zur Modellierung des Gegenstandsbereichs), andererseits sollen aus Gründen der Handhabbarkeit und des Aufwands möglichst wenige und damit oft nur relativ grobe Einflussfaktoren verwendet werden. Je nach gewählter Repräsentation der Einflussfaktoren (entweder als quantitative, numerische Variable oder als qualitativer Deskriptor) stehen für die Abbildung der Kausalitäten unterschiedliche Beschreibungsmöglichkeiten zur Verfügung. Im Falle numerischer Variablen sind dies vor allem mathematische Gleichungen, im Falle qualitativer Deskriptoren ist dies die Logik der Argumentation.

Die eigentliche Modellierung der gegenseitigen Abhängigkeiten und Wechselwirkungen (Kausalgeflechte) zwischen den Einflussfaktoren (Variablen/Deskriptoren) des jeweiligen Bereichs, aber auch die Berücksichtigung der Wechselwirkungen zwischen den beiden Bereichen führt dann entweder auf numerische Modelle und damit auf quantitative Szenarien oder auf argumentative, logische Modelle, also eher qualitative Szenarien.

Im Zusammenhang mit der Verwendung quantitativer numerischer Modelle muss an dieser Stelle darauf hingewiesen werden, dass die mathematische Form der verwendeten Gleichungen (z. B. lineare/nichtlineare Modelle, deterministische/stochastische Modelle, statische/dynamische Modelle) und die Parametrisierung der numerischen Modelle die Anforderungen (z. B. Datenbedarf), den Aufwand bei der Modellerstellung (z. B. Datenbeschaffung, Verifikation und Kalibrierung der Modelle) und die erreichbaren Aussagen sowie die Kosten der Szenarioerstellung stark beeinflussen, ohne zwangsweise zu besseren, genaueren und zuverlässigeren Aussagen zu führen.

Zwischen den rein quantitativ-numerischen und den rein qualitativ-argumentativen Szenarien werden in der Praxis häufig gemischte Szenarien entwickelt. Entscheidend für die Güte eines Szenarios ist nicht, ob es quantitativ oder qualitativ ist, sondern ob es logisch aufgebaut ist und die Annahmen transparent gemacht werden, so dass die abgebildeten Kausalitäten durch Dritte nachvollziehbar sind.

Für das Vorgehen bei der Szenarioerstellung gibt es in der Literatur zahlreiche Vorschläge, die sich hinsichtlich der Formalisierung des Erstellungsprozesses und der dafür benötigten (softwaretechnischen) Hilfsmittel unterscheiden. Beispielhaft seien hier die Ansätze von Schwartz (1991), Gausemeier (1995), Godet (1994), Shoemaker (1995) und von v. Reibnitz (1992) genannt.

Die Darstellung der folgenden acht Schritte zur Erstellung von (qualitativen und quantitativen) Szenarien nach Schwartz (1991) soll einen Eindruck einer möglichen Vorgehensweise geben.

1. Schritt: Identifikation und Definition der zentralen Fragestellung (Untersuchungsgegenstand). Hierbei ist es sinnvoll mit der spezifischen Fragestellung zu beginnen und dann schrittweise weitere Aspekte und Einflüsse hinzuzunehmen. Schwartz bezeichnet dieses Vorgehen als „from inside out“ anstatt „from outside in“. Dadurch wird sichergestellt, dass die Szenarien spezifisch werden.

2. Schritt: Identifikation und Auflistung der maßgeblichen Einflussfaktoren (einschließlich der maßgeblichen Akteure, erkennbaren Trends etc.) auf die zentrale Fragestellung (Einflussfaktoren des Gegenstandsbereichs). Um die zeitlichen Entwicklungen der einzelnen Faktoren und ihrer Trends zu identifizieren, können die unterschiedlichsten quantitativen oder qualitativen Vorhersagemethoden in jeder beliebigen Kombination Verwendung finden.

3. Schritt: Identifikation und Auflistung derjenigen Einflussfaktoren des weiteren Umfelds (soziale, ökonomische, politische, ökologische, technologische Einflussfaktoren), die für die Einflussfaktoren des Gegenstandsbereichs (Akteure, Kräfte, Trends) relevant sind. Die Identifikation der Trends der Einflussfaktoren des Umfeldbereichs kann entsprechend dem Gegenstandsbereich erfolgen.

4. Schritt: Ranking der Einflussfaktoren des Gegenstandsbereichs und der treibenden Kräfte, Trends und Einflussfaktoren des Umfeldbereichs gemäß ihrer Bedeutung für die Fragestellung und dem Grad der mit ihnen verbundenen Unsicherheit.

Bei dem in Abbildung 3-2 dargestellten Beispiel mit 10 Einflussfaktoren (F1 bis F10) stellen F3 und F5 (eventuell noch F9) im Quadranten I die Hauptrisikofaktoren dar, da sie einerseits eine hohe Wichtigkeit aufweisen und andererseits mit großer Unsicherheit verbunden sind. Die im Quadranten IV liegenden Faktoren F4 und vor allem auch F10 sind zwar besonders wichtig, aber mit relativ geringen Unsicherheiten verknüpft und daher weitgehend vorbestimmt. Diese Faktoren werden in den Szenarien meist nicht als variabel angesehen, sondern bestimmen die allgemeinen Randbedingungen. Beispiele für derartige Einflussfaktoren sind die Bevölkerungsentwicklung oder auch langfristig vorgegebene rechtliche Rahmenbedingungen. Die Einflussfaktoren in den Quadranten II und III sind für die zu entwickelnden Szenarien unwesentlich und werden bei der Szenariengenerierung üblicherweise nicht weiter berücksichtigt. Sie werden bestenfalls zur Ausschmückung der Szenarien verwandt.

Abbildung 3-2: Ranking von Einflussfaktoren nach Unsicherheit und Wichtigkeit für die Fragestellung

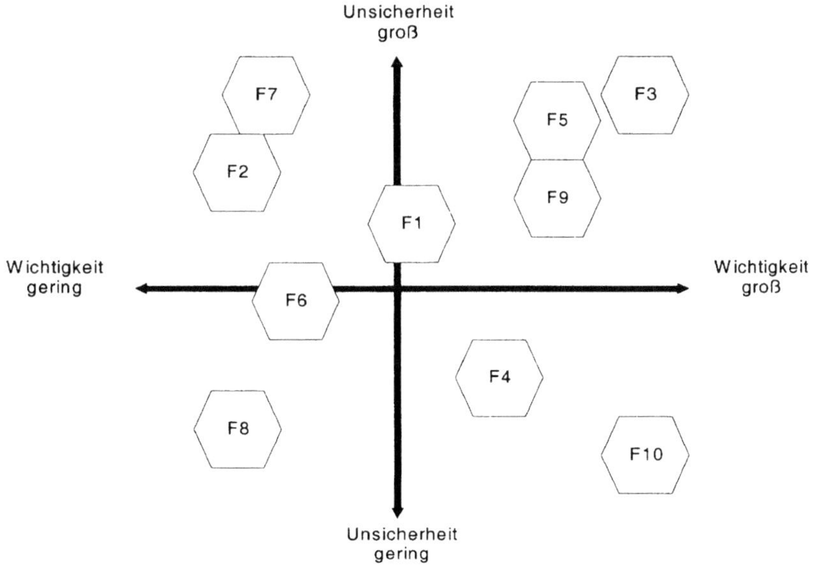

5. Schritt: Auswahl einer geringen Anzahl (zwei bis drei) von Schlüsselfaktoren, die im 4. Schritt als sehr bedeutend beurteilt wurden und zugleich am stärksten mit Unsicherheiten behaftet sind. Dies sind die Haupteinflussfaktoren oder Szenariotreiber. Anhand dieser werden die zu entwickelnden Szenarien ausgestaltet; sie sind die „Hauptachsen" des Szenarioraumes und stellen damit das so genannte „Szenariengerüst" dar.

6. Schritt: Ausgestaltung und Ergänzung der Szenariengerüste (Szenariogenerierung im engeren Sinne) unter Verwendung der im 2. und 3. Schritt identifizierten Einflussfaktoren. Es werden inhaltlich zusammenhängende und konsistente Beschreibungen der Szenarien erarbeitet, die alle Einflussfaktoren berücksichtigen. Um die szenariointerne Konsistenz sicherzustellen, können argumentative und/oder quantitative Methoden verwendet werden.

7. Schritt: Entwicklung und Gestaltung von Handlungsstrategien und -optionen anhand der im 6. Schritt generierten Szenarien. Analyse der Implikationen der Szenarien im Hinblick auf die zentrale Frage/Entscheidung:

- Rückbezug auf die zentrale Fragestellung/Entscheidung (Schritt 1).
- Identifikation und Analyse der Bedeutung eines jeden Szenarios für die zentrale Fragestellung/Entscheidung.
- Identifikation der Abhängigkeiten/Konsequenzen.
- Identifikation der Optionen zur Verbesserung der Robustheit einer Strategie.

8. Schritt: Auswahl von Leitindikatoren und Kenngrößen zur Früherkennung bestimmter Entwicklungstendenzen und damit zur gezielten Anwendung der im 7. Schritt vorbereiteten Handlungsstrategien und -optionen. Hauptaufgabe der Leitindikatoren ist ein möglichst frühzeitiges Erkennen, welches der verschiedenen Szenarien der tatsächlich eintretenden Entwicklung am ehesten entspricht.

Die dargestellten Schritte bei der Erstellung der Szenarien werden meist nicht sequenziell abgearbeitet. Vielmehr gibt es zwischen den einzelnen Schritten zahlreiche Iterationen. Abbildung 3-3 illustriert die wichtigsten iterativen Schlaufen zwischen den Arbeitsschritten.

Abbildung 3-3: Ablauf des Szenario-Ansatzes nach Schwartz (1991)

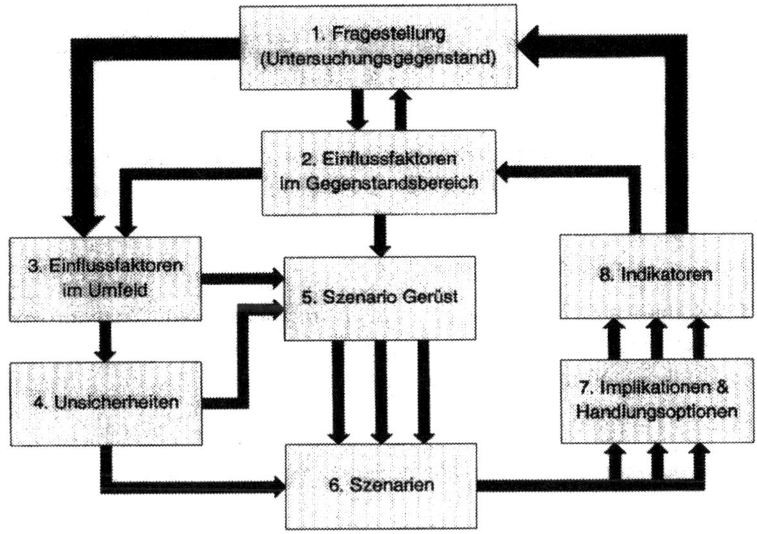

4 Die AKWA 2100-Szenarien

Die Szenarioentwicklung in AKWA 2100 folgt der in Abschnitt 3.3 erläuterten Vorgehensweise nach Schwartz (1991). Dieser Ansatz bietet für die vorliegende Anwendung eine Reihe von Vorteilen:

- Er ermöglicht die Entwicklung qualitativer Szenarien und vermeidet damit die Notwendigkeit, inhärent qualitative Zusammenhänge quantitativ darstellen zu müssen.
- Er ist klar verständlich und leicht anwendbar.
- Er unterstützt Gruppenarbeit und ist daher auch im Rahmen von Szenarioworkshops gut einsetzbar, bei denen die Teilnehmer sehr unterschiedliche Backgrounds und Erfahrungen im Zusammenhang mit der Szenarioerstellung haben.
- Er ist übersichtlich aufgebaut und ermöglicht ein schrittweises Vorgehen.
- Er kommt ohne besondere Software oder andere technische Hilfsmittel aus.

Die Entwicklung der Szenarien alternativer Wasserver- und Abwasserentsorgungssysteme für die beiden Kommunen Selm-Bork und Dortmund-Asseln erfolgte in zwei Phasen. Zunächst wurden drei von den beiden Modellkommunen des AKWA 2100-Projekts unabhängige Szenarien entwickelt. Jedes dieser Szenarien beschreibt eine mögliche Zukunft der kommunalen Wasserinfrastruktur, wobei als Zeithorizont das Jahr 2050 und danach angesetzt wurde. Diese Szenarien sind in Abschnitt 4.2 dargestellt und erläutert. In der zweiten Phase wurden diese Szenarien nach einem intensiven Diskussionsprozess mit den zuständigen Gremien und Vertretern der Kommunen auf die beiden Kommunen übertragen und den dortigen Gegebenheiten angepasst. Die weiteren Untersuchungen, insbesondere die Kosten-/Nutzenbewertung (Kapitel 5), und die praktischen Überlegungen zum Systemwechsel und den Übergangstrategien (Kapitel 7) erfolgten dann auf der Basis dieser konkretisierten Szenarien. Mit Ausnahme der Kostenbewertung erfolgte die Bewertung der Nachhaltigkeit (Kapitel 6) hingegen für die allgemein gehaltenen Szenarien.

4.1 Entwicklung der Szenarien

Im Folgenden ist der Entstehungsprozess der AKWA 2100-Szenarien zusammenfassend dokumentiert. Jeder der in Abschnitt 3.3 erläuterten Arbeitsschritte wurde in einem oder mehreren, meist eintägigen Workshops, an denen das gesamte Projektteam beteiligt war, bearbeitet.

Schritt 1: Die Kernaufgabe und die anstehenden strategischen Schlüsselentscheidungen im Zusammenhang mit einer künftigen urbanen Wasserinfrastruktur können durch drei Fragen konkretisiert werden:

- Gibt es zu den anstehenden Reinvestitionen in die Erneuerung der bestehenden urbanen Wasserinfrastruktur Alternativen, die langfristig ökonomisch, gesellschaftlich und ökologisch vorteilhafter sind?
- Soll der Übergang auf ein alternatives System eingeleitet werden und falls ja, auf welches?
- Wie kann ein Übergang vom heutigen System auf ein alternatives System aussehen?

Schritt 2: Wesentliche Einflussfaktoren (Haupteinflussfaktoren, Faktoren des Gegenstandsbereichs), die die Ausprägung alternativer Wasserinfrastrukturkonzepte beeinflussen, sind

- der Grad der (De-) Zentralität der Bereitstellung der wesentlichen Wasserdienstleistungen und der hierfür benötigten Anlagen,
- der Grad der Trennung von Wasserteilströmen mit unterschiedlichen Wasserqualitäten sowohl auf der Seite der Wasserver- als auch auf der Seite der Abwasserentsorgung,
- der Umfang und die Art der Realisierung von Wasser- und Stoffkreisläufen oder Nutzungskaskaden im Bereich der urbanen Wasserwirtschaft.

Schritt 3: Das Umfeld des eigentlichen Untersuchungsbereichs, d. h. des Gegenstandsbereichs „Urbane Wasserinfrastruktursysteme" besteht im Wesentlichen aus sechs Bereichen: Demographie, Technologie, Umwelt, Gesellschaft, Wirtschaft und Politik. Aus all diesen Umfeldbereichen wirken verschiedene Einflussfaktoren (Einflussfaktoren des Umfelds) auf die in Schritt 2 identifizierten Haupteinflussfaktoren, die ihrerseits die Lösung der in Schritt 1 identifizierten Kernaufgabe bestimmen.

Nachfolgend sind die im Zusammenhang mit einer mittel- bis langfristigen technologischen Modernisierung urbaner Wasserinfrastruktursysteme wichtigsten Einflussfaktoren des Umfelds zusammengestellt.

1. Umfeldbereich „Demographie"
   - Altersstruktur
   - Haushaltsgrößen
   - Verfügbares Haushaltseinkommen

2. Umfeldbereich „Technologie“ (d. h. die autonome technische Entwicklung)
   - Mikrosystemtechnik
   - Nanotechnik
   - Bio- und Gentechnik
   - Informations- und Kommunikationstechnik (IuK-Technik)
   - Werkstofftechnik
   - Anlagen- und Verfahrenstechnik
   - Energietechnik
   - Produktionstechnik
   - Haustechnik/„Intelligentes Haus“
   - Bautechnik
   - Ressourceneffizienz bei Geräten, Anlagen und Prozessen

3. Umfeldbereich „Umwelt“
   - Schutz der Erdatmosphäre
   - Klimaveränderung
   - Gewässerschutz und Schutz des Grundwassers
   - Wasser als globaler Mangelfaktor
   - Abfallwirtschaft/Stoffwirtschaft
   - Wohn- und Lebensumfeld und Natur

4. Umfeldbereich „Gesellschaft“
   - Gesundheit und Gesundheitsbewusstsein
   - Ernährung
   - Dienstleistungsgesellschaft
   - Anforderungen an die Umweltqualität
   - Bildung und Qualifikation
   - Sicherheitsbedürfnisse

5. Umfeldbereich „Wirtschaft“
   - Wettbewerbsfähigkeit auf globalem Markt
   - Beschäftigung
   - Kreislaufwirtschaft, Ressourcen-/Ökoeffizienz

6. Umfeldbereich „Politik“
   - Wirtschafts-, Bildungs-, Forschungs- und Technologiepolitik, Internationale Umweltpolitik und Entwicklungspolitik
   - Grad der De-/Regulierung

Jeder der Einflussfaktoren aus den Umfeldbereichen wurde genauer definiert und hinsichtlich seines möglichen Einflusses auf die Kernfragen bzw. auf die Haupteinflussfaktoren beschrieben. Zusätzlich wurden, soweit möglich, in der Literatur zugängliche Trends und Prognosen dieser Einflussfaktoren identifiziert und zu einer Beschreibung des jeweiligen Einflussfaktors zusammengefasst. Die Informationen wurden dann in einem zweitägigen Workshop vom Projektteam diskutiert und überarbeitet. Sie bildeten die Grundlage für den folgenden Arbeitsschritt. Für eine eingehende Beschäftigung mit den technologischen Trends und dem zu erwartenden technischen Fortschritt sei an dieser Stelle auf die umfangreiche Literatur verwiesen (z. B. GEO-Extra, 1995; Halal et al., 1997; Kaku, 1997; BMBF/ISI, 1998; Markl, 1998; OECD, 1998; Willums, 1997; Pearson, 1998; Kurzweil, 1999; Scientific American, 1999; Technology Review, 1999; Warnecke, 1999; Anderson et al. 2000; TIME, 2000a, 2000b; Abowd und Mynatt, 2000).

Schritt 4: Ranking der Einflussfaktoren des Gegenstandsbereichs und des Umfelds nach Wichtigkeit und Unsicherheit. Der Grad der (De-) Regulierung sowie die drei Haupteinflussfaktoren des Gegenstandsbereichs (Trennung der Teilströme, Kreislaufschließung, Dezentralität) wurden wegen ihrer Bedeutung für die Ausprägung alternativer Wasserinfrastruktursysteme und aufgrund der mit ihrer jeweiligen Ausprägung verknüpften Unsicherheit als Hauptcharakteristika ausgewählt. Die möglichen Ausprägungen dieser Einflussfaktoren wurden wie folgt festgelegt:

- Regulationsgrad: reguliert/dereguliert
- Zentralitätsgrad des Wasserinfrastrukturkonzepts: zentral/dezentral
- Differenzierungsgrad von Wasserteilströmen: gering/mittel/hoch
- Schließungsgrad anthropogener Wasser- und Stoffkreisläufe: gering/mittel/weitgehend

Schritt 5: Auswahl der Szenariogerüste. Mit Hilfe dieser Hauptcharakteristika und ihrer Ausprägungen wurde für jedes Szenario das Szenariengerüst und damit die wesentlichen Unterscheidungsmerkmale festgelegt (vgl. Tabelle 4-1).

Das erste Szenario stellt im Wesentlichen eine Fortschreibung des heutigen Infrastrukturkonzepts auf der Basis einer zentralen Wasserversorgung, einer Mischwasserkanalisation und einer zentralen Kläranlage dar. Es wird als „**Weiter so!**"-Szenario bezeichnet. „Weiter so!" dient als Referenzszenario und Vergleichsbasis für die beiden anderen Szenarien.

Das zweite Szenario wird dadurch charakterisiert, dass das in der zentralen Kläranlage gereinigte Abwasser zu Brauchwasser aufbereitet und wieder genutzt wird. Dabei versorgt ein parallel zum Trinkwasserversorgungsnetz liegendes zweites („duales") Netz häusliche und gewerbliche Nutzer mit Brauchwasser. Dieses Brauchwasser wird darüber hinaus als Spülwasser zur Aufrechterhaltung einer hinreichenden Schleppkraft in der bestehenden Schwemmkanalisation eingesetzt und dient der Löschwasserbereitstellung. Aufgrund seiner Charakteristik, Wasser auf kommunaler Ebene im Kreislauf zu führen und mehrfach zu nutzen, wird dieses Szenario als „**Kommunaler Wasserkreislauf**" bezeichnet.

Tabelle 4-1: Die Szenariogerüste der AKWA-Szenarien

		Szenario 1	Szenario 2	Szenario 3
Regulationsgrad	Reguliert	X	X	
	Dereguliert			X
Zentralitätsgrad des Konzepts	Zentral	X	X	
	Dezentral			X
Differenzierungsgrad der Wasserteilströme	Gering	X		
	Mittel		X	
	Hoch			X
Schließungsgrad anthropogener Wasser- und Stoffkreisläufe	Gering	X		
	Mittel		X	
	Weitgehend			X
Szenario-Name		Weiter so!	Kommunaler Wasserkreislauf	Kleinräumige Stoffkreisläufe

Das dritte Szenario beruht auf einer möglichst konsequenten Differenzierung der häuslichen Wasserteilströme als Voraussetzung einer weitgehenden Schließung anthropogener Stoff- und Wasserkreisläufe. Hierdurch kann auf die in den beiden anderen Szenarien vorhandenen zentralen Systemkomponenten verzichtet werden. Sowohl die Wasserversorgung als auch die Abwasserentsorgung stützen sich auf dezentrale Anlagen, die entweder einzelne Gebäude oder kleinere Gebäudegruppen versorgen. Als unmittelbare Folge der Trennung verschiedener Wasserteilströme und der vor Ort erfolgenden Fassung und Behandlung der Wasser- und Stoffströme erschließt dieses Szenario erhebliche Möglichkeiten, Wasser direkt vor Ort im Kreislauf zu führen und andere Stoffströme wie Kohlenstoff, Stickstoff und Phosphor für eine Rückgewinnung zu erschließen. Aus diesem Grund wird das Szenario als **„Kleinräumige Stoffkreisläufe"** bezeichnet. Während die beiden vorgenannten Szenarien mit ihren dominierenden zentralen Systemstrukturen einen der heutigen Situation entsprechenden Regulierungsgrad und Stand der Liberalisierung aufweisen, geht das Szenario „Kleinräumige Stoffkreisläufe" aufgrund seiner weitgehenden Dezentralität von einer konsequenten Deregulierung und Liberalisierung des Wassermarkts aus.

Schritt 6: Ausgestaltung der Szenarien. Aufbauend auf den in Tabelle 4-1 dargestellten Szenariogerüsten wurden in diesem Arbeitsschritt die Szenarien unter Verwendung der im Arbeitsschritt 3 zusammengestellten Einflussfaktoren des Umfelds konkretisiert und ausgestaltet. In Anhang A1 findet sich die ausführliche und vollständige Charakterisierung der Szenarien mit dem Zeithorizont 2050+ in tabellarischer Form (siehe Tabelle A1-1). Diese Szenarien wurden dann vor dem Hintergrund der ausgewählten Untersuchungsgebiete weiter ausgearbeitet. Im Rahmen des Projekts wurden hierzu für beide Untersuchungsgebiete Materiallisten erstellt, die den Ausstattungsbedarf - beginnend bei den Wasserwerken, Kläranlagen und Pumpwerken über die notwendigen Leitungsstrecken (Wasser, Abwasser) und Rohrdimensionen bis zu der Sanitärausstattung der einzelnen Gebäude - detailliert enthalten. Diese Listen, die auch die unterschiedlichen Rahmenbedingungen in den Modellkommunen widerspiegeln, flossen in die ökonomische Bewertung (Kapitel 5) ein und sind in einem separaten Arbeitsbericht „Ausgestaltung der Szenarien für die Teilgebiete der Kommunen“ (Dyrbusch et al., 2001) dokumentiert. Abschnitt 4.2 beinhaltet eine technik-basierte, kompakte Szenario-Darstellung.

Schritt 7 und **Schritt 8** werden nicht weiter dargestellt, da sie die Gestaltung der Handlungsstrategien sowie die Auswahl von Leitindikatoren und Kenngrößen der Früherkennung zum Gegenstand haben und nicht Gegenstand des AKWA-Projekts waren. Aspekte im Zusammenhang mit möglichen Umsetzungsstrategien werden in Kapitel 7 diskutiert.

4.2 Beschreibung der AKWA 2100-Szenarien

4.2.1 Szenario „Weiter so!“

Das Szenario „Weiter so! “ dient als Referenzszenario. Es stellt eine Fortschreibung des bestehenden Systems dar und weist gegenüber dem heutigen Zustand nur geringe Änderungen auf. Nachfolgend werden technische Einzelheiten des Szenarios „Weiter so!“ beschrieben. Dabei wird jeweils zwischen Systemelementen, die im öffentlichen Bereich und solchen, die auf den Privatgrundstücken vorhanden sind, unterschieden. Die gedankliche Abgrenzung zwischen privatem und öffentlichem Bereich ist dabei die Grundstücksgrenze, wobei die Abwasserzuleitungen zum Kanalnetz zwischen Gebäudeaußenwand und Grundstücksgrenze dem öffentlichen Bereich zugeschlagen wurden.

a) Privater Bereich

Wasserversorgung

Die Haushalte decken ihren Trinkwasserbedarf aus dem Trinkwassernetz. Die Häuser und Wohnungen werden im Rahmen von Sanierungen und Modernisierungen mit wassersparenden Armaturen und Sanitäreinrichtungen (z. B. 4,0 l-WC) ausgestattet. Bei Neubauten werden diese Anlagen direkt vorgesehen. Der Trinkwasserbedarf der Haushalte hat sich durch diese Maßnahmen auf einen mittleren Wert von 97 l/(E·d) eingependelt. Jede Wohneinheit verfügt über einen eigenen Wasserzähler. Ein Teil der Haushalte nutzt Niederschlagswasser anstelle von Trinkwasser zur Gartenbewässerung (3 l/(E·d)), in Einzelfällen auch zum Reinigen der Wäsche.

Abwasserableitung

Die im Haushalt anfallenden verschiedenartigen Abwässer werden in einer Abwasserleitung zusammengeführt und in den im öffentlichen Bereich befindlichen Mischwasserkanal eingeleitet. Eine Ausnahme bildet das von den Dachflächen abfließende Niederschlagswasser, das von einem Teil der Haushalte auf den eigenen Grundstücken ganz oder teilweise, flächig oder über Mulden versickert wird. Zur qualitativen und quantitativen Erfassung des Schmutzwasseranfalls existieren in jeder Wohneinheit Messeinrichtungen.

Bioabfallentsorgung

Bioabfälle werden flächendeckend in Biotonnen gesammelt und regelmäßig abgefahren.

Energieversorgung

Das Energieversorgungssystem ist in Teilbereichen dezentral organisiert. Hierzu werden in den Haushalten Brennstoffzellenanlagen eingesetzt, die an das zentrale Gas- und Stromversorgungsnetz angeschlossen sind. Stromüberschüsse werden in das Netz eingespeist.

Die folgende Abschätzung des Energiebedarfs der Wohngebäude gilt einheitlich für alle Szenarien: Für Wohngebäude im Jahr 2050 wird ein Jahreswärmebedarf von 25 $kWh_{th}/(m^2 \cdot a)$ entsprechend 833 $kWh_{th}/(E \cdot a)$ angesetzt. Dabei ist davon auszugehen, dass im Jahr 2050 alle Gebäude dem heutigen (2002) Standard des Niedrigenergiehauses entsprechen. Dies bedeutet bei einer durchschnittlichen Wohnungsgröße von 100 m^2 eine Heizleistung von 3 bis 4 kW_{th} inkl. Warmwasser (ECON 2001). Der Jahresstromverbrauch für einen Drei-Personen-Haushalt liegt heute bei ca. 3.750 kWh/a (VDEW 1999). Dieser Wert wird bis 2050 im Wesentlichen unverändert bleiben, da zwar einzelne Geräte stromsparender werden, dafür aber die Elektrifizierung der Haushalte zunehmen wird. Der personenspezifische Stromverbrauch liegt damit bei 3,3 kWh/(E·d) bzw. 1.200 kWh/(E·a) und ist höher als der thermische Energiebedarf. Aus diesen Daten geht hervor, dass im Jahresmittel die Stromproduktion vor der Wärmeproduktion Vorrang hat. Praktische Erfahrungen zeigen, dass der Vorrang der Stromproduktion von jahreszeitlichen Änderungen des Wärmebedarfs unberührt bleibt (ECON 2001).

b) Öffentlicher Bereich

Trinkwasserversorgung

Die Trinkwassergewinnung und -aufbereitung erfolgt wie bisher zentral in Wasserwerken. Das heutige Trinkwassernetz bleibt bestehen. Gegebenenfalls werden bei Sanierungsmaßnahmen kleinere Durchmesser verlegt, um dem zurückgegangenen Trinkwasserverbrauch gerecht zu werden und um die Wieder-/Verkeimungsgefahr infolge zu langer Aufenthaltszeiten des Trinkwassers im Verteilungsnetz zu vermeiden. Das Löschwasser wird wie heute auch dem Trinkwassernetz entnommen.

Abwasserableitung

Im öffentlichen Bereich sind in den Untersuchungsgebieten von Selm-Bork und Dortmund-Asseln Mischwasserkanäle verlegt, die das anfallende Schmutzwasser und Regenwasser gemeinsam ableiten. Der Schmutzwasseranfall liegt in 2050 bei 96 l/(E·d). Durch die Abkopplung eines Teils der befestigten privaten Verkehrs- und Dachflächen wird die abfließende Niederschlagswassermenge reduziert, so dass die Kanalisation entlastet wird und sich die Häufigkeit von Mischwasserabschlägen verringert. Der Anteil der abkoppelbaren Flächen variiert abhängig von den örtlichen Verhältnissen (verfügbare Freiflächen, hydrogeologische Verhältnisse etc.). In Dortmund-Asseln wurde im Szenario „Weiter so!“ davon ausgegangen, dass in 2050 16 % der abflusswirksamen Fläche und in Selm-Bork aufgrund des größeren Freiraumangebots 30 % abgekoppelt sind. Ein weiterer Effekt der Regenwasserabkopplung besteht darin, dass bei Neu- und Ersatzinvestitionen die Mischkanäle kleiner dimensioniert werden können.

Abwasserbehandlung

Die Abwasserreinigung erfolgt wie bisher in einer zentralen Kläranlage. Die Abwasserzusammensetzung weist ähnlich wie im Jahr 2000 ein C:N:P-Verhältnis von 100:10:1 auf. Daher ändert sich auch die Technik der Abwasserreinigung auf den zentralen Kläranlagen kaum. Nur die Belebungsstufe wird als Membranstufe ausgeführt, wodurch sich das Bauvolumen der biologischen Stufe verringert und ein qualitativ verbesserter Kläranlagenablauf erreicht wird (deutliche Keimreduzierung, verbesserte Ablaufwerte durch Rückhalt der an Partikel gebundenen Schadstoffe wie Phosphor oder Schwermetalle).

Klärschlammbehandlung

Der Klärschlamm wird auf der Kläranlage anaerob stabilisiert. Das entstehende Biogas wird energetisch genutzt. An die landwirtschaftliche Klärschlammnutzung werden hohe Anforderungen bezüglich der schädlichen Inhaltsstoffe gestellt, so dass ein erheblicher Teil des Klärschlamms in thermischen Anlagen entsorgt werden muss.

Weitere Infrastrukturelemente

Neben den Leitungen für die Wasserver- und Abwasserentsorgung befinden sich die Leitungen der Gas- und Stromversorgung im öffentlichen Straßenkörper. Dabei wird ebenso den anderen Szenarien die Stromleitung auch zur Informationsübertragung genutzt („Powerline“), so dass - beispielsweise zum Zweck der Fernüberwachung von Anlagen - keine zusätzlichen Telekommunikationsleitungen verlegt werden müssen.

c) Wasserinfrastruktursystem und Wasserbilanz

Abbildung 4-1 zeigt zunächst die Wasserbilanz des „Weiter so!“-Szenarios

Das Wasserinfrastruktursystem des „Weiter so!“-Szenarios ist in Abbildung 4-2 dargestellt. Dieser Abbildung sind auch die häuslichen Wassernutzungen mit dem jeweils zugrunde gelegten Wasserbedarf zu entnehmen. Der häusliche Wasserbedarf von insgesamt 100 l/(E·d) wird zu 97 % mit Trinkwasser gedeckt. Der Rest (für Gartenbewässerung) wird über Regenwasser abgedeckt. Der häusliche Schmutzwasseranfall liegt bei 96 l/(E·d). (Hinweis: Es wird davon ausgegangen, dass vom getrunkenen Wasser 1 l/(E·d) durch Verdunstung verloren geht und 2 l/(E·d) mit dem Schmutzwasser aus der Toilette abgeleitet werden.)

In Abbildung 4-3 ist die Ausstattung der einzelnen Gebäude und deren Einbindung in das im öffentlichen Raum vorhandene Infrastruktursystem dargestellt.

Abbildung 4-1: „Weiter so!" - Wasserbilanz

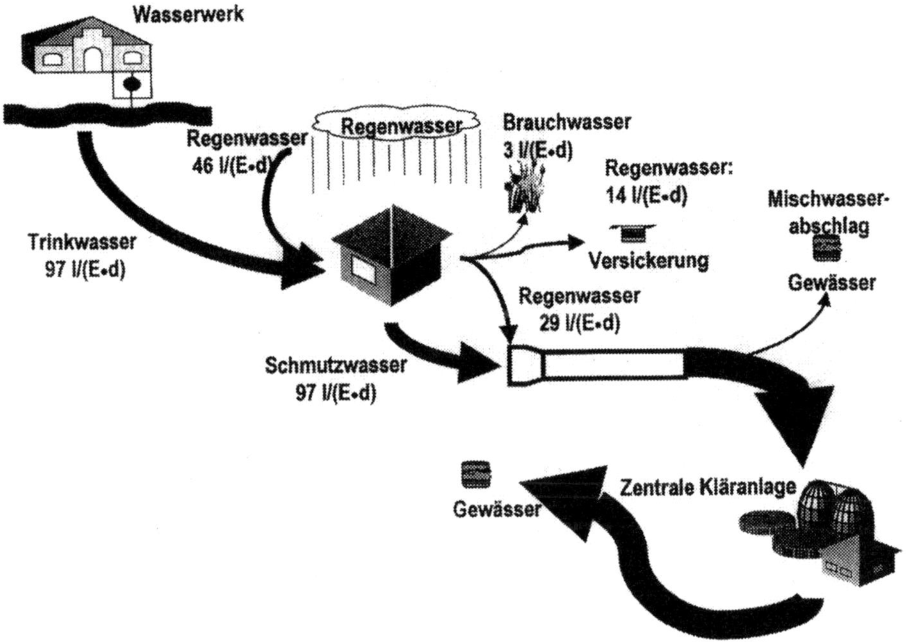

Abbildung 4-2: „Weiter so!" - Wasserver- und Abwasserentsorgungssystem (inkl. Bioabfallentsorgung)

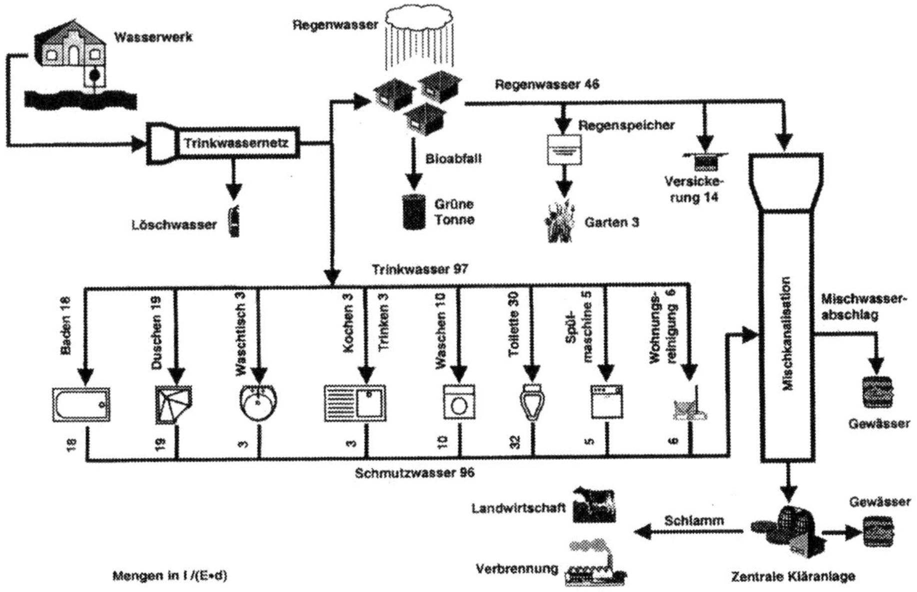

Abbildung 4-3: „Weiter so!“ - Ausstattung und Einbindung der Gebäude in das Infrastruktursystem

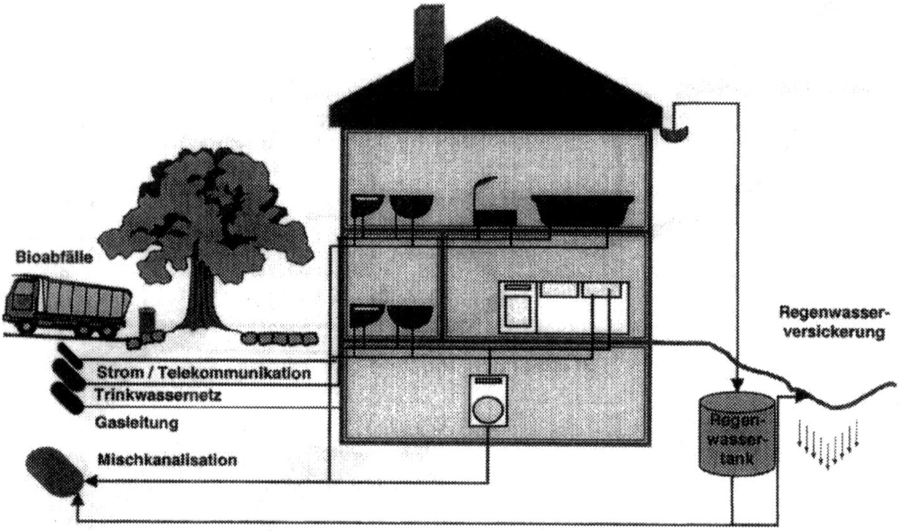

4.2.2 Szenario „Kommunaler Wasserkreislauf“

Das Szenario „Kommunaler Wasserkreislauf“ stellt eine deutliche Weiterentwicklung des „Weiter so!“-Szenarios dar und unterscheidet sich von diesem in drei wesentlichen Bereichen. Zum einen wird das Trinkwassernetz durch ein zentral gespeistes, zusätzliches Brauchwassernetz ergänzt. Weiter wird in diesem Szenario ein Teil der häuslichen Abwasserströme getrennt erfasst, abgeleitet und behandelt, so dass in ersten Ansätzen das Konzept der Teilstrombehandlung, das in der industriellen Abwassertechnik seit langem etabliert ist, in die kommunale Wasserwirtschaft Eingang findet. Der dritte strukturelle Unterschied besteht darin, dass mit der zentralen Brauchwasserversorgung, die aus dem Kläranlagenablauf gespeist wird, ein echter Wasserkreislauf entsteht, während das bisherige kommunale Wasserinfrastruktursystem und seine Fortschreibung im „Weiter so!“-Szenario als reines Durchflusssystem konzipiert sind.

Analog zum vorherigen Abschnitt wird auch hier der öffentliche und der private Sektor in der Darstellung unterschieden.

a) Privater Bereich

Trink- und Brauchwasserversorgung

Beim „Kommunalen Wasserkreislauf" erfolgt die Trinkwasserversorgung der Haushalte aus einem zentral gespeisten Trinkwassernetz. Auf Wunsch erhalten die Gebäude einen Brauchwasseranschluss, der mit einer Messeinrichtung versehen ist. Im Haus werden eine UV-gestützte Brauchwasser-Desinfektionsanlage, das Brauchwasserleitungssystem und die entsprechenden Zapfstellen installiert. Das Brauchwasser wird in den Häusern zum Wäschewaschen und Geschirrspülen, zur WC-Spülung und zur Raumreinigung eingesetzt. Insgesamt beläuft sich der Wasserbedarf der Haushalte auf 93 l/(E·d). Gegenüber dem „Weiter so!"-Szenario ist er durch den vermehrten Einsatz wassersparender Armaturen und Geräte um 7 l/(E·d) verringert. Der Wasserbedarf wird zu je 45 l/E·d aus dem Trinkwasser- und dem Brauchwassernetz gedeckt. Zur Gartenbewässerung (3 l/E·d) wird in den meisten Haushalten Regenwasser verwendet, das in einem kleinen Tank gespeichert wird. Andernfalls kann zur Gartenbewässerung auch das Brauchwasser genutzt werden.

Alternativ könnte anstelle des Brauchwassers durchaus auch Regenwasser eingesetzt werden. Die Priorität im Szenario „Kommunaler Wasserkreislauf" liegt jedoch darauf, das Regenwasser direkt auf den Grundstücken zu versickern und es so dem natürlichen Wasserkreislauf kleinräumig wieder zuzuführen. Hierzu werden Regenwasserrückhaltungen, Rigolen und sonstige technische Einrichtungen eingesetzt.

Abwasserableitung

In den Gebäuden werden abgesehen vom Urin (Gelbwasser; 2 l/(E·d)) alle Abwasserströme gemeinsam erfasst und abgeleitet. Für die Sammlung und Speicherung des Gelbwassers wird ein eigenes Rohrleitungsnetz installiert, das von den einzelnen Sanitärstellen (z. B. Separations-WCs, (Trocken-)Urinale) zu einem zentralen Speicherbehälter führt. An diesem Sammeltank, der von den öffentlichen Straßen aus leicht zugänglich ist, ist eine Rohrleitung mit Saugstutzen und Mengenerfassung angebracht, so dass ein Entsorgungsfahrzeug den Tank vollautomatisch entleeren kann.

Die Fäkalien (Braunwasser) und die sonstigen Abwässer aus Küche und Bad (Grauwasser) werden über eine Freispiegelentwässerung in die Mischkanalisation abgeführt. Nicht zurückgehaltenes oder nicht versickerbares Regenwasser wird ebenfalls in die Mischkanalisation eingeleitet.

Bioabfallentsorgung

An das Schmutzwassersystem ist ein Bioabfall-Zerkleinerer (Schneidwerk) angeschlossen. Mit diesem Gerät werden biogene Küchenabfälle soweit zerkleinert, dass sie mit einer geringen Menge Spülwasser (3 l/(E·d)) fließfähig sind und gemeinsam mit dem Schmutzwasser der Kläranlage zugeleitet werden. Als Spülwasser wird Brauchwasser eingesetzt. Eine Abfuhr ist nur noch für diejenigen Gartenabfälle notwendig, die nicht auf dem Privatgrundstück kompostiert werden.

Energieversorgung

Das Energieversorgungssystem ist analog zum „Weiter so!“ - Szenario auch beim „Kommunalen Wasserkreislauf“ in Teilbereichen dezentral organisiert. Es werden Brennstoffzellenanlagen genutzt, die an ein zentrales Gas- und Stromversorgungsnetz angeschlossen sind. Die entstehenden Stromüberschüsse werden in das Netz eingespeist.

b) Öffentlicher Bereich

Trinkwasserversorgung

Die Trinkwasserversorgung wird durch eine zentrale Aufbereitung und Verteilung sichergestellt. Da der Trinkwasserbedarf im Mittel nur noch 45 l/(E·d) beträgt, wird sukzessive ein neues Trinkwassernetz errichtet, das deutlich kleiner dimensioniert ist.

Brauchwasserversorgung

Als Brauchwasser wird aufbereitetes und entkeimtes Wasser aus den Abläufen der Kläranlagen sowie gesammeltes und aufbereitetes Regenwasser (Bodenfiltration bzw. Membrananlagen) aus Regenüberlaufbecken eingesetzt. Dieses qualitätsgesicherte Brauchwasser, das mindestens den Anforderungen der EU an Badegewässer entspricht und zusätzlich hygienisiert ist, wird über das alte, überdimensionierte Trinkwassernetz verteilt. Es dient der Spülung der Kanäle, der Brauchwasserversorgung der Haushalte sowie der Industrie und stellt die Löschwasserversorgung sicher. Die Verwendung des alten Trinkwassernetzes zur Brauchwasserversorgung hat für die Kanalspülung den Vorteil, dass die Spülstellen direkt an den Hausanschlüssen liegen. So kann die Spülung der einzelnen Rohrleitungen und Kanalabschnitte zielgerichtet durchgeführt werden, wobei die eingesetzten Spülwassermengen auch vom Regenzufluss in die Kanalisation abhängen. Hierzu sind im gesamten Kanalnetz zwischen den einzelnen Dosierstellen des Spülwassers Niveaumessungen vorgesehen, die die abfließende Wassermenge im Rohrleitungsstrang ermitteln und den Spülwasserzufluss regeln.

Abwasserableitung

Das Abwasser wird in einem Mischwasserkanal abgeführt, der die nicht versickerten Regenwässer, die Grauwässer, Fäkalien sowie zerkleinerte Bioabfälle aus den Küchen der Haushalte aufnimmt. Der Schmutzwasseranteil inkl. Bioabfälle (ohne Gartenabfälle) beträgt 87 l/(E·d). Um Ablagerungen aufgrund geringer Wasserführung im Kanalnetz zu vermeiden, ist vor allem in Trockenzeiten die Zugabe von Spülwasser als Brauchwasser vorgesehen. Insgesamt wird für den ablagerungsfreien Transport eine Wassermenge von 100 bis 150 l/(E·d) benötigt. Daraus ergibt sich ein mittlerer Spülwasserbedarf von ca. 38 l/(E·d).

Die Reduzierung der in den Kanal abgeleiteten Niederschlagswassermengen erfolgt in diesem Szenario mit dem Ziel Mischwasserabschläge zu verringern und konstante Betriebszustände der Kläranlage zu erreichen indem versiegelte Flächen von der Kanalisation abgekoppelt werden. Es wird eine höhere Abkopplungsrate als im „Weiter so!"- Szenario angestrebt. Hierbei werden hauptsächlich Dachflächen und zum Teil ehemals asphaltierte Flächen (Schwarzflächen), die mit wasserdurchlässigen Belägen versehen werden, von der Kanalisation abgekoppelt. Das Niederschlagswasser von den Dachflächen wird Versickerungs-, Speicherungs- oder Brauchwasseranlagen zugeführt. Eine weitere Reduzierung der abzuleitenden Regenwassermenge wird über Dachbegrünungen erreicht. Das Regenwasser von Straßen und Gehwegen, das auf Grund seiner möglichen Belastung mit Schadstoffen nicht versickert werden kann, wird in der Mischwasserkanalisation abgeführt. Für die untersuchten Teilgebiete kann durch diese Maßnahmen in Selm-Bork eine Abkopplungsquote von 34 % und in Dortmund-Asseln von 37 % der abflusswirksamen Flächen erzielt werden.

Gelbwasserbehandlung

Zur Behandlung der Stickstoff- und Phosphorfrachten aus dem Urin wird der Bau zentraler Anlagen zur Gelbwasseraufbereitung notwendig, in denen nach herkömmlichen oder neu entwickelten Verfahren aus dem Urin Düngemittel hergestellt werden.

Abwasserbehandlung

Die im Mischwassernetz vorhandenen Regenüberlaufbecken werden zur Steigerung der Reinigungsleistung und zum Rückhalt der vermehrt vorliegenden Feststoffe aus den biologischen Küchenabfällen mit Parallelplattenabscheidern ausgestattet.

Die Stoffstromtrennung (Gelbwasser) in den privaten Haushalten führt dazu, dass die Stickstofffracht im Schmutzwasser deutlich sinkt. Auch die Phosphorfracht verringert sich um ein Drittel. Darüber hinaus führt die getrennte Gelbwasserentsorgung dazu, dass die Belastung der Kläranlagen mit Medikamentenrückständen deutlich zurückgeht. Durch die Zugabe der biologischen Abfälle steigen jedoch gleichzeitig der BSB- und der CSB-Wert drastisch an. Die erwarteten Änderungen der Abwasserparameter sind in Tabelle 4-2 aufgeführt.

Tabelle 4-2: Abwasserzusammensetzung beim Szenario „Kommunaler Wasserkreislauf“

Parameter	Fracht Kommunales Abwasser 2000	Fracht Schmutzwasser (Fäkalien + Grauwasser)	Fracht Bioabfall	Fracht Schmutzwasser + Bioabfall	Konzentration (125 l/(E·d); inkl. Spül-wasser)
BSB5	60 g/(E·d)	55 g/(E·d)	25-40 g/(E·d)	80-95 g/(E·d)	700 mg/l
CSB	120 g/(E·d)	105 g/(E·d)	45-70 g/(E·d)	150-175 g/(E·d)	1.300 mg/l
TKN	11 g/(E·d)	2,2 g/(E·d)	0,3 g/(E·d)	2,5 g/(E·d)	20 mg/l
Pges	1,8 g/(E·d)	1,1 g/(E·d)	0,1 g/(E·d)	1,2 g/(E·d)	9,6 mg/l
AFS	75 g/(E·d)	70 g/(E·d)	25-40 g/(E·d)	95-110 g/(E·d)	820 mg/l
$Q_{Abwasser}$	127 l/(E·d)	82 l/(E·d)	3 l/(E·d)	85 l/(E·d)	
Spülwasser				15 - 65 l/(E·d)	

Diese Änderung der Abwasserzusammensetzung erfordert eine geänderte Technik in den biologischen Verfahrensstufen der Kläranlagen. Die aerobe biologische Behandlungsstufe wird um eine vorgeschaltete Anaerob-Stufe erweitert, in der das organisch hoch belastete und von Feststoffen nahezu befreite Wasser behandelt wird. Bei den Abbauprozessen unter psychrophilen Bedingungen (Temperaturbereich ca. 10 bis 20 °C) entsteht Biogas, das energetisch in Brennstoffzellen genutzt wird. Im Anschluss an diese Stufe ist eine aerobe Behandlungsstufe in Form einer Membranbelebungsanlage zur Restkohlenstoff- und Stickstoffelimination sowie zur Keimreduzierung vorgesehen.

Im Ablauf der Kläranlage sind Speicherbecken für gereinigtes Abwasser installiert. Aus diesen Becken wird mit einem Pumpwerk die Beschickung des Brauchwassernetzes sichergestellt.

Schlammbehandlung

Die deutlich erhöhte Feststoffmenge aus der Vorklärung (Bioabfälle) und der Überschussschlamm der aeroben biologischen Stufe werden einer konventionellen anaeroben Schlammbehandlung zugeführt. Der ausgefaulte Schlamm wird entwässert und wenn möglich im Landschaftsbau bzw. in der Landwirtschaft verwertet. In den Fällen, in denen der Klärschlamm schadstoffbelastet ist, wird er einer Verbrennung zugeführt. Durch die weitgehende Nutzung der Kohlenstoffverbindungen in dem durch Bioabfälle aufkonzentrierten Abwasser kann ausreichend Biogas für einen weitgehend autarken Betrieb der Kläranlage erzeugt werden.

Weitere Infrastrukturelemente

Ebenso wie beim „Weiter so!“-Szenario sind auch beim „Kommunalen Wasserkreislauf“ die Leitungen für die Energieversorgung (Gas- und Strom) und für Kommunikationsdienste im Straßenbereich verlegt.

c) Wasserinfrastruktursystem und Wasserbilanz

Abbildung 4-4 zeigt zunächst die Wasserbilanz des Szenarios „Kommunaler Wasserkreislauf“. Man sieht deutlich, dass hier kein Durchflusssystem mehr vorliegt, sondern der Wasserkreislauf auf kommunaler Ebene geschlossen ist.

Abbildung 4-5 zeigt das Wasserinfrastruktursystem mit dem zusätzlichen Brauchwassernetz, der Gelbwasserseparierung und der ins Abwassersystem integrierten Bioabfallentsorgung. Diese Abbildung veranschaulicht die häuslichen Wassernutzungen mit der verwendeten Wasserqualität und dem jeweils zu Grunde gelegten Wasserbedarf. Der Gesamtwasserbedarf wird mit 93 l/(E·d) angenommen, wovon aber nur noch die Hälfte über Trinkwasser (45 l/(E·d)) gedeckt wird. Für den verbleibenden Wasserbedarf von 45 l/(E·d) für Wäschewaschen, Spülen, WC-Spülung, Hausreinigung und sonstige Zwecke kann Brauchwasser verwendet werden, das direkt dem Brauchwassernetz entnommen oder optional aus Regenwasser gewonnen wird. Die in die Kanalisation abzuleitende Schmutzwassermenge liegt bei 87 l/(E·d). Zur Sicherstellung der ausreichenden Kanalspülung wird - wie beschrieben - zusätzlich Spülwasser aus dem Brauchwassernetz zugegeben, so dass im Trockenwetterfall 125 l/(E·d) Wasser zur Kläranlage transportiert werden und somit trotz erhöhter Feststofffracht in Folge der Bioabfall-Einträge keine Störungen des Kanalbetriebs zu erwarten sind. Im Regenfall ist die abgeleitete Abwassermenge entsprechend höher.

Aus Abbildung 4-6 ist für den „Kommunalen Wasserkreislauf“ die Ausstattung der einzelnen Gebäude und deren Einbindung in das externe Infrastruktursystem ersichtlich.

Abbildung 4-4: „Kommunaler Wasserkreislauf" - Wasserbilanz

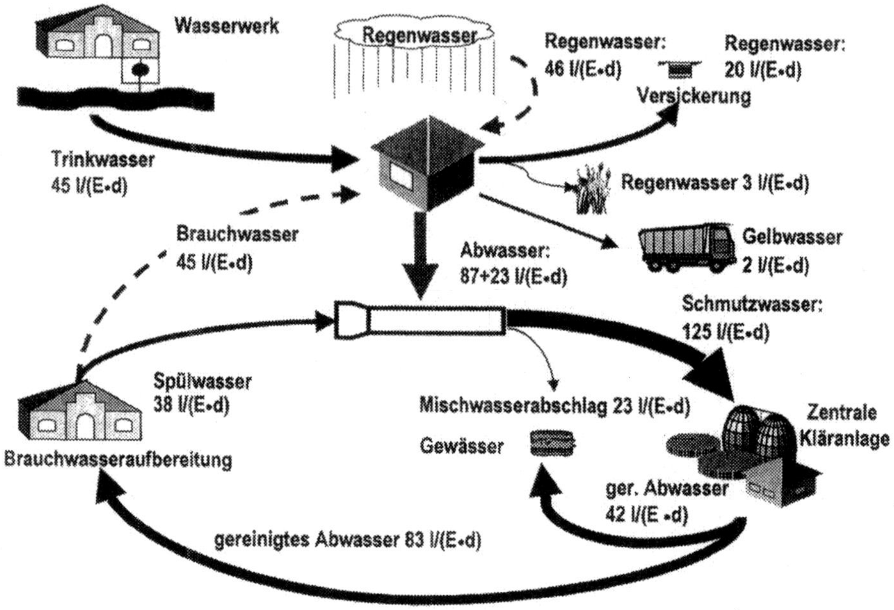

Abbildung 4-5: „Kommunaler Wasserkreislauf" - Wasserver- und Abwasserentsorgungssystem (inkl. Bioabfallentsorgung)

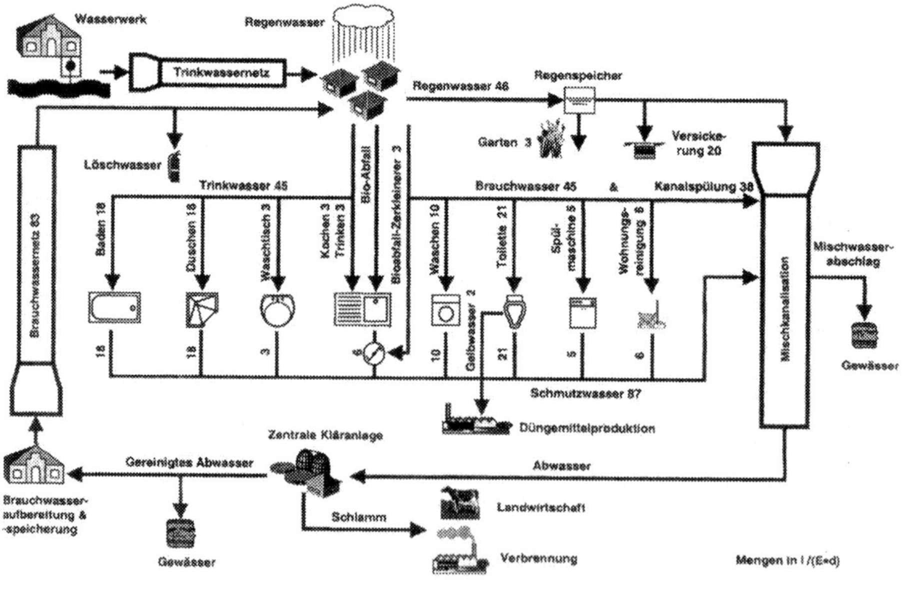

Abbildung 4-6: „Kommunaler Wasserkreislauf" - Ausstattung und Einbindung der Gebäude

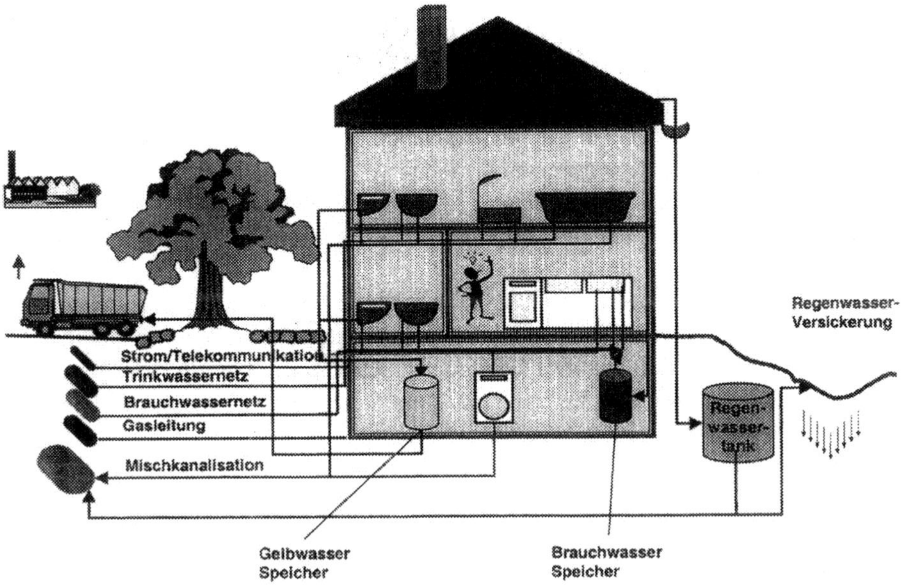

4.2.3 Szenario „Kleinräumige Stoffkreisläufe"

Das Szenario „Kleinräumige Stoffkreisläufe" entfernt sich in mehrfacher Hinsicht am weitesten vom Referenzszenario „Weiter so!". Sind die Szenarien „Weiter so!" und „Kommunaler Wasserkreislauf" noch von zentralen Systemelementen geprägt, ist beim Szenario „Kleinräumige Stoffkreisläufe" das einzelne Haus mit dezentralen Komponenten zur Wasseraufbereitung und Schlammbehandlung ausgestattet und in hohem Maße autark. Das betrifft die Wasserversorgung, die Abwasserentsorgung und die Energieversorgung. Innerhalb des autarken Einzelhauses spielen eine ausdifferenzierte Trennung der Wasser- und Stoffströme sowie die Schließung von Kreisläufen eine herausragende Rolle.

Wie bei den anderen beiden Szenarien werden auch hier der private und der öffentliche Bereich getrennt beschrieben, wobei sich im öffentlichen Sektor kaum noch Systemelemente befinden.

a) Privater Bereich

Wasserversorgung

Die Wasserversorgung im Szenario „Kleinräumige Stoffkreisläufe" basiert auf der Nutzung des Regenwassers und der weitgehenden Schließung der häuslichen Wasserkreisläufe auf den drei Qualitätsniveaus Trinkwasser, Pflegewasser und Brauchwasser. Der Wasserbedarf für die verschiedenen Nutzungen ist durch die Verwendung wassersparender Armaturen und Geräte sehr gering (z. B. Waschmaschine, Spülmaschine, Vakuum-Trenntoiletten). Einen Überblick über die verschiedenen Wasserströme im Haus geben die Abbildungen 4-7 und 4-8.

Das von den Dachflächen der Gebäude ablaufende Regenwasser wird gesammelt und zu einer im Erdreich installierten Zisterne weitergeleitet. Von der Regenwasserzisterne wird eine Leitung zum Versorgungszentrum des Gebäudes geführt. Dort wird das Regenwasser den unterschiedlichen Nutzungsformen entsprechend auf Trinkwasser- oder Pflegewasserqualität aufbereitet.

Der Bedarf an Wasser der höchsten Qualitätsstufe (Trinkwasserqualität) liegt bei 6 l/(E·d). Die Aufbereitung des Regenwassers zu Trinkwasser erfolgt durch eine vollständige Feststoffabtrennung (z. B. Membranverfahren) und Adsorptionsstufen zur Entfernung gelöster Verunreinigungen (z. B. keramische Filter, Aktivkohlefilter). Nach der Desinfizierung wird das aufbereitete Regenwasser in das häusliche Trinkwassernetz eingespeist. Neben der allgemeinen Desinfektion im Anschluss an die Regenwasseraufbereitung besteht die Möglichkeit einer Nachdesinfizierung des Trinkwassers mittels UV-Strahlung direkt an den Zapfstellen. Unabhängig von der Trinkwasseraufbereitung aus Regenwasser kann im Bedarfsfall Trinkwasser in Flaschen von externen Lieferanten bezogen werden.

Der Pflegewasserbedarf von 51 l/(E·d) zum Baden, Duschen, Spülen und Waschen wird zum einen aus vorbehandeltem Regenwasser (vereinfachte Aufbereitung) und zum anderen durch die Aufbereitung leicht verschmutzten Grauwassers (Herkunft: Bade- und Duschwasser; sog. „Grauwasser I") in einer Grauwasserbehandlungsanlage sichergestellt. Wie das Trinkwasser wird auch das Pflegewasser vor der Einspeisung in das häusliche Pflegewassernetz (Warm- und Kaltwasser) desinfiziert.

Der Brauchwasserbedarf für die Toilettenspülung, Reinigungszwecke und zum Betrieb des Biomüll-Zerkleinerers beläuft sich auf ca. 13 l/(E·d) und wird aus leicht verschmutztem und bei Bedarf aus stärker verunreinigtem Grauwasser aus der Spül- und Waschmaschine sowie den Handwaschbecken („Grauwasser II") gedeckt. Die Grauwasseraufbereitungsanlage zur Behandlung der beiden Grauwasserqualitäten I und II besteht aus einer mehrstufigen Membrananlage. Hierbei durchläuft das leicht verschmutzte Grauwasser I aus Bad und Dusche nicht alle Behandlungsstufen. Die Gartenbewässerung erfolgt direkt mit unbehandeltem Regenwasser (3 l/(E·d)).

Entsprechend der differenzierten Wasseraufbereitung und -nutzung auf der Versorgungsseite werden auch bei der Abwasserableitung und -behandlung verschieden zusammengesetzte Abwasserströme getrennt geführt.

Nicht genutztes Rest-Regenwasser wird versickert. Für Grundstücke, auf denen keine oder keine vollständige Versickerung des Regenwassers möglich ist, ist weiterhin ein Anschluss an den Regenwasserkanal in der Straße vorgesehen. Der Anteil dieser Grundstücke wird auf ca. 50 % geschätzt.

Aus dem häuslichen Wasserkreislauf wird das stärker verunreinigte Grauwasser II und ein Teil des geringer belasteten Grauwassers I (24 l/(E·d)) nach der Aufbereitung ausgeschleust und ebenfalls auf dem Grundstück versickert. Die Qualität des versickerten Abwassers entspricht der Qualität des Brauchwassers. Die Versickerung ist für das Grundwasser deshalb unbedenklich.

Die Sammlung und Speicherung des Gelbwassers (2 l/(E·d)) erfolgt analog dem „Kommunalen Wasserkreislauf" getrennt vom restlichen Abwasser. Als technische Lösung wird jedoch ein Vakuumsystem, an das Trenntoiletten und Urinale angeschlossen sind, verwendet. Das Leitungssystem führt von den einzelnen Sanitärstellen zu einem Speicherbehälter. Am Speichertank ist zur Entleerung durch ein Entsorgungsfahrzeug eine Rohrleitung mit Saugstutzen und Mengenerfassung montiert.

Das Braunwasser (Fäkalien, 4 l/(E·d)) aus den Toiletten wird zusammen mit dem Schmutzwasser aus sonstigen Anwendungen ebenfalls über eine Vakuumentwässerung abgeleitet und einer Anaerobanlage mit Biogaserzeugung zugeführt. Der ausgefaulte Schlamm wird in einen Speicherbehälter gegeben und dort bis zur Abholung durch ein Entsorgungsfahrzeug zwischengelagert.

Bioabfallentsorgung

Die Bioabfallentsorgung aus dem Küchenbereich ist ähnlich wie beim Szenario „Kommunaler Wasserkreislauf" in die Abwasserbehandlung integriert. Der zerkleinerte Bioabfall wird über die Vakuumanlage der anaeroben Braunwasserbehandlung zugeführt und zur Biogaserzeugung genutzt.

Energieversorgung

Das in der Anaerobanlage erzeugte Biogas wird in einer Brennstoffzellenanlage in Wärme sowie elektrische Energie umgewandelt. Überschüssiges Gas wird in einem kleinen Gasspeicher zwischengespeichert. Dieser Speicher ist außerhalb des Gebäudes im Erdreich installiert. Wie beim „Weiter so!"-Szenario und beim „Kommunalen Wasserkreislauf" erfüllen die Gebäude den Standard eines Niedrigenergiehauses. Zusätzlich sind Photovoltaik- sowie herkömmliche Solaranlagen in das Energiesystem des Hauses eingebunden. Die Gebäude sind aber weiterhin an ein Stromnetz angeschlossen, um Überschüsse abzugeben oder den über die Eigenstromerzeugung hinausgehenden Bedarf zu decken.

Technische Anlagen

Die technischen Anlagen zur Trink- und Grauwasseraufbereitung sowie zur Behandlung des Braunwassers sind als Kompaktanlagen auf der Basis der Membrantechnik ausgeführt und werden entweder in einem Kellerraum des Hauses oder in einem speziellen Gebäude (z. B. Garagenanbau) installiert. In den Gärten der Häuser sind neben der Versickerungsanlage auch die Speicher (Erdspeicher) für unterschiedliche Wässer untergebracht. Die Überwachung der technischen Anlagen zur Wasserversorgung erfolgt über einen permanenten Datenaustausch mit einem Serviceunternehmen.

b) Öffentlicher Bereich

Löschwasser

Die Gebäude sind durchweg mit Brandmeldern ausgestattet. Diese Maßnahme erlaubt es, die vorzuhaltende Löschwassermenge deutlich zu reduzieren, da Brände sehr frühzeitig entdeckt und schnellstens bekämpft werden. Die Löschwasserentnahme erfolgt aus den Wassertanks der Gebäude selbst und aus im öffentlichen Bereich untergebrachten Löschwasserspeichern (z. B. Feuerlöschteichen), die mit Regenwasser beschickt werden.

Abwasserbehandlung

Die Ableitung des Regenwassers von Straßen und Plätzen erfolgt flächig mittels durchlässiger Straßenbefestigungen oder im Straßenseitenraum über Mulden mit Rohrrigolen. Möglich ist auch die Ableitung über eine Sammelleitung zu kleinen dezentralen Speicheranlagen, wo das Wasser gereinigt und im Anschluss versickert wird. Oberflächenwässer von Gehwegen und Straßen, die nicht versickert werden können, aber auch nicht versickerbare gereinigte Abwässer, werden in einem im Straßenbereich liegenden Regenwasserkanal abgeleitet.

Die Gelbwassertanks werden regelmäßig von Entsorgungsfahrzeugen angefahren und entleert. Das abgefahrene Gelbwasser wird an zentrale Aufbereitungsanlagen geliefert, wo die Wertstoffe Phosphor und Stickstoff aus dem Urin zurückgewonnen werden (z. B. Düngemittelproduktion).

Schlammentsorgung

Die in den Haushalten verwendeten Reinigungsmittel sind unter anaeroben Bedingungen biologisch vollständig abbaubar. Weiter ist der überwiegende Anteil der Medikamentenrückstände durch die Urinseparierung von der Braunwasserbehandlung ferngehalten. Der Schlamm aus der anaeroben Braunwasserbehandlung ist deshalb weitgehend schadstofffrei und kann in der Landwirtschaft unbedenklich genutzt werden. Hierzu wird der Schlamm aus den Anaerobanlagen in Sammeltanks zwischengelagert und von automatisch arbeitenden Saugfahrzeugen mit integrierter Rückstandskontrolle nach Bedarf zur landwirtschaftlichen Verwertung abgefahren.

Weitere Infrastrukturelemente

Im öffentlichen Raum sind das Stromnetz und Kommunikationsleitungen verlegt. Das Stromnetz dient der Sicherstellung der Stromversorgung der Gebäude in Zeiten, in denen die Eigenstromerzeugung nicht ausreicht. Umgekehrt nimmt das Stromnetz auch die über dem Bedarf liegende Stromproduktion auf. Über die Kommunikationsleitungen wird der gesamte Informations- und Datenaustausch abgewickelt, der zum Betrieb und der (Fern-)Überwachung der dezentralen Wasser- und Abwasserbehandlungsanlagen der Gebäude erforderlich ist.

c) Wasserinfrastruktursystem und Wasserbilanz

Abbildung 4-7 zeigt die sehr differenzierte Wasserbilanz des Szenarios „Kleinräumige Stoffkreisläufe". Man erkennt die Vielzahl der verschiedenen Wasser- und Abwasserqualitäten, die zum Teil durch Kreisläufe oder Nutzungskaskaden miteinander verbunden sind.

Abbildung 4-8 zeigt das Wasserinfrastruktursystem mit den gebäudeinternen Wasserkreisläufen und Behandlungsanlagen, wobei die häuslichen Wassernutzungen mit den verwendeten Wasserqualitäten und dem jeweils zugrunde gelegten Wasserbedarf angegeben sind. Die von außerhalb des Gebäudes bezogene Wassermenge beläuft sich wegen der Schließung der gebäudeinternen Wasserkreisläufe nur mehr auf 46 l/(E·d) und kann vollständig durch das Regenwasser gedeckt werden. Externe Wasserinfrastruktureinrichtungen in Form von in der Fläche verlegten Versorgungs- oder Entsorgungsnetzen können entfallen.

Aus Abbildung 4-9 ist für die „Kleinräumigen Stoffkreisläufe" die Ausstattung der einzelnen Gebäude und deren Einbindung in das im Vergleich zu den anderen Szenarien fehlende externe Leitungsinfrastruktursystem ersichtlich.

Abbildung 4-7: „Kleinräumige Stoffkreisläufe" - Wasserbilanz

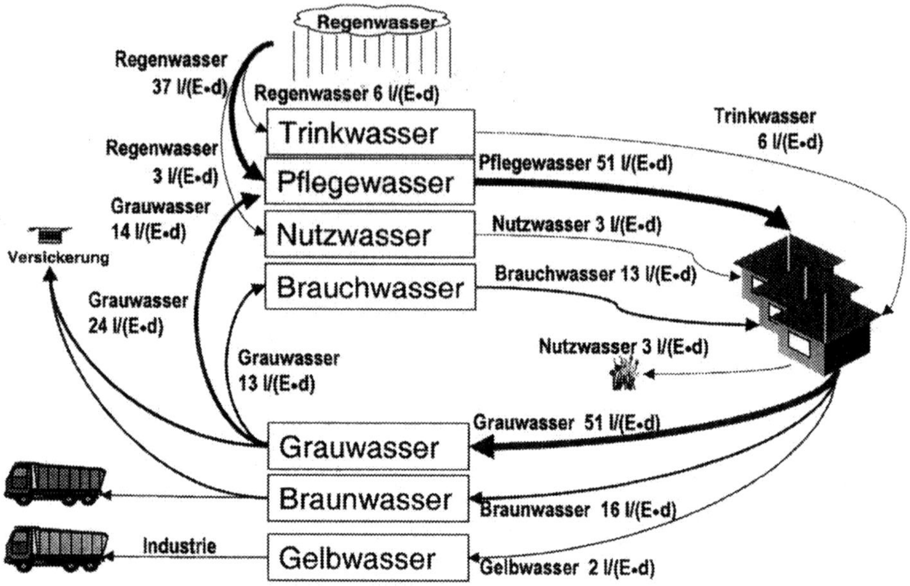

Abbildung 4-8: „Kleinräumige Stoffkreisläufe" - Darstellung des Wasserver- und Abwasserentsorgungssystems (inkl. Bioabfallentsorgung)

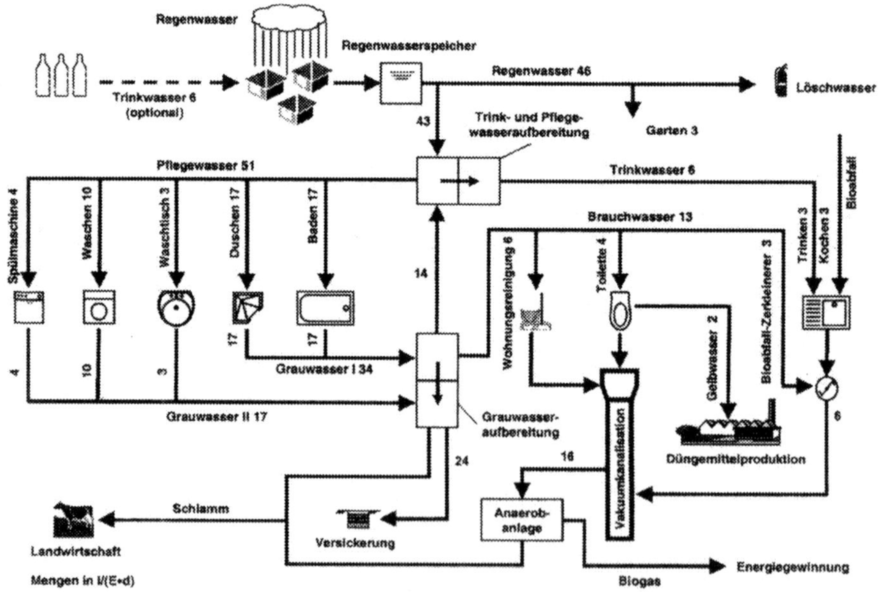

Abbildung 4-9: „Kleinräumige Stoffkreisläufe" - Ausstattung und Einbindung der Gebäude

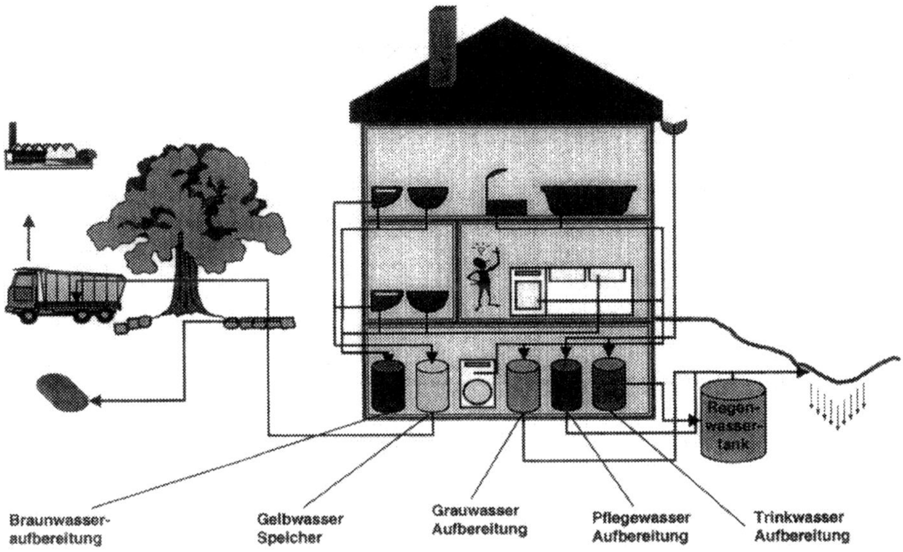

4.3 Vergleichende Gegenüberstellung der Szenarien

4.3.1 Trinkwasserverbrauch und Schmutzwasseranfall

Die unterschiedlichen Werte für den Trinkwasserverbrauch und den Schmutzwasseranfall der drei Szenarien sind in Tabelle 4-3 aufgeführt.

Durch wassersparende Techniken (Armaturen, Sanitärmöbel, Haushaltsgeräte) und ein sensibilisiertes Verbraucherverhalten im Umgang mit Wasser wird der (Trink)wasserverbrauch zukünftig sinken. Diese Tendenz ist schon in den letzten Jahren deutlich erkennbar. Im Szenario „Weiter so!" wurde diese Entwicklung berücksichtigt, indem statt des heute anzusetzenden Trinkwasserverbrauchs von 125 l/(E·d) nur noch 97 l/(E·d) angesetzt wurden. Dementsprechend reduzierte sich auch die abzuleitende Schmutzwassermenge von 122 l/(E·d) auf 96 l/(E·d).

Tabelle 4-3: (Trink-)Wasserbedarf und Schmutzwasseranfall in l/(E·d)

	Bestand	„Weiter so!"	„Kommunaler Wasserkreislauf"	„Kleinräumige Stoffkreisläufe"
Trinkwasserbedarf l/(E·d)	125 (Mittelwert) 117 (Selm-Bork) 137 (Do-Asseln)	97	45	6
Wasserbedarf geringerer Qualität l/(E·d)	-.-	3 (unbehandeltes Regenwasser)	48 45 (Brauchw.) 3 (unb. Regenw.)	67 51 (Pflegewasser) 13 (Brauchw.) 3 (unb. Regenw.)
Schmutzwasseranfall l/(E·d)	122 (Mittelwert) 114 (Selm-Bork) 134 (Do-Asseln)	96	89 87 (Schmutzw.) 2 (Gelbwasser)	42 24 (Grauwasser) 2 (Gelbwasser) 16 (Braunwasser)

Der Wasserbedarf im Szenario „Kommunaler Wasserkreislauf" wurde mit 93 l/(E·d) angesetzt. Etwa die Hälfte dieser Wassermenge (48 l/(E·d)) wird durch Brauch- bzw. Regenwasser abgedeckt, so dass der Trinkwasserbedarf nur noch 45 l/(E·d) beträgt. Der Schmutzwasseranfall reduziert sich auf 87 l/(E·d).

Beim weitgehend autarken Haus des Szenarios „Kleinräumige Stoffkreisläufe" wurde davon ausgegangen, dass der Wasserbedarf auf 73 l/(E·d) gesenkt werden kann, wovon 43 l/(E·d) durch Regenwasser und der Rest durch im Kreislauf geführtes und aufbereitetes Grauwasser abgedeckt wird. In diesem Szenario wird Trinkwasser für sensible Nutzungen (z. B. Baden, Duschen, Wäschewaschen, Geschirrspülen) durch Pflegewasser und für weniger sensible Bereiche (z. B. WC-Spülung, Raumreinigung) durch Brauchwasser substituiert. Der reine Trinkwasserverbrauch (Trinken, Kochen) kann so auf 6 l/(E·d) reduziert werden.

4.3.2 Regenwasserversickerung

Der Versiegelungsgrad beträgt in den Teilgebieten 43 % (Selm) bzw. 46 % (Asseln). In den drei Szenarien wurde von einer unterschiedlichen Abkopplung der abflusswirksamen Flächen ausgegangen, wobei in den letzten beiden Szenarien dort, wo die hydrogeologischen Voraussetzungen für eine Versickerung gegeben sind, die Dachflächen fast komplett abgekoppelt sind. Hierzu sind im Szenario „Kommunaler Wasserkreislauf" in besonders dicht bebauten Teilbereichen Gründächer vorgesehen. Im Szenario „Kleinräumige Stoffkreisläufe" wurde davon ausgegangen, dass das von den Dachflächen anfallende Niederschlagswasser genutzt wird. Tabelle 4-4 ist zu entnehmen, dass - bezogen auf die abflusswirksamen Flächen im Bestand - eine Abkopplungsrate von 16 % bis 41 % erzielt werden kann.

Tabelle 4-4: Gebietsspezifische Daten für die Szenarien in den Teilgebieten

	Bestand		**„Weiter so!"**		**„Kommunaler Wasserkreislauf"**		**„Kleinräumige Stoffkreisläufe"**	
	Selm-Bork	Do-Asseln	Selm-Bork	Do-Asseln	Selm-Bork	Do-Asseln	Selm-Bork	Do-Asseln
Anteil versiegelte Fläche an Gesamtfläche in %	43	46	32	39	29	34	29	34
Abgekoppelte abflussw. Flächen in %	0	0	30	16	34	37	41	34
Abgekoppelte Flächen	-	-	Dachflächen	Dachflächen	Dachfl. +Nebenstraßen	Dachfl. +Nebenstraßen	Dachfl. +Nebenstraßen	Dachfl. +Nebenstraßen

4.3.4 Systemelemente

Technisch unterscheiden sich die Szenarien in ihren erforderlichen Systemelementen, die je nach Szenario im privaten oder im öffentlichen Bereich vorhanden sind. Die wichtigsten Systemelemente und ihre Verortung zeigt Tabelle 4-5 im Überblick. Dabei zeigt sich, dass beim Szenario „Kleinräumige Stoffkreisläufe" fast alle Systemelemente im privaten Sektor untergebracht sind und der öffentliche Bereich kaum noch Wasserinfrastruktureinrichtungen aufweist.

4.3.5 Marktliche und regulatorische Aspekte

Im Zuge der Verwirklichung des Binnenmarkts in Europa und der Globalisierung der Wirtschaft wird unterstellt, dass es bis 2050 zu einer umfassenden Liberalisierung der Waren- und Dienstleistungsmärkte kommen wird. Dies bedeutet möglicherweise auch eine stärkere Öffnung der früher als natürliche oder Gebietsmonopole angesehenen Bereiche der Wirtschaft wie beispielsweise der Wasserversorgung und der Abwasserentsorgung. Mit der Liberalisierung verbindet sich die Erwartung, dass der Wettbewerb für die Verbraucher zu niedrigeren Preisen und/oder besseren Leistungen führen wird. Für die auf diesem Markt tätigen Unternehmen - öffentlich oder privat - wird der Wettbewerb auch eine Erhöhung des Innovationsdrucks bedeuten, wodurch sich letztlich auch der technologische Fortschritt im Sinne einer effizienteren Nutzung der Ressourcen beschleunigen wird.

Tabelle 4-5: Zusammenstellung der Systemelemente

Systemelemente	**Bestand**	**„Weiter so!“**	**„Kommunaler Wasserkreisl.“**	**„Kleinräumige Stoffkreisl.“**
Öffentlicher Bereich				
I. Abwasserentsorgung und Bioabfall				
Mischwasserkanal	X	X	X	
Regenwasserkanal				X
Bioabfallentsorgung	X	X		
Gelbwasserabfuhr			X	X
Zentrale Kläranlage	X	X	X	
II. Wasserversorgung				
Trinkwasserleitung	X	X	X	
Brauchwasserleitung			X	
III. Energieversorgung				
Gasleitung	X	X	X	
Stromversorgung	X			
Telekommunikation	X			
Integrierte Strom-Telek.-Ltg.		X	X	X
Privater Bereich				
I. Abwasserentsorgung und Bioabfall				
Gelbwasserleitung, Lagerung			X	X
Braunwasserbehandlung				X
Grauwasseraufbereitung				X
Bioabfall-Zerkleinerer			X	X
Schlammabfuhr				X
II. Wasserversorgung				
Regenwasserspeicher				X
Trinkwasseraufbereitung				X
Trinkwasserleitung	X	X	X	X
Pflegewasseraufbereitung				X
Pflegewasserleitung				X
Brauchwasserleitung			X	X
III. Energieversorgung				
Brennstoffzelle		X	X	X
Biogasspeicher				X
Gasaufbereitung				X

Die Diskussion um eine Liberalisierung und die Schaffung von mehr Wettbewerb in der Wasserwirtschaft in Deutschland betrachtete bisher im Wesentlichen zwei Optionen, die entweder einzeln oder in Kombination zur Anwendung gelangen können (Ewers et al., 2001; Brackemann et al., 2000; Fraunhofer ISI, 2000):

- **Wettbewerb im Markt**: In diesem Wettbewerbsmodell wird der Wettbewerb um den Endkunden durch den Bau von Direktleitungen und Stichleitungen vor allem an den Versorgungsgebietsgrenzen, durch gemeinsame Nutzung vorhandener Netze und/oder durch die Einschaltung von Zwischenhändlern ausgeübt. Großverbraucher können darüber hinaus frei zwischen einem Anschluss an die öffentliche Wasserversorgung und der Wasserversorgung mittels eigener Anlagen wählen, wodurch sich der Wettbewerbsdruck auf die im Bereich der öffentlichen Wasserversorgung tätigen Unternehmen erhöht. Eine gemeinsame Nutzung vorhandener Netze im Bereich der Wasserversorgung (Durchleitung) ist prinzipiell nur dann eine Option, wenn dies aus wasserchemischer und hygienischer Sicht unbedenklich ist.
- **Wettbewerb um den Markt**: Dieses Wettbewerbsmodell bietet die Möglichkeit, durch die Ausschreibung von Versorgungsleistungen und die zeitlich befristete Vergabe von Konzessionen die Anbieter in einen Wettbewerb um innovative und kostengünstige Lösungen für ein gesamtes Ver- und Entsorgungsgebiet zu bringen. Durch dieses Wettbewerbsmodell können bei den zentralen Versorgungsstrukturen auch Größenvorteile genutzt werden.

Die bisherige Liberalisierungsdiskussion und die oben angeführten Konsequenzen daraus sind dadurch gekennzeichnet, dass allen Argumentationslinien implizit das Konzept einer zentralen Wasserver- und Abwasserentsorgung zugrunde liegt (Herbst und Hiessl, 2002) wie es in den Szenarien „Weiter so!“ und „Kommunaler Stoffkreislauf“ fortgeschrieben ist. Die Grundannahme, dass es sich sowohl bei der Wasserver- als auch bei der Abwasserentsorgung wegen der Leitungsgebundenheit um natürliche Monopole handelt, wird dabei nicht hinterfragt, obwohl es - wie im Zusammenhang mit dem Szenario „Kleinräumige Stoffkreisläufe“ beschrieben - bereits heute deutliche Anzeichen dafür gibt, dass durch den technischen Fortschritt zunehmend dezentral einsetzbare Technologien verfügbar werden, die bei der Wasseraufbereitung, der Abwasserreinigung und der Kreislaufführung von Wasser bis auf die Ebene der Einzelgebäude einsetzbar sind.

Mit einem konsequent dezentralen urbanen Wasserinfrastrukturkonzept, wie es das Szenario „Kleinräumige Stoffkreisläufe“ darstellt, ergeben sich mittel- bis langfristig weitgehende Möglichkeiten einer „anderen“ Wasserwirtschaft mit dem Potenzial eines **Wettbewerbs um die Haushalte**, dem sich die Anbieter von Wassertechnologien dann zu stellen hätten. Da nicht zu erwarten ist, dass die zunehmend komplexer werdende Haustechnik (Wasser, Strom, Wärme, Sicherheit) unter anspruchsvollen gesetzlichen Anforderungen hinsichtlich der zulässigen Emissionen und

Energieverbräuche ohne systematische Betriebsüberwachung und kompetente Wartung und Instandhaltung zu betreiben ist, wird sich ebenfalls ein Markt für Wasserdienstleister entwickeln können, die daneben auch andere Haustechnik-Dienstleistungen anbieten werden.

Als Beispiel kann das heute von verschiedenen Energieversorgern im Zusammenhang mit dem deutlich erkennbaren Trend zur Dezentralisierung der Energieversorgung entwickelte Konzept des „virtuellen Kraftwerks" dienen, das bereits in ersten Pilotanwendung umgesetzt wird (Donnerbauer, 2002; Schröder, 2002). Bei diesem Konzept stellt der Energieversorger seinen Kunden im Rahmen von Dienstleistungsverträgen Brennstoffzellen oder andere Energieerzeugungsanlagen als dezentral zu betreibende Kraft-Wärmekopplungsanlagen (KWK) zur Verfügung und betreibt diese direkt beim Kunden. Durch moderne Kommunikationstechnik (z. B. Powerline, drahtlose Kommunikationsnetze) können die Energieversorger diese Anlagen zentral überwachen und eine hohe Verfügbarkeit garantieren. Die dezentralen Anlagen decken nicht nur den Strom- und Wärmebedarf des Gebäudes bzw. einer Gruppe von Gebäuden, sondern können darüber hinaus überschüssigen Strom in ein örtliches Stromverteilungsnetz einspeisen. Ist eine hinreichende Zahl von Gebäuden mit solchen dezentralen KWK-Anlagen ausgestattet und über das lokale Netz zu einem virtuellen Kraftwerk verbunden, kann die Zahl der zentralen Großkraftwerke reduziert und die teuren Mittelspannungs- und Hochspannungsnetze können ausgedünnt und in ihrer Kapazität reduziert werden.

5 Ökonomische Analyse der Szenarien unter den Rahmenbedingungen der Modellkommunen

Das Ziel der ökonomischen Analyse der im Projekt AKWA 2100 bestand darin, die innovativen Lösungen „Kommunaler Wasserkreislauf“ und „Kleinräumige Stoffkreisläufe“ im Vergleich zur Fortschreibung des Wasserver- und Abwasserentsorgungssystems herkömmlicher Prägung in Form des „Weiter so!“-Szenarios auf ihre Wirtschaftlichkeit zu untersuchen. In der Literatur werden Wirtschaftlichkeitsaspekte innovativer Ver- und Entsorgungslösungen bislang relativ stiefmütterlich behandelt. Wenn überhaupt, werden zumeist lediglich die Investitionskosten im Systemerstellungszeitpunkt miteinander verglichen, so dass die im Zeitablauf nötigen Reinvestitionen und die laufend für Systembetrieb und -unterhaltung anfallenden Kosten bei diesem statischen Vergleich gänzlich unberücksichtigt bleiben. Eine ökonomisch gehaltvollere Entscheidungsgrundlage, die der Wirkungsvielfalt der Alternativen besser gerecht wird, stellen Investitionskalküle dar, die auf der Grundlage dynamischer Verfahren der Investitionsrechnung entwickelt werden (Busse von Colbe, Laßmann, 1990; Götze, Bloech, 1995).

Im Projekt AKWA 2100 wurde ein dynamischer Alternativenvergleich durchgeführt, obwohl die Prognose der zukünftigen Zahlungsgrößen erhebliche Unsicherheiten aufweist. Diese haben ihre Ursache darin, dass einzelne Systemelemente der Szenarien in der Praxis noch nicht erprobt sind und derzeit noch nicht in größeren Serien industriell gefertigt werden. Sie existieren bislang nur als Prototypen, woraus sich das Problem ergibt, plausible Ansätze für die Investitions- und laufenden Kosten zu finden. Gleiches gilt auch für solche Systembestandteile, die bislang nur als großtechnische Anlagen am Markt angeboten werden und heute noch nicht in den hier benötigten Kleinstgrößen erhältlich sind.

Durch einen dynamischen Vergleich der Investitions-, Reinvestitions- und laufenden Kosten, die aus der Umsetzung und dem anschließenden Betrieb der innovativen Systemlösungen und des herkömmlichen Systems resultieren, sollen die als Zukunftsvisionen entwickelten Szenarien auf ein tragfähiges ökonomisches Fundament gestellt werden. Erst detaillierte Kenntnisse über die Höhe und Struktur der mit den neuartigen Systemen verbundenen Kosten ermöglichen eine Abschätzung aus gesamtwirtschaftlicher Perspektive, ob die Nutzenpotenziale ausreichen, eventuelle Nachteile im Bereich der Kosten zu kompensieren.

5.1 Methodik der ökonomischen Analyse

Mit der gesamtwirtschaftlichen Beurteilung der Investitionsalternativen „Weiter so!", „Kommunaler Wasserkreislauf" und „Kleinräumige Stoffkreisläufe" sollen die beiden folgenden Kernfragen beantwortet werden (Hanusch, 1994):

- Ist es aus ökonomischer Sicht sinnvoll, ein öffentliches Vorhaben wie die Neu- bzw. Umgestaltung der urbanen Wasserinfrastruktur auf Kosten des Entzugs finanzieller Mittel aus dem privaten Sektor überhaupt durchzuführen (absolute Vorteilhaftigkeit)?
- Welche der Alternativen „Weiter so!", „Kommunaler Wasserkreislauf" und „Kleinräumige Stoffkreisläufe" sollte speziell für Dortmund-Asseln bzw. Selm-Bork ausgewählt und zukünftig in die Praxis umgesetzt werden (relative Vorteilhaftigkeit)?

Das Referenzmaß zur Beantwortung dieser Kernfragen bildet die Gegenüberstellung der positiven und negativen Beiträge der einzelnen Alternativen zur gesellschaftlichen Wohlfahrt. Um eine fundierte Antwort auf die beiden Fragen geben zu können, sind sämtliche Vor- und Nachteile, die sich mit den Konzepten „Weiter so!", „Kommunaler Wasserkreislauf" und „Kleinräumige Stoffkreisläufe" verbinden, zu identifizieren und mittels geeigneter Bewertungsmethoden vergleichbar zu machen. Auf diesem Wege wird die aus gesamtwirtschaftlicher Perspektive vorteilhafteste Alternative ermittelt (Mühlenkamp, 1994; von Zwehl, Schmidt-Ewing, 1981). Dabei werden all diejenigen Wirkungen allokativer Maßnahmen, die einen positiven Beitrag zum Ziel der Wohlfahrtssteigerung leisten, allgemein als „Nutzen" bezeichnet, während diejenigen Wirkungen, von denen ein negativer Zielbeitrag ausgeht, als „Kosten" bezeichnet werden (Brümmerhoff, 2001; Hofmann, 1981).

Neben der Kosten-Wirksamkeits- und der Nutzwertanalyse stellt die Kosten-Nutzen-Analyse eines der drei Basisbewertungsverfahren zur gesamtwirtschaftlichen Beurteilung von Investitionen dar (Hanusch, 1994; Mühlenkamp, 1994; Sugden, Williams, 1978). Welches dieser Verfahren dabei im Einzelfall heranzuziehen ist und ob eventuell eine Kombination verschiedener Verfahren sinnvoll ist, hängt von der konkreten Entscheidungssituation ab. Diese wird nicht nur von der Anzahl und Verschiedenheit der zu beurteilenden Investitionsalternativen und dem jeweiligen Investitionsvolumen bestimmt, sondern auch maßgeblich von der Wirkungsvielfalt, -reichweite und -dauer der Investition, der Entscheidungsebene und nicht zuletzt vom Entscheidungsträger selbst beeinflusst. In Deutschland wurde die Durchführung einer Kosten-Nutzen-Analyse im Jahre 1969 mit der Verabschiedung von § 6 Abs. 2 Haushaltsgrundsätzegesetz (HGrG) und § 7 Abs. 2 Bundeshaushaltsordnung (BHO) für alle öffentlichen Projekte vorgeschrieben, wonach „für geeignete Maßnahmen von erheblicher finanzieller Bedeutung ... Nutzen-Kosten-Untersuchungen anzustellen" sind. Nach den vorläufigen Verwaltungsvorschriften zur Bundeshaushaltsordnung (Vorl. VV-BHO) zu § 7 BHO und den darin enthaltenen „Erläuterungen zur Durchführung von Nutzen-Kosten-Untersuchungen“, die am 21.05.1973 erlassen wurden, werden neben der Kosten-Nutzen- auch die Nutzwert- und die Kosten-Wirksamkeits-Analyse unter den Begriff „Kosten-Nutzen-Untersuchungen“ subsummiert.

Dabei ist die Kosten-Nutzen-Analyse das im öffentlichen Sektor am häufigsten angewandte Verfahren, wenn eine Entscheidung darüber zu treffen ist, ob ein öffentliches Investitionsprojekt durchgeführt werden soll oder nicht. Daneben findet sie auch dann Anwendung, wenn es - wie im Projekt AKWA 2100 - darum geht, aus verschiedenen Lösungsmöglichkeiten diejenige zu identifizieren, die aus volkswirtschaftlicher Sicht den anderen gegenüber vorteilhaft ist. Sie basiert zum einen auf den Erkenntnissen der einzelwirtschaftlich orientierten Investitionsrechnung, zum anderen auf den normativen Vorstellungen der Wohlfahrtstheorie. Daher kann sie auch als „angewandte Wohlfahrtsökonomie“ angesehen werden (Mühlenkamp, 1994).

Die Nutzenbetrachtung kann im Projekt AKWA 2100 nur rein qualitativer Natur sein, da erst über eine Simulation oder praktische Erprobung der innovativen Konzepte im Modellversuch diejenigen Daten gewonnen werden können, die eine Quantifizierung der Nutzenwirkungen ermöglichen. Ein derartiges Mengengerüst ist wiederum die Voraussetzung für eine Überführung der Nutzen in monetäre Größen. Daher kann die ökonomische Analyse keinen Aufschluss darüber geben, welche der Alternativen aus gesamtwirtschaftlicher Sicht absolut vorteilhaft ist. Vielmehr kann mit einer Beurteilung anhand der Auszahlungsdifferenzen nur eine Aussage über die relative Vorteilhaftigkeit getroffen werden. Trotz dieser „Defizite“ auf der Nutzenseite orientiert sich die gewählte Vorgehensweise an der traditionellen Kosten-Nutzen-Analyse.

Für die Analyse der Kostenwirkungen der drei Alternativkonzepte wird - der siedlungswasserwirtschaftlichen Thematik Rechnung tragend - die von der Länderarbeitsgemeinschaft Wasser in den „Leitlinien zur Durchführung dynamischer Kostenvergleichsrechnungen“ empfohlene Vorgehensweise gewählt (LAWA, 1998). Hiermit soll beurteilt werden, inwieweit in den alternativen Konzepten die Wasserver- und Abwasserentsorgung während des Betrachtungszeitraums kosten- bzw. ausgabenminimal realisiert werden kann.

5.2 Dynamischer Vergleich der Kosten für Errichtung und Unterhaltung der drei Wasserinfrastrukturkonzepte im Projekt AKWA 2100

5.2.1 Kleinräumige Betrachtung

Um die aus der Umsetzung der drei alternativen Konzepte resultierenden Kosten möglichst detailliert ermitteln zu können, wurde mit den beiden Pilotkommunen jeweils ein charakteristisches Teilgebiet ausgewählt (vgl. Abschnitt 2.2). Eine derartige Auswahl ermöglicht eine wesentlich stärkere Berücksichtigung lokaler Gegebenheiten und Anforderungen bei der Neu- bzw. Umgestaltung der urbanen Wasserinfrastruktur als die zwangsläufig eher pauschale Betrachtung eines ganzen Stadtteils.

5.2.2 Erfassung der Zahlungsströme

Die urbane Infrastruktur zur Wasserver- und Abwasserentsorgung ist sehr langlebig und entfaltet ihre Nutzenwirkungen über Jahrzehnte hinweg. Dies gilt in gleicher Weise auch für den Anfall der laufenden Kosten. Deshalb wurde der Betrachtungszeitraum für die ökonomische Analyse auf 150 Jahre festgelegt. Über diese Festlegung hinaus musste für jedes technische Systemelement, das Bestandteil der alternativen Konzepte ist, eine wirtschaftlich sinnvolle, technische Nutzungsdauer bestimmt werden (Köhler, 1998). Hierbei wurden neben den im öffentlichen Raum benötigten Infrastrukturanlagen auch die auf den Privatgrundstücken und in den einzelnen Häusern erforderlichen Elemente berücksichtigt. Mit der Fixierung der Nutzungszeiträume wurde festgelegt, wie häufig die einzelnen Systembestandteile während der betrachteten 150 Jahre zu ersetzen sind. Damit waren die Grundlagen für die Modellierung der Zahlungsströme gelegt, die durch die Erfassung der mit den einzelnen Konzepten verbundenen Investitions- und Reinvestitionskosten sowie der laufenden Kosten vervollständigt wurden. Insbesondere für den „privaten Bereich" bereitete die Erfassung der Kosten große Schwierigkeiten, da bei den innovativen Konzepten eine Vielzahl von Einzelelementen vorgesehen ist, die in der Praxis heute noch nicht erprobt sind, bzw. noch nicht in größeren Serien industriell gefertigt werden. Diesen Problemen wurde in Anlehnung an das Erfahrungskurvenkonzept mit Schätzungen hinsichtlich der Skaleneffekte einer späteren Serienproduktion begegnet (Coenenberg, 1999).

Die Festlegungen über Nutzungsdauern und Kostenansätze sind insofern unsicherheitsbehaftet, als sich erst im Nachhinein herausstellen wird, ob die gewählten Ansätze annähernd mit der Realität übereinstimmen (Wagner, 2000). Durch Zusammenführung von Betrachtungszeitraum, Nutzungsdauern und Zahlungsreihen entstand das Gerüst für den angestrebten dynamischen Kostenvergleich der drei Wasserinfrastrukturszenarien.

Um die zeitliche Verteilung der Zahlungszeitpunkte zu berücksichtigen, wurden die Projektkostenbarwerte (PKBW) ermittelt, die aus der Umsetzung der einzelnen Konzeptionen in den ausgewählten Teilgebieten resultieren. Hierbei wurden zwei Fälle untersucht: Zunächst wurden in einem ersten Fall, dem sog. „Grüne Wiese"-Fall, die PKBW miteinander verglichen, die aus einer vollständigen Neuerrichtung der Wasserinfrastruktur im Bezugszeitpunkt t_0 resultieren. Dieser Untersuchungsfall fußt auf der Annahme, dass alle für den Betrieb benötigten Elemente entweder in der Realität noch nicht existieren oder die Nutzungsdauern all derjenigen Bestandteile, die bereits vorhanden sind und in den drei zu untersuchenden Konzepten auch weiterhin eingesetzt werden, zeitgleich abgelaufen sind, so dass diese unmittelbar zu Beginn des Betrachtungszeitraums (in t_0) zu ersetzen sind. Obwohl sich das Projekt AKWA 2100 vorrangig der Neu- bzw. Umgestaltung der Wasserinfrastruktur innerhalb des urbanen Bestands widmet, macht die Untersuchung eines derartigen Neubaus auf der „grünen Wiese" durchaus Sinn, da AKWA 2100 über den lokalspezifischen Bezug auf Dortmund-Asseln und Selm-Bork hinaus auch einen grundsätzlichen Charakter haben soll. In einem zweiten Untersuchungsfall, dem „Step by Step"-Fall, wurden dann die Restnutzungsdauern solcher Elemente, die in den heute bereits in den Untersuchungsgebieten bestehenden Infrastruktursystemen vorhanden sind, explizit berücksichtigt.

5.2.3 Vergleich der Kosten einer vollständigen Neuerrichtung der Wasserinfrastruktur im Zeitpunkt t_0 („Grüne Wiese"-Fall)

5.2.3.1 Festlegung der finanzmathematischen Parameter

Zur Vereinfachung wird zunächst unterstellt, dass die zu erwartende nominale Preisänderungsrate der allgemeinen Inflationsrate entspricht, so dass die reale Preisänderungsrate p_r gleich Null ist. Hierdurch können die Preise bzw. Auszahlungen des Basisjahrs in gleicher Höhe auch für die in Zukunft zu leistenden Auszahlungen (Reinvestitionen) angesetzt werden, weil die Kaufkraft real erhalten bleibt. Damit wird gleichzeitig die Annahme getroffen, dass es zu keinerlei Verschiebungen innerhalb des realen Preisgefüges kommt. Das bedeutet, dass sich die Preise auf allen Gütermärkten in gleicher Weise wie die allgemeine Inflationsrate verändern. Durch die Verwendung realer Größen ist eine Prognose hinsichtlich der Entwicklung der Inflationsrate in der Zukunft unnötig (Prager, 2002).

Auch bei der Festlegung der sozialen Diskontierungsrate, d. h. derjenigen Diskontierungsrate, bei der die Gesellschaft einen marginalen Zuwachs ihrer Möglichkeiten zum Konsum in der Zukunft, mit den in der Gegenwart vorliegenden Möglichkeiten gleichsetzt, muss zwischen nominalen und realen Zinssätzen unterschieden werden (Boadway, Wildasin, 1984). Im Projekt AKWA 2100 werden reale Zinssätze zugrunde gelegt, da auch reale Preise verwendet werden. In Anlehnung an die

LAWA-Empfehlungen wird zunächst eine soziale Diskontierungsrate d_S von 3 % pro Jahr (bei einer realen Preisänderungsrate von Null) angesetzt (LAWA, 1998), wie es bei der gesamtwirtschaftlichen Beurteilung technischer Infrastrukturmaßnahmen, die einen langfristigen Charakter aufweisen, üblich ist (Planco, 1981: 3,5 %; Hahn, Müller, Weitzel, 1982: 2,8 %; Klemmer, Köhler, 1997: 3,0 %).

5.2.3.2 Vergleich der Projektkostenbarwerte

Tabelle 5-1 gibt einen Überblick über die PKBW, die im „Grüne Wiese"-Fall aus der Umsetzung der drei alternativen Wasserinfrastrukturszenarien in den Pilotgebieten von Dortmund-Asseln bzw. Selm-Bork während des Betrachtungszeitraums resultieren. Dabei wird nicht nur danach differenziert, ob die der Berechnung zugrunde liegenden Auszahlungen durch die Umsetzung im öffentlichen oder im privaten Bereich hervorgerufen werden, sondern auch danach, in welcher Höhe diese auf Investitionen, Reinvestitionen und auf die laufenden Kosten entfallen.

Sofern das Investitionskalkül darauf ausgerichtet ist, die durch die Ver- und Entsorgung verursachten internen Kosten zu minimieren, d. h. solange die mit den einzelnen Konzeptionen verbundenen Nutzenwirkungen außer Acht gelassen werden, ist das durch das „Weiter so!"-Szenario beschriebene Konzept in beiden Pilotgebieten mit einem PKBW von rd. 28,7 Mio. € (Dortmund-Asseln) bzw. knapp 16,8 Mio. € (Selm-Bork) die zu bevorzugende Alternative. In Dortmund-Asseln liegt der PKBW des „Weiter so!"-Konzeptes um rund 3,2 Mio. € unter dem der „Kleinräumigen Stoffkreisläufe" und ist um gut 6,6 Mio. € niedriger als der entsprechende Wert des „Kommunalen Wasserkreislaufs". In Selm-Bork liegt der PKBW der „Kleinräumigen Stoffkreisläufe" um gut 0,8 Mio. €, der des „Kommunalen Wasserkreislaufs" um gut 3,7 Mio. € über dem Wert des „Weiter so!"-Szenarios. Damit ist in Bork der Abstand zwischen dem „Weiter so!"- Konzept und den „Kleinräumigen Stoffkreisläufen" deutlich geringer als in Asseln. Liegt der PKBW der dezentralen Konzeption dort um 11,2 % über dem des „Weiter so!"-Konzepts, beträgt der Abstand in Bork nur noch 4,9 %. Dies ist vorrangig auf die mit knapp 540 Einwohnern nur etwa halb so hohe Einwohnerzahl und die damit wesentlich geringere Anzahl an Haushalten zurückzuführen. Diese bewirkt, dass innerhalb der „Kleinräumigen Stoffkreisläufe" eine geringere Anzahl an Systemelementen im Zeitpunkt t_0 zu installieren und in den Folgejahren zu erneuern ist, so dass die Summe der Investitionen und Reinvestitionen sowie die damit unmittelbar zusammenhängenden Kosten für den Systembetrieb insgesamt ebenfalls niedriger ist. Die beiden zentralen Konzeptionen liegen hingegen in beiden Pilotkommunen ähnlich weit auseinander. In Asseln ist der PKBW des „Kommunalen Wasserkreislaufs" um 23,2 % größer als derjenige des „Weiter so!"-Szenarios, während sich der prozentuale Abstand in Bork auf 22,2 % beläuft (vgl. Tabelle 5-2).

Tabelle 5-1: „Grüne Wiese-Fall“: Vergleich der Investitions-, Reinvestitions- und laufenden Kosten (Barwerte in €) aller Wasserinfrastrukturkonzepte

Fall 1: „Grüne Wiese“ Investitions-, Reinvestitions- und laufende Kosten (Barwerte in Euro) $d_S = 3$ %, $p_r = 0$ % p. a. und n = 150 Jahre			
	„Weiter so! “	**„Kommunaler Wasser-kreislauf“**	**„Kleinräumige Stoff-kreisläufe“**
		Dortmund-Asseln	
Öffentlicher Bereich			
PKBW (Investitions- u. Reinvestitionen)	6.349.053	7.020.077	985.875
PKBW (laufende Kosten)	4.452.585	4.770.857	708.984
PKBW (Gesamt)	**10.801.638**	**11.790.934**	**1.694.859**
Privater Bereich			
PKBW (Investitions- u. Reinvestitionen)	14.522.900	19.132.889	24.399.226
PKBW (laufende Kosten)	3.340.887	4.400.745	5.777.429
PKBW (Gesamt)	**17.863.787**	**23.533.634**	**30.176.655**
Gesamtsystem			
PKBW (Investitions- u. Reinvestitionen)	20.871.953	26.152.966	25.385.101
PKBW (laufende Kosten)	7.793.471	9.171.602	6.486.413
PKBW (Gesamt)	**28.665.424**	**35.324.568**	**31.871.514**
		Selm-Bork	
Öffentlicher Bereich			
PKBW (Investitions- u. Reinvestitionen)	4.562.012	5.251.176	929.644
PKBW (laufende Kosten)	3.279.969	3.417.319	632.238
PKBW (Gesamt)	**7.841.981**	**8.668.495**	**1.561.882**
Privater Bereich			
PKBW (Investitions- u. Reinvestitionen)	7.276.714	9.649.848	13.027.130
PKBW (laufende Kosten)	1.678.294	2.207.769	3.032.122
PKBW (Gesamt)	**8.955.008**	**11.857.617**	**16.059.252**
Gesamtsystem			
PKBW (Investitions- u. Reinvestitionen)	11.838.726	14.901.024	13.956.774
PKBW (laufende Kosten)	4.958.263	5.625.088	3.664.360
PKBW (Gesamt)	**16.796.989**	**20.526.112**	**17.621.134**

Tabelle 5-2: Kostendifferenzen der alternativen Szenarien im Vergleich zum „Weiter so!“-Szenario

	Kommunaler Wasserkreislauf	Kleinräumige Stoffkreisläufe
Dortmund-Asseln	+ 23,2 %	+ 11,2 %
Selm-Bork	+ 22,2 %	+ 4,9 %

Bei den Kosten, die für die Umsetzung der alternativen Systeme ermittelt wurden, wurde zwischen Kosten im privaten und im öffentlichen Bereich unterschieden (vgl. Abschnitt 4.2).

Hier zeigt sich ein grundlegender Unterschied zwischen den beiden zentralen Konzepten „Weiter so!“ sowie „Kommunaler Wasserkreislauf“ und dem dezentralen Szenario der „Kleinräumigen Stoffkreisläufe“. In Dortmund-Asseln [Selm-Bork] liegt der Anteil der durch die Umsetzung der zentralen Konzeptionen im öffentlichen Bereich verursachten Kosten am PKBW über den Betrachtungszeitraum hinweg durchgängig zwischen 36 und 41 % [Bork: 45 und 51 %] („Weiter so!“) bzw. zwischen 33 und 37 % [Bork: 41 und 47 %] („Kommunaler Wasserkreislauf“). Bei den „Kleinräumigen Stoffkreisläufen“ bewegt er sich infolge der Dezentralität dieses Ansatzes nur zwischen 5 und 7,5 % [Bork: 9 und 12 %]. In Abhängigkeit von den konkreten Festlegungen über die Finanzierung der Wasserinfrastruktur kann die Umsetzung der alternativen Konzepte aus dem Projekt AKWA 2100 somit zu sehr unterschiedlichen verteilungspolitischen Konsequenzen für die Gesellschaft führen.

Durch die Zuordnung der laufenden Auszahlungen zu den einzelnen Perioden und eine anschließende Aggregation sämtlicher Barwerte, d. h. der Barwerte sowohl der Investitions- und Reinvestitionsauszahlungen als auch der laufenden Auszahlungen, lässt sich die Entwicklung des PKBW im Zeitablauf für jede Alternative detailliert darstellen (vgl. Abbildungen 5-1 und 5-2).

Es wird deutlich, dass das „Weiter so!“-Szenario über den gesamten Betrachtungszeitraum bei alleiniger Berücksichtigung der internen Kosten die günstigste Alternative darstellt. Auch die weitere Rangfolge, nach der die „Kleinräumigen Stoffkreisläufe“ dem „Kommunalen Wasserkreislauf“ vorzuziehen sind, erweist sich in beiden Kommunen im Zeitablauf als stabil. Somit erbringt die Analyse für den „Grüne Wiese“-Fall bei Zugrundelegung einer sozialen Diskontierungsrate von 3 % und einer realen Preissteigerungsrate von 0 % p. a. ein über den Zeitablauf eindeutiges Ergebnis. Sofern die Entscheidungsregel allein auf die Minimierung der internen Kosten abzielt, ist deshalb in beiden Teilgebieten das „Weiter so!“-Konzept den „Kleinräumigen Stoffkreisläufen“ und dem „Kommunalen Wasserkreislauf“ vorzuziehen.

Abbildung 5-1: „Grüne Wiese"-Fall Dortmund-Asseln: Vergleich der zeitlichen Entwicklung der Projektkostenbarwerte der drei Szenarien (bei d_S = 3 % und pr = 0 % p. a.)

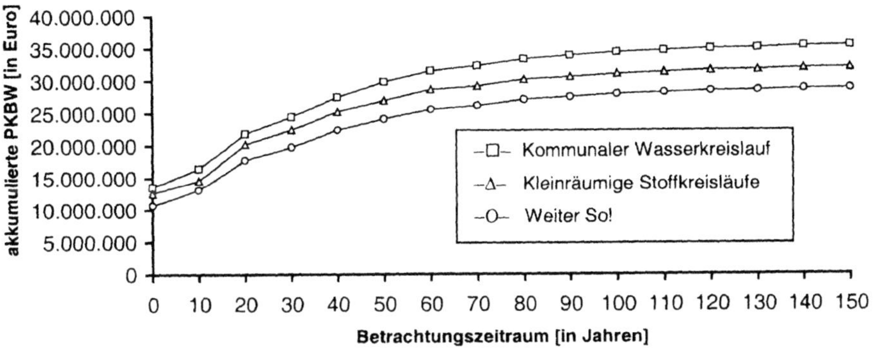

Abbildung 5-2: „Grüne Wiese"-Fall Selm-Bork: Zeitliche Entwicklung der Projektkostenbarwerte der drei Szenarien (bei d_S = 3 % und p_r = 0 % p. a.)

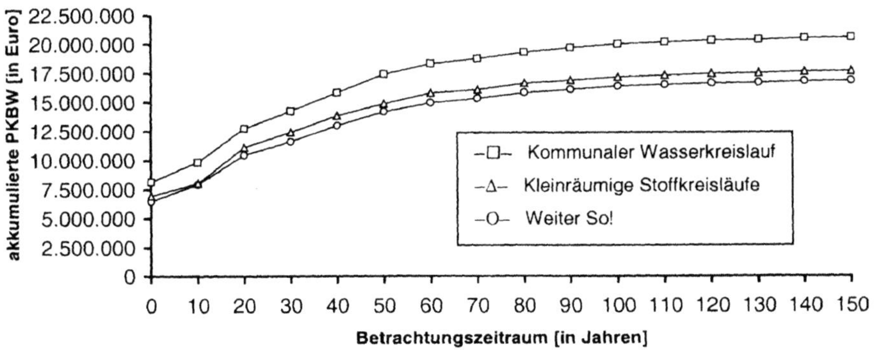

5.2.3.3 Sensitivitätsanalyse

Das oben dargestellte Ergebnis ist allerdings durch Werturteile der Verfasser beeinflusst, die sich z. B. in den zugrunde gelegten Nutzungsdauern der einzelnen Systemelemente widerspiegeln, welche die jeweiligen Sanierungs- und Erneuerungsperioden determinieren. Ferner liegen auch den gewählten Ansätzen für die Investitions-, Reinvestitions- und laufenden Kosten subjektive Einschätzungen zugrunde. Des Weiteren unterliegt die Wahl der sozialen Diskontierungsrate und der realen Preissteigerungsrate subjektiven Einschätzungen der Bearbeiter (Prager, 2002).

Zur Reduzierung der Unsicherheiten, die sich infolge dieser subjektiven Einflüsse ergeben, wurden die Ergebnisse einer detaillierten Sensitivitätsanalyse unterzogen. Hierbei wurden sie auf ihre Empfindlichkeit in Bezug auf Änderungen der finanzmathematischen Parameter, die der Kalkulation zugrunde liegen, untersucht. Bei dieser Sensitivitätsanalyse wurde die soziale Diskontierungsrate innerhalb der Bandbreite von 1,5 bis 12 % p. a. variiert, während für die reale Preissteigerungsrate der Korridor zwischen 0 und 2 % p. a. untersucht wurde.

Bei vorläufiger Beibehaltung der Annahme eines konstanten Preisniveaus führt die Variation der sozialen Diskontierungsrate innerhalb der genannten Grenzen zu den in den Abbildungen 5-3 und 5-4 gezeigten Änderungen der PKBW. Die Höhe der auf der Ordinate abgetragenen Barwerte resultiert aus der Aggregation der jeweiligen Barwerte über den Betrachtungszeitraum von 150 Jahren, wobei die auf der Abszisse angezeigten sozialen Diskontierungsraten jeweils zur Abzinsung der im Zeitablauf anfallenden Auszahlungen verwendet wurden.

Es wird deutlich, dass sich die Rangfolge der Projekte bei einer Variation der sozialen Diskontierungsrate innerhalb des angegebenen Korridors nicht ändert. Die durchgängige Dominanz der Konzeption des „Weiter so!"-Szenarios ist durch die spezifische Struktur der Investitions-, Reinvestitions- und laufenden Kosten zu begründen. Dieses Konzept als zukunftsfähige Fortschreibung des heutigen Systems ist mit den geringsten Erstinvestitionen im Zeitpunkt t_0 verbunden und erfordert über den gesamten Betrachtungszeitraum auch die geringsten Reinvestitionen. Zwar sind die laufenden Kosten höher als bei den „Kleinräumigen Stoffkreisläufen", doch verlieren diese im Zeitablauf zunehmend an Einfluss auf den PKBW, so dass der Kostenvorteil bei den Investitionen und Reinvestitionen hierdurch nicht aufgezehrt wird. Die Vorteile, die der „Kommunale Wasserkreislauf" hinsichtlich der Höhe der Reinvestitionen gegenüber den „Kleinräumigen Stoffkreisläufen" besitzt, sind ebenfalls zu gering, um die Nachteile der beiden anderen Kostenarten zu kompensieren. Somit führt die Variation der sozialen Diskontierungsrate lediglich dazu, dass sich die PKBW der drei Alternativkonzepte infolge der Abzinsungseffekte mit steigender Diskontierungsrate aneinander annähern, ohne dass die Rangfolge untereinander hierdurch berührt würde.

Abbildung 5-3: „Grüne Wiese"-Fall: Vergleich der Projektkostenbarwerte der drei Konzepte bei alternativen sozialen Diskontierungsraten (d_S) in Dortmund-Asseln (p_r = 0 % p. a.)

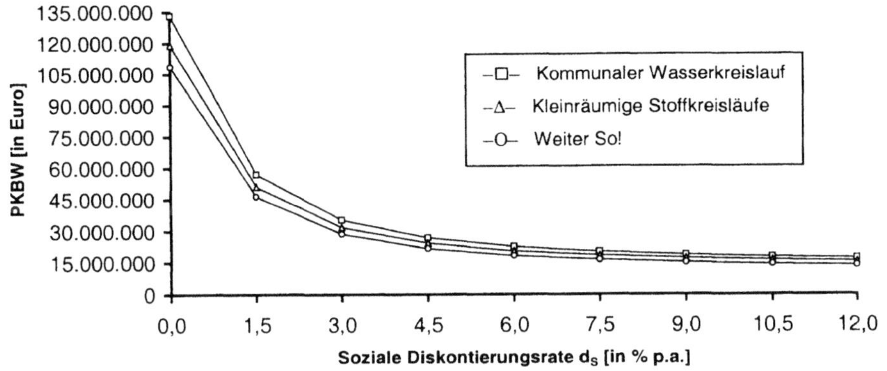

Abbildung 5-4: „Grüne Wiese"-Fall: Vergleich der Projektkostenbarwerte der alternativen Konzepte bei alternativen sozialen Diskontierungsraten (d_S) in Selm-Bork (p_r = 0 % p. a.)

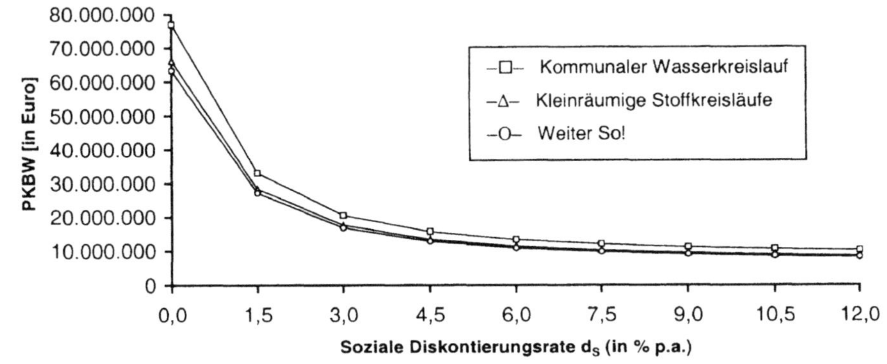

Wie erwähnt, werden die Ergebnisse auch durch Festlegungen hinsichtlich der Entwicklung des realen Preisniveaus beeinflusst. Bislang wurde die Annahme zugrunde gelegt, dass dieses über den Betrachtungszeitraum hinweg konstant bleibt, da die Berechnungen mit einer realen Preisänderungsrate von 0 % p. a. durchgeführt wurden. Von dieser Prämisse soll nun Abstand genommen werden, indem durch eine Variation der Preissteigerungsrate im Bereich zwischen 0 und 2 % p. a. Änderungen des realen Preisniveaus berücksichtigt werden.

Die Annahme einer realen Preissteigerungsrate von 1 bzw. 2 % p. a. führt bei einer Variation der sozialen Diskontierungsrate innerhalb der o. g. Grenzen zu den in den Abbildungen 5-5 und 5-6 (Dortmund-Asseln) bzw. 5-7 und 5-8 (Selm-Bork) dargestellten Änderungen der PKBW. Die Höhe der auf der Ordinate abgetragenen Barwerte resultiert wiederum aus der Aggregation der jeweiligen PKBW über den Betrachtungszeitraum von 150 Jahren, wobei die auf der Abszisse angezeigten sozialen Diskontierungsraten erneut zur Abzinsung der im Zeitablauf anfallenden Auszahlungen verwendet wurden.

Die explizite Berücksichtigung realer Preissteigerungen bei der Durchführung dynamischer Kostenvergleichsrechnungen begünstigt tendenziell solche Alternativen, deren Kostenstruktur von einer vergleichsweise hohen Erstinvestition und geringen laufenden Auszahlungen für den Betrieb und die Unterhaltung des Gesamtsystems geprägt wird. Bei der Umsetzung der drei untersuchten Lösungen „Weiter so!“, „Kommunaler Wasserkreislauf“ und „Kleinräumige Stoffkreisläufe“ in den ausgewählten Gebieten von Dortmund-Asseln bzw. Selm-Bork ist für keine der Varianten eine derartige Kostenstruktur zu verzeichnen. Daher bewirken auch reale Preissteigerungen keine Änderungen der relativen Vorteilhaftigkeit der Konzepte, sofern das Investitionskalkül allein auf die Minimierung der aus einer Systemumsetzung resultierenden internen Kosten abzielt.

Abbildung 5-5: „Grüne Wiese"-Fall: Vergleich der Projektkostenbarwerte der drei Konzepte bei alternativen sozialen Diskontierungsraten (d_S) in Dortmund-Asseln (p_r = 1 % p. a.)

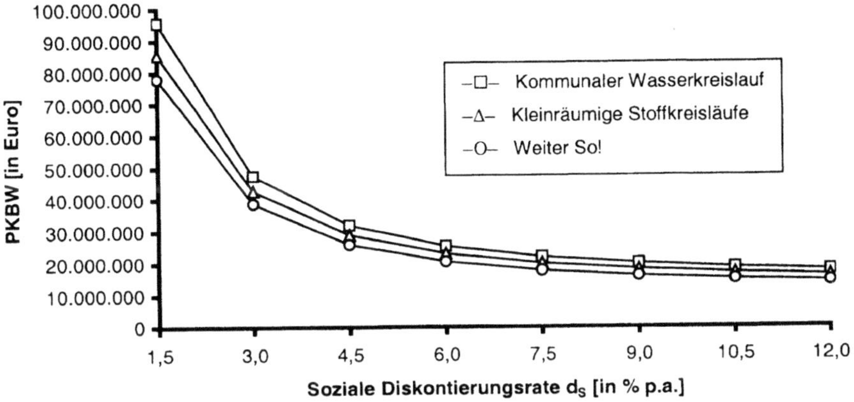

Abbildung 5-6: „Grüne Wiese"-Fall: Vergleich der Projektkostenbarwerte der drei Konzepte bei alternativen sozialen Diskontierungsraten (d_S) in Dortmund-Asseln (p_r = 2 % p. a.)

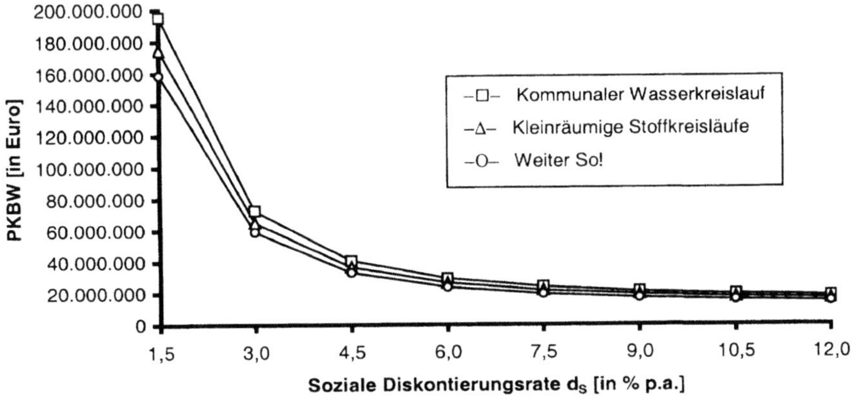

Abbildung 5-7: „Grüne Wiese"-Fall: Vergleich der Projektkostenbarwerte der drei Konzepte bei alternativen sozialen Diskontierungsraten (d_S) in Selm-Bork (p_r = 1 % p. a.)

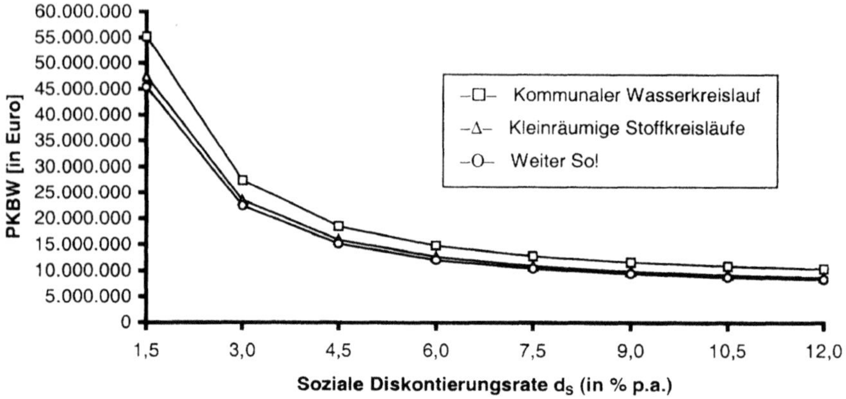

Abbildung 5-8: „Grüne Wiese"-Fall: Vergleich der Projektkostenbarwerte der drei Konzepte bei alternativen sozialen Diskontierungsraten (d_S) in Selm-Bork (p_r = 2 % p. a.)

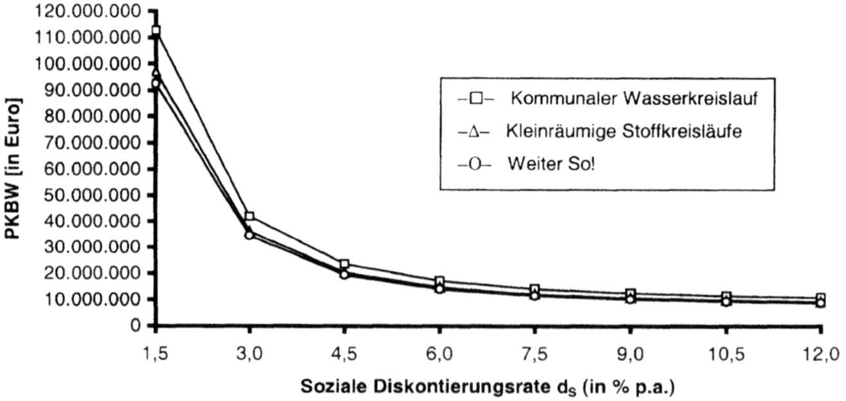

5.2.4 Vergleich der Kosten einer sukzessiven Neuerrichtung der Wasserinfrastruktur unter Berücksichtigung der Restnutzungsdauern vorhandener Systemelemente („Step by Step"-Fall)

5.2.4.1 Vergleich der Projektkostenbarwerte

Für den zweiten Untersuchungsfall wurde die Annahme des Systemneubaus „auf der grünen Wiese" aufgegeben. Stattdessen wurden für alle Konzepte plausible Umsetzungsstrategien („Step by Step") entwickelt, in denen die verbleibenden Restnutzungsdauern solcher Elemente, die in den in den Untersuchungsgebieten heute bestehenden Infrastruktursysteme bereits vorhanden sind, berücksichtigt wurden. Hieraus ergeben sich umfangreiche Änderungen der für eine vollständige Neuerrichtung der Systeme „Weiter so!", „Kommunaler Wasserkreislauf" und „Kleinräumige Stoffkreisläufe" im Zeitpunkt t_0 im Untersuchungsfall „Grüne Wiese" ermittelten Zahlungsströme. Diese Änderungen äußern sich nicht nur in einem jeweils niedrigeren Gesamtvolumen der insgesamt anfallenden Kosten, sondern auch darin, dass ein großer Teil der aus der Umsetzung der alternativen Ver- und Entsorgungskonzepte resultierenden Auszahlungen in die Zukunft verschoben wird. Durch die bei der Berechnung der Projektkostenbarwerte (PKBW) vorzunehmende Diskontierung wird diesen ein geringeres Gewicht verliehen, weshalb für diesen zweiten Fall PKBW erwartet werden können, die unter denen des „Grüne Wiese"-Falls liegen.

Um die Konsequenzen der durch die veränderten Sanierungs- und Erneuerungsperioden bewirkten Verschiebung eines Großteils der Zahlungszeitpunkte in die Zukunft zu berücksichtigen, wurden die PKBW auf dieser Basis mit $d_S = 3\ \%$ und $p_r = 0\ \%$ p. a. erneut berechnet (vgl. Tabelle 5-3).

Das „Weiter so!"-Szenario erweist sich mit einem PKBW von rd. 25 Mio. € (Dortmund) bzw. gut 14,1 Mio. € (Selm) in beiden Pilotgebieten unverändert als die zu bevorzugende Alternative. Dies ist vor allem deshalb wenig überraschend, weil dieses Konzept die Fortschreibung des heutigen Systems in die Zukunft darstellt und daher von allen Alternativen am meisten von der Berücksichtigung vorhandener Elemente und deren Restnutzungsdauern profitiert. Alle heutigen Systembestandteile kommen beim „Weiter so!"-Szenario auch weiterhin zum Einsatz. Zusätzlich ist während der Übergangsphase kein Parallelbetrieb unterschiedlicher Systeme notwendig.

Innerhalb des ausgewählten Gebietes von Dortmund-Asseln vergrößert sich im „Step by Step"-Fall erwartungsgemäß die Dominanz des „Weiter so!"-Ansatzes gegenüber den beiden innovativen Konzepten, während der prozentuale Abstand zwischen den beiden anderen Szenarien annähernd gleich bleibt. Obwohl der „Kommunale Wasserkreislauf" in ähnlicher Weise wie das „Weiter so!"-System von der Berücksichtigung vorhandener Elemente profitiert, bleibt er dennoch die teuerste Alternative. Der PKBW übersteigt den der „Kleinräumigen Stoffkreisläufe" um rd. 10,7 %, den des „Weiter so!"-Konzepts um 27,1 %. Der Abstand zu Letztgenanntem ist im Vergleich zum „Grüne Wiese"-Fall um knapp vier Prozentpunkte gestiegen. Dies ist darin begründet, dass die Umsetzung des „Kommunalen Wasserkreislaufs" bereits zu Beginn des Betrachtungszeitraums ein bedeutendes Mehr an Investitionen zur Errichtung des Brauchwasserrohrleitungsnetzes und des zur Wasserzwischenspeicherung notwendigen Hochbehälters erfordert. Diesen Investitionen kommt durch diesen frühen Auszahlungszeitpunkt innerhalb der Barwertberechnung ein vergleichsweise hohes Gewicht zu.

Auch in Selm-Bork bleibt das Wasserver- und Abwasserentsorgungskonzept des „Weiter so!"-Szenarios die zu bevorzugende Alternative, sofern die internen Kosten das entscheidende Auswahlkriterium sind. Der „Kommunale Wasserkreislauf" stellt unverändert die teuerste der Alternativen dar. Der für seine schrittweise Umsetzung errechnete PKBW übersteigt den des „Weiter so!"-Systems um 26,2 %, den Vergleichswert der „Kleinräumigen Stoffkreisläufe" um 13,4 %. Während sich der Abstand zu Letztgenanntem damit um 3,1 Prozentpunkte reduziert hat, ist die Differenz zum „Weiter so!"-Konzept analog zum Pilotgebiet von Dortmund-Asseln um vier Prozentpunkte angewachsen. Die Rangfolge der Konzepte, die im Zeitablauf stabil ist, wird durch diese Veränderungen nicht berührt.

Auch für den Untersuchungsfall „Step by Step" lässt sich die Entwicklung des PKBW im Zeitablauf für jede Alternative aufzeigen, indem die laufenden Auszahlungen den einzelnen Perioden zugeordnet und anschließend sämtliche Barwerte, d. h. die Barwerte sowohl der Investitions- und Reinvestitionsauszahlungen als auch der laufenden Auszahlungen, aggregiert werden (vgl. Abbildung 5-9 und 5-10).

Die Abbildungen verdeutlichen die durchgehende Dominanz des „Weiter so!"-Konzepts über den gesamten Betrachtungszeitraum. Die weitere Rangfolge, nach der die „Kleinräumigen Stoffkreisläufe" den „Kommunalen Wasserkreislauf" dominieren, ist im Zeitablauf ebenfalls stabil. Damit ist die Rangfolge der drei alternativen Wasserver- und Abwasserentsorgungskonzepte auch bei Berücksichtigung der verbleibenden Restnutzungsdauern bereits vorhandener Systemelemente und einer darauf basierenden schrittweisen Umsetzungsstrategie in beiden Pilotkommunen über den gesamten Betrachtungszeitraum eindeutig, wenn der Investitionsentscheidung das Kriterium der Minimierung der aus der Umsetzung einer der Alternativen resultierenden internen Kosten zugrunde gelegt wird.

Tabelle 5-3: „Step by Step"-Fall: Vergleich der Investitions-, Reinvestitions- und laufenden Kosten (Barwerte in €) aller Wasserinfrastrukturkonzepte

Fall 2: „Step by Step" Investitions-, Reinvestitions- und laufende Kosten (Barwerte in Euro) $d_S = 3\ \%$, $p_r = 0\ \%$ p. a. und n = 150 Jahre			
	„Weiter so!"	„Kommunaler Wasserkreislauf"	„Kleinräumige Stoffkreisläufe"
		Dortmund-Asseln	
Öffentlicher Bereich			
PKBW (Investitions- u. Reinvestitionen)	4.687.579	5.871.577	733.441
PKBW (laufende Kosten)	4.452.585	4.770.857	931.482
PKBW (Gesamt)	**9.140.164**	**10.642.434**	**1.664.923**
Privater Bereich			
PKBW (Investitions- u. Reinvestitionen)	12.578.194	16.845.572	21.406.501
PKBW (laufende Kosten)	3.340.887	4.365.461	5.700.028
PKBW (Gesamt)	**15.919.081**	**21.211.033**	**27.106.529**
Gesamtsystem			
PKBW (Investitions- u. Reinvestitionen)	17.265.773	22.717.150	22.139.942
PKBW (laufende Kosten)	7.793.471	9.136.318	6.631.510
PKBW (Gesamt)	**25.059.244**	**31.853.468**	**28.771.452**
		Selm-Bork	
Öffentlicher Bereich			
PKBW (Investitions- u. Reinvestitionen)	2.893.742	3.752.712	591.123
PKBW (laufende Kosten)	3.279.969	3.417.319	789.774
PKBW (Gesamt)	**6.173.711**	**7.170.031**	**1.380.897**
Privater Bereich			
PKBW (Investitions- u. Reinvestitionen)	6.305.668	8.505.088	11.391.867
PKBW (laufende Kosten)	1.678.294	2.190.336	2.987.404
PKBW (Gesamt)	**7.983.962**	**10.695.424**	**14.379.271**
Gesamtsystem			
PKBW (Investitions- u. Reinvestitionen)	9.199.411	12.257.799	11.982.991
PKBW (laufende Kosten)	4.958.263	5.607.655	3.777.178
PKBW (Gesamt)	**14.157.674**	**17.865.454**	**15.760.169**

Abbildung 5-9: „Step by Step"-Fall: Vergleich der zeitlichen Entwicklung der Projektkostenbarwerte der drei Konzepte in Dortmund-Asseln (bei $d_S = 3$ % und $p_r = 0$ % p. a.)

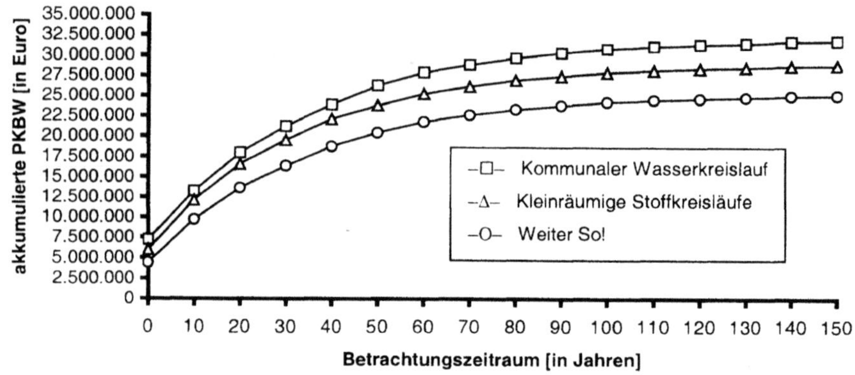

Abbildung 5-10: „Step by Step"-Fall: Vergleich der zeitlichen Entwicklung der Projektkostenbarwerte in Selm-Bork (bei $d_S = 3$ % und $p_r = 0$ % p. a.)

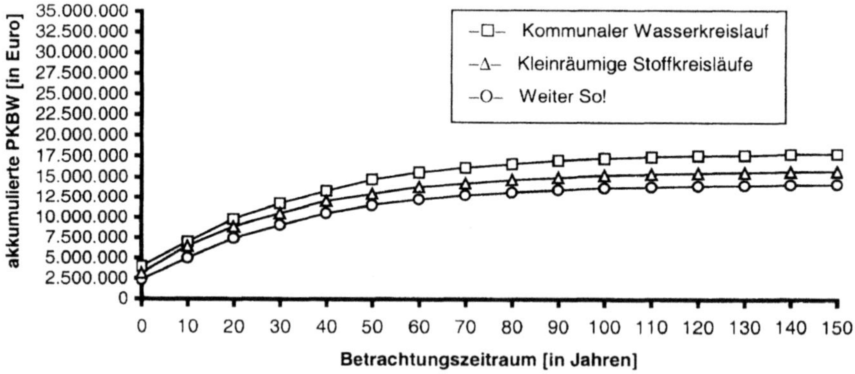

5.2.4.2 Sensitivitätsanalyse

Auch das Ergebnis des „Step by Step“-Falls wurde einer detaillierten Sensitivitätsanalyse unterzogen, bei der wiederum die Auswirkungen von Variationen der sozialen Diskontierungsrate innerhalb des Spektrums von 1,5 bis 12 % p. a. und der realen Preissteigerungsrate im Bereich zwischen 0 und 2 % p. a. untersucht wurden. Diese Sensitivitätsanalyse erbrachte erneut ein über den gesamten Betrachtungszeitraum stabiles Ergebnis, was aufgrund der Eindeutigkeit des ermittelten Ergebnisses und der Ähnlichkeit der Kostenstrukturen zum „Grüne Wiese“-Fall wenig überraschend war.

Somit bleibt als Ergebnis des dynamischen Kostenvergleichs festzuhalten, dass die relative Vorteilhaftigkeit der alternativen Wasserinfrastrukturkonzepte in beiden Pilotgebieten identisch und sowohl im Fall einer vollständigen Neuerrichtung des gesamten Systems im Zeitpunkt t_0 („Grüne Wiese“) als auch bei einer sukzessiven Umsetzung der Alternativen („Step by Step“) eindeutig ist, sofern die Minimierung der internen Kosten der Wasserver- und Abwasserentsorgung als alleiniges Kriterium der Investitionsentscheidung zugrunde gelegt wird. Die ermittelte Rangfolge lautet jeweils: „Weiter so!“ < „Kleinräumige Stoffkreisläufe“ < „Kommunaler Wasserkreislauf“.

5.3 Berücksichtigung von Nutzenpotenzialen innerhalb des Entscheidungskalküls

Die Beurteilung der relativen Vorteilhaftigkeit der drei alternativen Wasserinfrastrukturkonzepte allein anhand der Auszahlungsdifferenzen ermöglicht keine abschließende Aussage darüber, welches der Szenarien aus gesamtwirtschaftlicher Sicht vorteilhaft ist. Hierzu müssten die mit jedem der Systeme verbundenen Nutzenwirkungen identifiziert, quantifiziert, monetär bewertet und anschließend den jeweiligen Alternativen zusätzlich zu den internen Kosten zugerechnet werden. Erst dann könnten die Auswirkungen, die von einer Umsetzung des „Weiter so!“-Systems, des „Kommunalen Wasserkreislaufs“ und der „Kleinräumigen Stoffkreisläufe“ auf die soziale Wohlfahrt ausgehen, abschließend beurteilt werden.

Bei der Darstellung und Bewertung der Nutzenpotenziale ist das Hauptaugenmerk darauf gerichtet, inwieweit die verschiedenen innovativen Konzepte dazu geeignet sind, die als „nicht-nachhaltig“ identifizierten bzw. mit volkswirtschaftlichen Kosten behafteten Problemlagen des heutigen Systems im Idealfall zu lösen oder die negativen Folgewirkungen dieser Probleme zumindest deutlich zu reduzieren. Exemplarisch und ohne Anspruch auf Vollständigkeit seien folgende „Nicht-Nachhaltigkeiten“ genannt: Mangelnder Gewässerschutz, Nährstoffverluste, hygienische Risiken, nachteilige Auswirkungen auf Hoch- und Niedrigwasserabflüsse, Vermischung und Verdünnung von Abwässern, Nutzungskonflikte, Ex- bzw. Infiltration, hoher Wasserverbrauch zu Transportzwecken, mangelnde Systemflexibilität, geringe individuelle Verantwortlichkeit, Anfälligkeit bei extremen Naturereignissen und Sabotage, Unwirtschaftlichkeit in ländlichen Gebieten, fehlende Fähigkeit zur zeitnahen Integration des technischen Fortschritts und nicht zuletzt mangelnde Exportierbarkeit (Otterpohl, Oldenburg, Büttner, 1999; ATV-DVWK, 2001; Hiessl und Herbst, 2001; Herbst und Hiessl, 2002).

Unter „Nutzen der Abwasserentsorgung" werden häufig alle Folgewirkungen verstanden, welche die Abwasserentsorgung einerseits für die direkte Nutzung des Wasserangebots und andererseits indirekt für die damit verbundenen Aktivitäten in einem Ver- und Entsorgungsgebiet (hier: Dortmund-Asseln bzw. Selm-Bork) hat (UBA, 1983). Diese Definition ist für die Darstellung der gesamtwirtschaftlichen Nutzenwirkungen innovativer Wasserinfrastrukturkonzepte jedoch nur bedingt geeignet, da sie lediglich die von einer Um- bzw. Neugestaltung der kommunalen Abwasserentsorgung bewirkten Änderungen der Gewässergüte der Vorfluter und die dadurch induzierten Folgewirkungen umfasst. Daher wurden im Projekt AKWA 2100 über diese vergleichsweise enge Definition hinaus auch solche Nutzenwirkungen einbezogen, die in unmittelbarem Zusammenhang mit der Planung, dem Bau und dem Betrieb der Infrastruktur zur Wasserver- und Abwasserentsorgung selbst stehen.

Eine fundierte Nutzenanalyse muss den „Gebietsbegriff" bewusst weit auslegen, d. h. es sind auch solche Nutzenwirkungen zu betrachten, die zwar durch die Umgestaltung der Wasserinfrastruktur in den Modellkommunen Dortmund-Asseln bzw. Selm-Bork ausgelöst werden, deren Wirkungen sich aber außerhalb dieses vergleichsweise kleinen Raumausschnittes entfalten. Die Notwendigkeit hierzu resultiert aus dem Umstand, dass die Kosten- und Nutzenwirkungen der Abwasserentsorgung regional ungleich verteilt sind. Diese Divergenz in räumlicher Hinsicht ergibt sich einerseits daraus, dass qualitative Verbesserungen der Einleitungen ins Gewässer vom Einleitepunkt aus flussabwärts in den Raum hineinwirken und dabei nicht nur den Unterliegern des jeweiligen Flusses zugute kommen, sondern sich über die bestehenden Verbindungen zwischen den einzelnen Fließgewässern auch über große Distanzen positiv auswirken. Andererseits führt die funktionale Arbeitsteilung im Raum dazu, dass mögliche Beschäftigungswirkungen, die durch die Umsetzung und den Betrieb eines innovativen Wasserinfrastrukturkonzeptes entstehen, nicht auf Dortmund-Asseln und Selm-Bork beschränkt bleiben, sondern über die vielschichtigen Verknüpfungen in einer arbeitsteiligen Volkswirtschaft auch außerhalb der kommunalen bzw. regionalen Ebene auftreten können.

Neben der über die Modellkommunen hinaus weisenden Nutzenperspektive treten auch Nutzenwirkungen bei den einzelnen Wirtschaftsakteuren in einem Ver-/ Entsorgungsgebiet auf, die durch das jeweilige Wasserinfrastrukturkonzept beeinflusst werden. Jeder einzelne Akteur hat dabei seine eigene Perspektive, die sich von denjenigen anderer Akteure, aber auch von der volkswirtschaftlichen Perspektive deutlich unterscheiden kann.

Die Monetarisierung der skizzierten Nutzenwirkungen konnte auf der Basis des verfügbaren Datenmaterials, aber auch aufgrund prinzipieller Schwierigkeiten im Rahmen des Projekts AKWA 2100 nicht geleistet werden. Es besteht aber trotzdem die Notwendigkeit, die Nutzenpotenziale qualitativ herauszuarbeiten. Erst dadurch können sie den Entscheidungsträgern bewusst gemacht werden, so dass diese den Nutzen, der sich mit jeder der Alternativen verbindet, in ihrem Entscheidungskalkül berücksichtigen können (Voigt, Witte, 1978; Witte, 1989). Die Bewertung, welche Relevanz die einzelnen Nutzenpotenziale für Dortmund-Asseln bzw. Selm-Bork besitzen, obliegt dann ihren subjektiven Einschätzungen.

Um solche Entscheidungsprozesse zu unterstützen, wird im folgenden Kapitel 6 mit Hilfe eines systematischen Entscheidungsverfahrens die qualitative Bewertung der skizzierten Nutzenpotenziale auf nachvollziehbare Art und Weise durchgeführt. Die hier andiskutierten Nutzenpotenziale fließen in die in Abschnitt 6.2 ausgearbeiteten Nachhaltigkeitskriterien für urbane Wasserinfrastruktursysteme ein. Dieser Zusammenhang ist in Abbildung 5-11 illustriert.

Abbildung 5-11: Zusammenhang zwischen Kosten-Nutzen-Bewertung und Nachhaltigkeitsbewertung

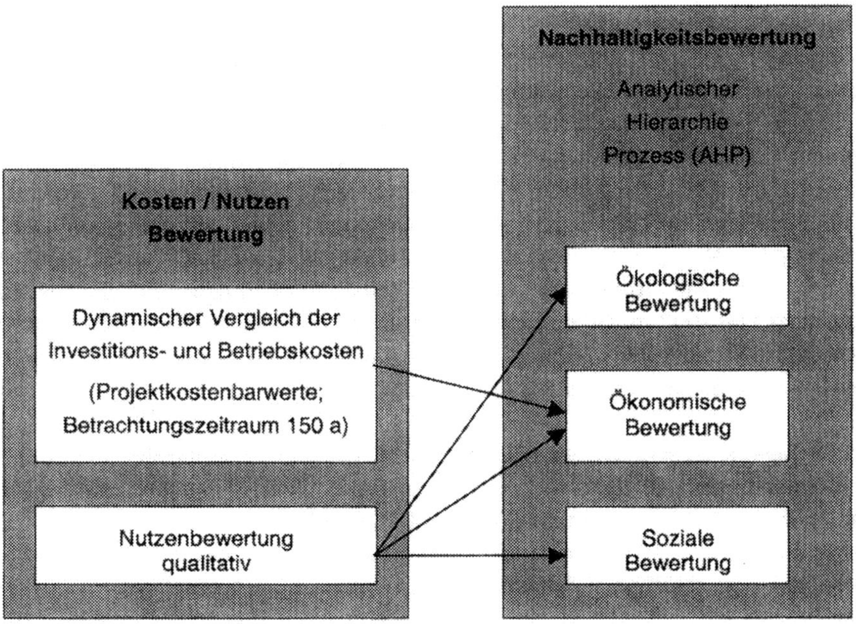

6 Bewertung der Nachhaltigkeit urbaner Wasserinfrastruktursysteme

Ein wichtiges Ziel des AKWA 2100-Projekts bestand darin, die Szenarien möglicher urbaner Wasserver- und Abwasserentsorgungssysteme, wie sie in Kapitel 4 entwickelt wurden, im Hinblick auf ihre Vereinbarkeit mit dem Leitbild der Nachhaltigkeit zu bewerten und die in Kapitel 5 erfolgte Analyse der Kostensituation um eine fundierte Analyse der Nutzenaspekte zu erweitern. Nicht nur beim Transfer der in den Industrienationen gebräuchlichen Wasserinfrastruktursysteme in Transformations- oder Entwicklungsländer stellt sich die Frage, inwieweit diese Konzepte mittel- und langfristig unter den jeweils vorzufindenden klimatischen, wirtschaftlichen und soziokulturellen Rahmenbedingungen zum größtmöglichen Nutzen der Gesellschaft betrieben werden können. Auch in den industrialisierten Ländern besteht unter dem Druck der Sanierungserfordernisse der vorhandenen Wasserinfrastruktur die Notwendigkeit zu klären, ob nicht andere technische Systeme, die mittlerweile aufgrund der fortschreitenden technischen Entwicklung möglich geworden sind, geeignet sind, die Ressource Wasser in Siedlungsgebieten nachhaltiger als bisher zu bewirtschaften.

6.1 Nachhaltigkeit

Der Begriff Sustainable Development - ins Deutsche übersetzt als Nachhaltige Entwicklung - prägt seit etlichen Jahren die umwelt- und entwicklungspolitische Diskussion. Erstmals im Rahmen der Abschlussdokumentation der Vorbereitungskonferenz für den Umweltgipfel der Vereinten Nationen in Stockholm (1972) erwähnt, erfuhr der Begriff 1983 im Rahmen der UN-Kommission für ökonomische Entwicklung UN-World Commission on Economic Development - auch unter dem Namen Brundtland-Kommission bekannt - seinen Durchbruch. Seit der UNCED-Konferenz von 1992 in Rio de Janeiro wird der Begriff der Nachhaltigkeit weltweit als Leitbild für die Entwicklung in industrialisierten und nicht-industrialisierten Ländern herangezogen und akzeptiert.

Nachhaltigkeit ist ein sehr abstrakter Begriff. Um ihn zu konkretisieren, wird in Deutschland - ebenso wie in anderen Staaten - eine intensive Debatte über die Maßstäbe der Nachhaltigkeit geführt (Walz, 2002). Die Herausforderung der nachhaltigen Entwicklung besteht darin, die Lebens- und Wirtschaftsweisen einer Gesellschaft mit den natürlichen Lebensgrundlagen der Erde dauerhaft in Einklang zu bringen. Für die Umsetzung dieses Ziels benötigen Politik und Wirtschaft einen Orientierungsrahmen, anhand dessen Entscheidungsmöglichkeiten und Handlungsalternativen hinsichtlich ihrer Verträglichkeit mit dem Konzept der Nachhaltigkeit überprüft werden können. Es besteht weltweit Konsens darüber, dass sich Nachhaltigkeit nicht allein in Ressourcenschonung und Umweltverträglichkeit erschöpft, sondern dass sie gleichermaßen ökonomische und soziokulturelle Aspekte berücksichtigen muss. Das Leitbild der Nachhaltigkeit ist also der umfassende Ansatz einer sozial verträglichen und wirtschaftlichen Entwicklung unter den Bedingungen globaler und intergenerationeller Gerechtigkeit bei gleichzeitiger Erhaltung der natürlichen Ressourcen (Walz, 2002).

Nachhaltigkeit ist nicht nur im Sinne einer Definition komplex, sondern auch in Bezug auf die Umsetzung und die sich dabei stellenden Managementaufgaben. Eine wichtige Anforderung, die die Umsetzung der Nachhaltigkeit mit sich bringt, besteht darin, dass es in der Regel keine eindeutigen, sondern zahlreiche mögliche Lösungen gibt, die je nach Betrachter und Betrachtungsschwerpunkt unterschiedliche Qualitäten aufweisen und auch untereinander nur schwer vergleichbar sind. Darüber hinaus sind die Anforderungen an nachhaltige Lösungen nicht statisch, sondern verändern sich aufgrund vielfältiger Einflüsse mit der Zeit. Eine weitere Schwierigkeit besteht darin, dass Nachhaltigkeitsprobleme und ihre Lösungen üblicherweise eine Vielzahl von Personen und Institutionen betreffen (z. B. Privatpersonen, Unternehmen, Interessenverbände). Jeder dieser Akteure hat seine spezifischen Interessen und Ziele, die er der eigenen Beurteilung der Lösungen zugrunde legt. Dabei sind die Interessen und Ziele ebenfalls dynamisch. Schließlich kann die räumliche Wahrnehmung von Nachhaltigkeitsproblemen sehr unterschiedliche Ausprägungen haben. Was an einem Ort als sehr ernstes Problem wahrgenommen wird, wird möglicherweise an einem anderen Ort mit anderen Rahmenbedingungen nicht als solches empfunden werden.

Als Konsequenz daraus ergibt sich, dass im spezifischen Fall einer Problemstellung wegen der inhärenten Unsicherheiten keine allgemein anerkannten Nachhaltigkeitslösungen allein auf Grund „objektiven" Wissens (z. B. Fakten, wissenschaftliche Prinzipien, Expertenwissen) ermittelt werden können. Vielmehr ist ein interaktiver Planungsprozess unerlässlich, an dem alle Betroffenen (Stakeholder) zu beteiligen sind. Auch hier lassen sich Trade-offs zwischen den unterschiedlichen Aspekten und Interessen der Beteiligten nicht immer vermeiden: Die Wahrscheinlichkeit ist groß, dass eine spezielle (Teil-)Lösung eines Nachhaltigkeitsproblems von einem Teil der Betroffenen akzeptiert, von einem anderen Teil aber abgelehnt wird. Letztere verstehen unter einer „nachhaltigen" Lösung etwas anderes, da sie die verschiedenen Teilaspekte anders gewichten und bewerten (Rijsberman und van de Ven, 2000).

Nachhaltigkeit kann letztlich nur dadurch erreicht werden, dass wirtschaftliches und politisches Handeln (z. B. Investitionsentscheidungen, rechtliche Maßnahmen) an konkreten Nachhaltigkeitskriterien gemessen werden (Böhm et al., 1999). Dies gilt auch für technische und organisatorische Konzepte der Wasserver- und der Abwasserentsorgung.

Beispiele für die Ansätze zur Operationalisierung des Nachhaltigkeitsbegriffs sind die Arbeiten der Enquête-Kommissionen „Schutz der Erdatmosphäre" (1990 und 1994a), „Schutz des Menschen und der Umwelt" (1994b und 1998) sowie die Studien „Zukunftsfähiges Deutschland" (BUND/Misereor, 1996) und „Nachhaltige Entwicklung in Deutschland" (UBA, 2002). Im Zusammenhang mit Fragen des Gewässerschutzes und der Wasserwirtschaft sind das BMU-Symposium „Sustainable Water Management" (BMU, 1996), das Jahresgutachten 1997 des Wissenschaftlichen Beirats der Bundesregierung Globale Umweltveränderungen (WBGU) zum nachhaltigen Umgang mit Süßwasser (WBGU, 1997), das Sondergutachten des Sachverständigenrats zum Grundwasserschutz (SRU, 1998b) und die Studie „Nachhaltige Wasserwirtschaft in Deutschland" (Kahlenborn und Krämer, 1998) zu nennen.

Im Zusammenhang mit der Operationalisierung des Nachhaltigkeitsbegriffs im Bereich der Wasserwirtschaft machen Steinberg et al. (2002) am Beispiel des Ballungsraums Berlin/Brandenburg den Vorschlag eines Kriteriensystems für die Beurteilung der Nachhaltigkeit regionaler wasserwirtschaftlicher Maßnahmen. Sie wenden das Kriteriensystem zur Beurteilung verschiedener Szenarien im Rahmen eines multikriteriellen Bewertungsprozesses unter Einbeziehung einer Vielzahl wasserwirtschaftlicher Akteure an.

Balkema et al. (2002) geben einen umfassenden Literaturüberblick über verschiedene Aspekte der Nachhaltigkeit bei der Abwasserbehandlung sowie über verschiedene Bewertungsmethoden und Indikatoren. Einen sehr umfangreichen Katalog qualitativer Nachhaltigkeitskriterien zur Beurteilung verschiedener Technologiebausteine zur Verbesserung der Nachhaltigkeit von Sanitärkonzepten (z. B. Membrantechnologien, Urinseparierung, Vakuumentwässerung, Urinseparation und Rottebehälter, Kreislaufführung) hat die ATV-DVGW Arbeitsgruppe „Nachhaltige Siedlungswasserwirtschaft" zusammengestellt (ATV-DVWK 2002).

6.2 Bewertungsmethode und Vorgehen

Die Anforderung, die in Kapitel 4 entwickelten Szenarien zukünftiger Wasserinfrastruktursysteme unter Nachhaltigkeitsgesichtspunkten zu bewerten, wurde im Projekt AKWA 2100 so gelöst, dass die Bewertung durch das Projektteam in einem strukturierten, ergebnisoffenen und transparenten Prozess durchgeführt wurde. Zunächst wurde der Begriff der Nachhaltigkeit im siedlungswasserwirtschaftlichen Kontext durch eine Vielzahl von Kriterien konkretisiert und anschließend die entwickelten Szenarien anhand dieser Kriterien vergleichend bewertet.

6.2.1 Analytical Hierarchy Process (AHP)

Als methodisches Hilfsmittel zur Konkretisierung des Nachhaltigkeitsbegriffs und zu seiner Bewertung wurde das AHP-Verfahren nach Saaty (Saaty, 1980; Meixner und Haas, 2002) eingesetzt. Dieses Verfahren erlaubt es, komplexe, multikriterielle Entscheidungs- und Bewertungsprobleme zu strukturieren und Kriteriensysteme zu entwickeln. Darüber hinaus ermöglicht es, sowohl quantifizierbare als auch qualitativ fassbare Bewertungskriterien in einem geschlossenen, entscheidungstheoretisch fundierten Ansatz zu berücksichtigen. Dies kommt der gestellten Bewertungsaufgabe insofern entgegen, als Szenarien von Wasserinfrastrukturkonzepten zu bewerten waren, die es in dieser Form heute noch nicht gibt, zu denen deshalb auch keine praktischen Erfahrungen und nur wenige quantitative Informationen vorliegen und die in weiten Teilen nur auf der Basis der bei den Experten vorhandenen Erfahrungen qualitativ eingeschätzt werden konnten.

Beim AHP-Verfahren wird ein komplexes Bewertungsproblem zunächst in elementare Bewertungsprobleme zerlegt, die in einer hierarchischen Struktur abgebildet werden. Auf der höchsten Hierarchieebene steht das übergeordnete komplexe Zielkriterium. Es setzt sich aus den darunter liegenden Subkriterien zusammen, die ihrerseits von den in der nächstniederen Hierarchieebene liegenden Subkriterien bestimmt werden (vgl. Abbildung 6-1).

Abbildung 6-1: Beispiel für eine hierarchische Kriterienstruktur eines komplexen Bewertungsproblems

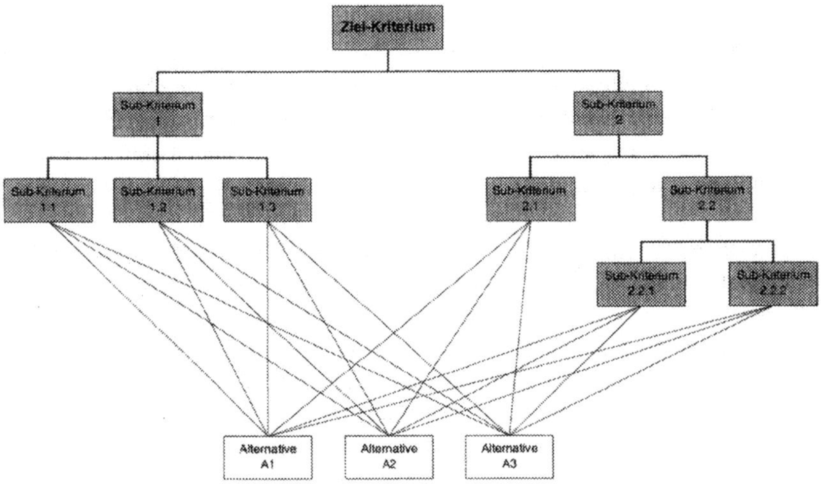

Jeweils der untersten Hierarchieebene sind die zu bewertenden Alternativen zugeordnet. Die Zahl der Hierarchieebenen hängt von der Komplexität des Bewertungsproblems und dem erforderlichen Detaillierungsgrad ab. Eine Bewertung fällt erfahrungsgemäß um so schwerer, je mehr Alternativen zu vergleichen und je zahlreicher die Kriterien sind. Das AHP-Verfahren vereinfacht komplexe Bewertungsprobleme, indem es sie in hierarchisch gegliederte Teilprobleme zerlegt und die multikriteriellen Vergleiche mehrerer Alternativen durch mehrere monokriterielle, paarweise Vergleiche ersetzt, die von den Bewertenden kognitiv wesentlich leichter bearbeitet werden können. Als Ergebnis liefert das Verfahren zunächst eine Gewichtung der Bewertungskriterien gemäß der Präferenzen der Bewertenden und anschließend eine relative Rangfolge der zu bewerteten Alternativen.

6.2.2 Delphi-Methode

Bei der Bewertung der Nachhaltigkeit der vorgestellten Szenarien urbaner Wasserinfrastruktursysteme wurde das AHP-Verfahren mit der Delphi-Methode, einer diskursiven Vorgehensweise, kombiniert, die sich im Zusammenhang mit der Abschätzung weit in der Zukunft liegender Entwicklungen bewährt hat (Cuhls et al. 1998). Charakteristikum der Delphi-Methode ist ihr zweistufiges Vorgehen. Im Rahmen eines Diskussionsprozesses erarbeitet ein multidisziplinär zusammengesetztes Team von Experten zu einem definierten Thema zunächst sogenannte Thesen. Nach der individuellen Bewertung der Thesen durch Fachleute, die nicht unbedingt dem Kreis der Experten, die die Thesen erarbeitet haben, angehören müssen, erfolgt eine statistische und anonymisierte Auswertung der Urteile.

Dieses noch vorläufige Ergebnis dient als Grundlage für eine zweite Bewertung, bei der die teilnehmenden Fachleute gebeten werden, ihre eigenen Bewertungen unter dem Eindruck des anonymisierten Urteils der anderen Experten nochmals zu durchdenken und ihre eigene Einschätzung entweder beizubehalten oder gegebenenfalls zu modifizieren. Erst aus den Einschätzungen und Bewertungen der zweiten Bewertungsrunde wird das endgültige Expertenurteil ermittelt.

Ziel des zweistufigen Vorgehens ist es vor allem, eine Rückkopplung zu erreichen und die Experten mit den Urteilen ihrer Kollegen zu konfrontieren. Idealerweise geschieht dies im Rahmen eines Workshops, in dem ein direkter Austausch von Meinungen und Begründungen möglich ist. In der Regel führt die zweite Bewertungsrunde dazu, dass sich die Streuung und die Bandbreite der Expertenurteile reduziert und insgesamt ein konsistenteres Bewertungsergebnis erzielt wird.

6.2.3 Expertengremium

Die Nachhaltigkeitsbewertung der Szenarien erfolgte durch das AKWA 2100-Projektteam auf Basis der dort vorhandenen Expertise. Im Hinblick auf die Bedeutung von Expertenmeinungen und -einschätzungen im Bewertungsprozess wurde bei der Zusammenstellung des Projektteams darauf geachtet, möglichst viele unterschiedliche Fachdisziplinen zu vereinen (vgl. Tabelle 6-1). Auch die Tätigkeiten, Funktionen und Interessen der Projektteilnehmer sind vielfältig und decken ein breites Spektrum ab (z. B. planerische Tätigkeit, Produktion, Verbandstätigkeit, politische Tätigkeit). Zusätzlich sind alle 14 beteiligten Personen auch Experten in ihrer Rolle als Endabnehmer (Verbraucher) von Wasser- und Abwasserdienstleistungen.

Tabelle 6-1: Tätigkeiten und fachliche Spezialisierung der an der Bewertung beteiligten Projektteilnehmer

Tätigkeitsbereich	**Fachdisziplin**	**Anzahl**
Planung	Kanalisationstechnik	1
Anlagenbau	Kläranlagen- und Kanalbau, Vakuumtechnik, Sanitärtechnik, Kläranlagenausrüstung	3
Anlagenbetrieb	Kläranlagen, Kanalisation	3
Verwaltung	Tiefbau, Stadtentwässerung, Wasserversorgung	2
Forschung	Kanalisationstechnik, Abwassertechnik, Volkswirtschaft, Umweltforschung, Innovationsforschung	5

Es versteht sich von selbst, dass die Auswahl der Projektteilnehmer einen Einfluss auf das Ergebnis der Nachhaltigkeitsbewertung hat. Ein anders zusammengesetztes Team wäre möglicherweise zu einer abweichenden Struktur des Kriterienbaums gekommen und hätte zur Beschreibung der Nachhaltigkeit weniger oder mehr oder auch andere Kriterien formuliert. Die Autoren sind jedoch der Ansicht, dass die Aspekte der Nachhaltigkeit urbaner Wasserinfrastruktursysteme weitestgehend abgedeckt werden konnten und eine ausreichende empirische Absicherung des Bewertungsprozesses gegeben ist. Dies konnte zum einen dadurch sichergestellt werden, dass die Projektteilnehmer ein breites Kompetenzspektrum aufwiesen und Diskussionsprozesse innerhalb des Teams sowie durch die Einbeziehung des Projektbeirats (ca. 20 ausgewiesene Funktionsträger aus Wirtschaft, Verwaltung und Forschung) und der Pilotkommunen breit angelegt waren. Zum anderen ermöglichte die zweistufige Delphi-ähnliche Vorgehensweise beim Bewertungsprozess (vgl. Abschnitt 6.2.4) ein konvergentes Ergebnis. Zudem fand während des Bewertungsprozesses ein Austausch mit der zeitgleich arbeitenden ATV-DVWK-Arbeitsgruppe „Nachhaltige Siedlungswasserwirtschaft“ statt.

6.2.4 Prozessuales Vorgehen

Aufbauend auf der Drei-Säulen-Interpretation der Nachhaltigkeit (Umweltverträglichkeit, Soziokulturelle Verträglichkeit, Wirtschaftlichkeit) wurde im Projektteam in intensiven Diskussionen ein Set von Kriterien erarbeitet, das die drei Hauptdimensionen der Nachhaltigkeit für den Anwendungsfall der Wasserinfrastruktursysteme konkretisiert und ausdifferenziert (vgl. Abbildung 6-2). Bei der Erarbeitung des Kriteriensatzes wurden die Anregungen des Projektbeirats einbezogen, der AKWA 2100 von Beginn an begleitete. Der resultierende, hierarchisch strukturierte Kriteriensatz stellte die Grundlage für die Nachhaltigkeitsbewertung dar (zum AHP-Kriterienbaum vgl. Abschnitt 6.2.1 und 6.3).

Mit Hilfe des Kriterienbaums bewerteten in der ersten Bewertungsrunde die einzelnen Projektteilnehmer individuell die relative Bedeutung der Kriterien sowie den Erfüllungsgrad der Kriterien durch die drei Infrastrukturszenarien (vgl. Abschnitt 6.2.1; Abbildung 6-1). Anschließend wurden die Einzelbewertungen zu einer anonymisierten und vorläufigen Gesamtbewertung zusammengefasst. Als Arbeitsgrundlage für die Diskussion der Ergebnisse der ersten Bewertungsrunde im Projektteam wurde die Streuung der Bewertungen ermittelt. Besonders intensiv wurden diejenigen Nachhaltigkeitskriterien diskutiert, bei denen die Einschätzungen sehr weit auseinander fielen. Ebenfalls zur Unterstützung des Diskussionsprozesses wurden Sensitivitätsanalysen durchgeführt, die aufzeigten, welche Kriterien einen maßgeblichen Einfluss auf das vorläufige Gesamtergebnis haben. Das vorläufige Ergebnis der Nachhaltigkeitsbewertung wurde den Pilotkommunen vorgestellt und mit Vertretern der Kommunalparlamente und der Kommunalverwaltungen erörtert.

Für die zweite Bewertungsrunde wurde der AHP-Kriterienbaum geringfügig modifiziert um den Anregungen aus den mit den Vertretern der Kommunen und des Projektbeirats geführten Diskussionen Rechnung zu tragen. Insbesondere wurden die betriebswirtschaftlichen Aspekte zu einer Kenngröße zusammengefasst, um das Ergebnis der Kostenvergleichsrechnung (vgl. Kapitel 5) in die Nachhaltigkeitsbewertung integrieren zu können. Auf der Basis des modifizierten Kriterienbaums erfolgte die zweite Bewertungsrunde. Analog zur ersten Bewertungsrunde wurden die Individualurteile zu einem Gesamturteil zusammengefasst. In das aggregierte Gesamturteil wurden die quantitativen Ergebnisse der Kostenvergleichsrechnung in Form gemittelter Werte übernommen. Auch in der zweiten Bewertungsrunde wurde die Streuung des Antwortverhaltens und die Sensitivität des Bewertungsergebnisses analysiert. Diese Auswertung wurde aber nicht mehr zum Gegenstand weiterer Diskussionen gemacht, da im Vergleich zur ersten Bewertungsrunde eine deutliche Reduzierung der Streuung beobachtet wurde, was bei einem Delphi-analogen Bewertungsprozess auch zu erwarten war.

In den folgenden Abschnitten wird das abschließende Ergebnis der Nachhaltigkeitsbewertung dargestellt. Abschnitt 6.3 beschäftigt sich mit dem vom Projektteam erarbeiteten Kriterienbaum. Abschnitt 6.4 beinhaltet die Ergebnisse der Nachhaltigkeitsbewertung der zweiten Bewertungsrunde. Dabei wird aus Gründen der Übersichtlichkeit zunächst auf die Gewichtung der Nachhaltigkeitskriterien eingegangen. Daran schließt sich die Bewertung der zur Auswahl stehenden Wasserinfrastruktur-Szenarien hinsichtlich der Erfüllung der Nachhaltigkeitskriterien an. In Abschnitt 6.5 werden abschließend einige Ergebnisse der Sensitivitätsanalyse diskutiert.

Abbildung 6-2: Durchführung der Nachhaltigkeitsbewertung

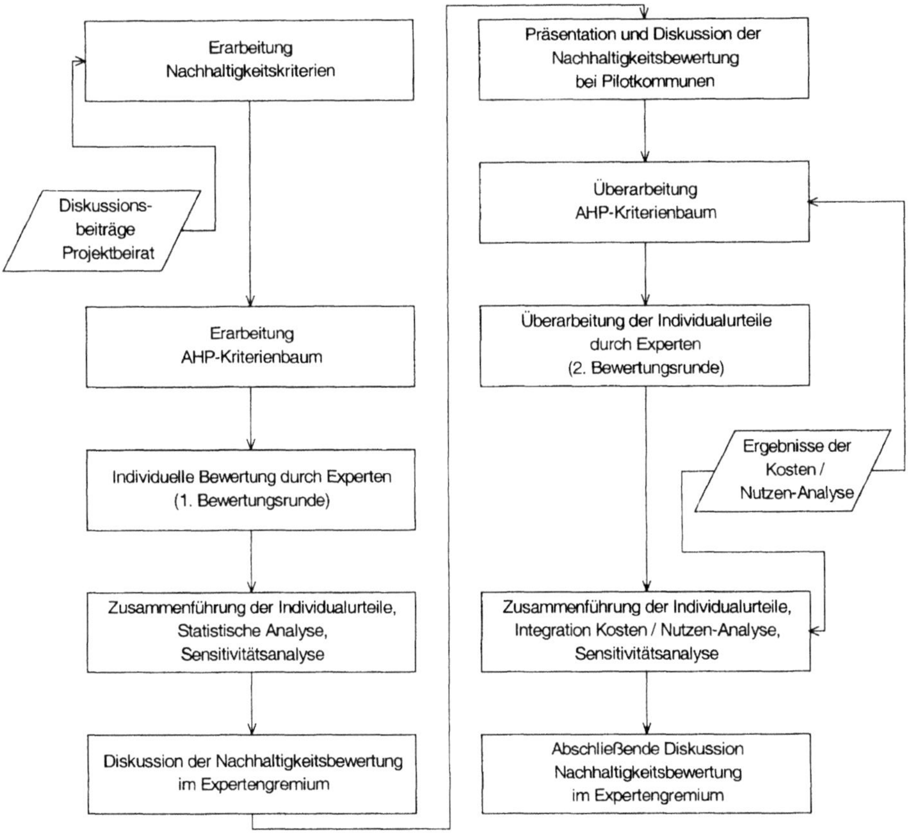

6.3 Nachhaltigkeitskriterien urbaner Wasserinfrastruktursysteme

Kriterien zur Bewertung der Nachhaltigkeit können nicht allgemein gültig angegeben werden. Vielmehr müssen sie kontextbezogen entwickelt werden, wobei als Strukturierungshilfe die in Abbildung 6-3 gezeigten Hauptdimensionen Wirtschaftlichkeit (Ökonomie), Soziokulturelle Verträglichkeit (Gesellschaft) und Umweltverträglichkeit (Ökologie) dienen.

Abbildung 6-3: Hauptdimensionen der Nachhaltigkeit

Jede dieser Hauptdimensionen wurde in mehreren Workshops im Hinblick auf den Bewertungsgegenstand „Urbane Wasserinfrastruktursysteme" diskutiert und ausdifferenziert. Hierbei wurde darauf Wert gelegt, möglichst unabhängige Kriterien zu formulieren. Dies ist aber nur zum Teil möglich, da viele Kriterien nicht so trennscharf sind, dass sie nicht Teilaspekte anderer Kriterien berühren. Ergebnis der Expertendiskussion war ein im Konsens verabschiedeter, hierarchisch aufgebauter Kriterienbaum.

In den folgenden Abschnitten werden die drei, den drei Hauptdimensionen der Nachhaltigkeit entsprechenden Teilbäume des gesamten hierarchischen Kriteriensystems getrennt voneinander dargestellt. Eine ausführlichere Dokumentation und inhaltliche Definition der verwendeten Kriterien findet sich in Anhang A2.

6.3.1 Kriterien der ökonomischen Dimension

Die ökonomische Dimension wurde zunächst in drei Subkriterien untergliedert („Investitions-, Reinvestitions-, laufende Kosten", „Markt", „Systemische Aspekte"; vgl. Abbildung 6-4)[1]. Das Kriterium „Investitions-, Reinvestitions-, laufende Kosten" deckt die betriebswirtschaftliche Bewertung der Szenarien ab, wie sie im vorangegangenen Kapitel 5 als dynamische Kostenvergleichsrechnung unter Berücksichtigung aller Zahlungsströme vorgestellt wurde.

[1] Kriterien der untersten Hierarchieebene ist in Abbildung 6-4 bis 6-6 als schwarze Punkte dargestellt.

Eine Bewertung der ökonomischen Dimension muss neben der Kostensituation auch Marktaspekte berücksichtigen. Neben der Herausbildung lokaler und regionaler bzw. überregionaler Märkte für die Infrastruktursysteme und der zugehörigen Dienstleistungen wurden die Auswirkungen auf die Marktstruktur (z. B. Monopolisierungstendenz) und die Stimulierung des Innovationsgeschehens (Technik, Dienstleistungen) betrachtet. Im Zuge der Globalisierung der Wasserwirtschaft ist für die Wasser„industrie" zunehmend die Präsenz ihrer Produkte und Dienstleistungen am internationalen Markt wichtig, so dass die Exportfähigkeit wasserwirtschaftlicher Konzepte und Systeme in Regionen mit anderen klimatischen und entwicklungspolitischen Rahmenbedingungen von Bedeutung ist.

Abbildung 6-4: Ökonomische Nachhaltigkeitskriterien

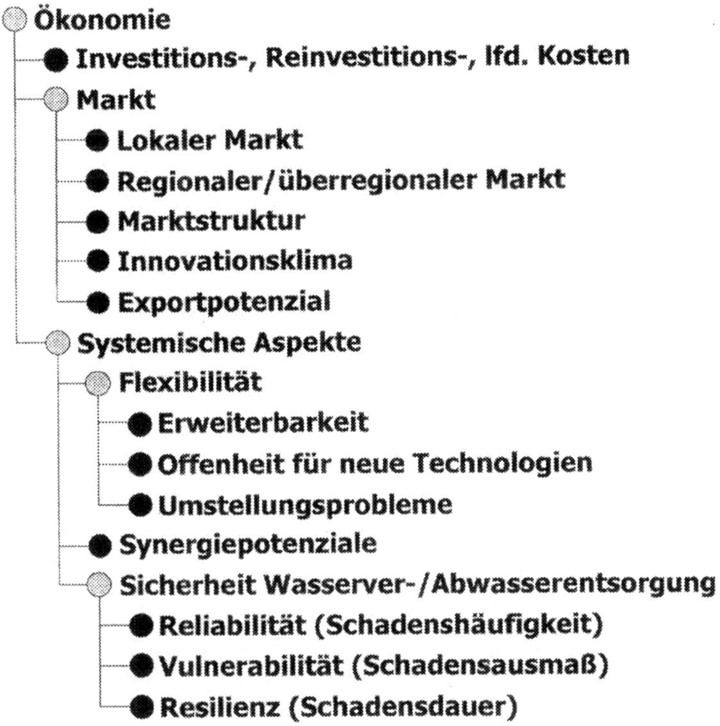

Unter dem Stichwort „Ökonomie" wurden auch die systemischen Aspekte der verschiedenen Szenarien betrachtet. Unter „systemisch" wird hier vor allem die technische Eignung der Infrastruktursystemvarianten verstanden. Der Bezug zur Ökonomie ergibt sich aus der Überlegung, dass die Voraussetzung für das Entstehen eines Marktes das Vorliegen funktionierender technischer Systeme ist. Der Markt wiederum stellt die Voraussetzung für die Bildung von Preisen dar, die in Kostenvergleiche eingehen können. Eine wesentliche Komponente der systemischen Aspekte ist ein geringes Ausfallrisiko als Voraussetzung für die geforderte hohe Ver- und Entsorgungssicherheit, die ihrerseits wiederum in drei Komponenten (Reliabilität, Vulnerabilität, Resilienz) untergliedert wurde. Ebenfalls von Bedeutung ist die Flexibilität der Infrastruktursysteme bezüglich der Erweiterbarkeit (z. B. zusätzlich anzuschließende Einheiten), der Integrationsmöglichkeiten neuer technischer Entwicklungen (z. B. Anlagen, Materialien) und Dienstleistungen sowie dabei zu erwartender Umstellungshemmnisse. Auch die Synergiepotenziale der Wasserinfrastruktursysteme mit anderen Ver- und Entsorgungsaufgaben (z. B. Mitbehandlung von Bioabfällen, energetische Nutzung von Biogas, Abwärmenutzung) sind Aspekte, die mit zunehmender Verfügbarkeit geeigneter technischer Komponenten zu beachten sind.

6.3.2 Kriterien der gesellschaftlichen Dimension

Unter der gesellschaftlichen Nachhaltigkeitsdimension wurden Kriterien gefasst, die die gesellschaftlichen oder soziokulturellen Implikationen der Wasserinfrastruktursysteme beschreiben (vgl. Abbildung 6-5). Den Kriterien von denen der einzelne Mensch individuell betroffen ist (einfache Handhabbarkeit, Gebührengerechtigkeit, Förderung des eigenverantwortlichen Umgangs mit Wasser, Auswirkungen auf die Gesundheit im Privaten und während der Arbeit) sind Kriterien gegenübergestellt, die die menschlichen Lebensgemeinschaften (Städte, Gemeinden) und kollektive Sachverhalte betreffen. Hier spielten aus Sicht der Projektteilnehmer die Beschäftigungswirkung bei Errichtung und Betrieb von Wasserinfrastruktursystemen ebenso eine Rolle wie die Akzeptanz der Systeme vor dem Hintergrund des kulturell überlieferten Umgangs mit Wasser (z. B. kulturelle Unvereinbarkeit der Nutzung aufbereiteten Abwassers zur Trinkwasserversorgung) oder einer anspruchsvolleren Bedienung des Systems (z. B. differenzierte Nutzung unterschiedlicher Wasserqualitäten). Ebenfalls aufgenommen wurde ein Kriterium, mit dem das Risiko abgebildet wurde, bezüglich der Wasserinfrastruktur Entscheidungen zu treffen, die sich im Nachhinein wegen der hohen Pfadabhängigkeit als teure Fehlentscheidungen erweisen, die sich nur schwer wieder korrigieren lassen (z. B. überdimensionierte Kanalnetze). Ein weiterer Aspekt besteht im Einfluss der Wasserinfrastruktursysteme auf die Qualität des urbanen Lebensumfelds (ästhetische Qualität der Gewässer in Naherholungsgebieten, Bedrohung durch Hochwasserereignisse).

Einen wichtigen Gesichtspunkt der gesellschaftlichen Nachhaltigkeitsdimension stellt die intergenerationelle Gerechtigkeit dar. Hierunter wird vor allem der Erhalt von Entscheidungsspielräumen verstanden, die nachfolgende Generationen bei der Lösung der Wasserver- und Abwasserentsorgungsaufgaben haben sollen. Ebenfalls über das engere Lebensumfeld hinaus geht die Frage nach der Eignung verschiedener Wasserinfrastrukturkonzepte unter Rahmenbedingungen, die sich in klimatischer Hinsicht (Wasserdargebot, Niederschlagsmenge, Niederschlagsverteilung) und bezüglich des wirtschaftlichen und gesellschaftlichen Entwicklungsstands einer Volkswirtschaft (z. B. Bildung/Ausbildung, vorhandene Infrastruktur für Energie, Telekommunikation, Verkehr) von bundesrepublikanischen Verhältnissen unterscheiden.

Abbildung 6-5: Gesellschaftliche Nachhaltigkeitskriterien

6.3.3 Kriterien der ökologischen Dimension

Unter der ökologischen Dimension der Nachhaltigkeit werden Sachverhalte angesprochen, die die Umweltverträglichkeit unterschiedlicher Entscheidungsmöglichkeiten und Handlungsvarianten betreffen (vgl. Abbildung 6-6). Für die Wasserver- und Abwasserentsorgung sind aus Sicht der Expertenrunde das Stoffstrommanagement, der Ressourcenverbrauch, die Auswirkungen auf Grund- und Oberflächengewässer und die Emission klimaschädlicher Gase von Bedeutung.

Unter dem Aspekt des Stoffstrommanagements werden Aufkommen und Schadstoffbelastung zu entsorgender Rückstände ebenso gefasst wie Fragen der Stoffrückgewinnung (Kohlenstoff, Stickstoff, Phosphor und Kalium). Ebenfalls als relevant wird die Frage angesehen, inwieweit sich die bei der Errichtung der technischen Anlagen der Infrastruktursysteme eingesetzten Materialien für den Wirtschaftskreislauf zurückgewinnen lassen. Unter dem Gesichtspunkt des Ressourcenverbrauchs sind vor allem der Energiebedarf und der Bedarf an Rohwasser aus versorgungsgebietsfernen Quellen relevant.

Abbildung 6-6: Ökologische Nachhaltigkeitskriterien

- **Ökologie**
  - **Stoffstrommanagement**
    - **Beseitigung Rückstände**
    - **Nährstoffrückgewinnung (N, P, K)**
    - **Kohlenstoffrückgewinnung**
      - **Biogas**
      - **Bodenverbesserung**
    - **Materialrecycling**
  - **Ressourcenverbrauch**
    - **Energie**
    - **Rohwasser**
  - **Auswirkungen auf Oberflächengewässer**
    - **Chronische Belastung**
    - **Akute Belastung**
    - **Beeinträchtigung Habitate**
  - **Auswirkung auf Grundwasser**
    - **Grundwasserneubildung**
    - **Entnahme von Grundwasser**
    - **Schadstoffeintrag**
  - **Emission von Klimagasen**

Die Auswirkungen des Betriebs von Wasserinfrastruktursystemen auf Oberflächengewässer wurden nach chronischen und akuten Schadstoffbelastungen gegliedert. Ebenfalls aufgenommen wurde die Beeinträchtigung der natürlichen Habitate in und an den Oberflächengewässern (z. B. Gewässerstruktur, aquatische Lebensgemeinschaften). Bezüglich der Auswirkungen auf die Grundwasservorkommen erfolgte eine Differenzierung nach dem Schadstoffeintrag, der mit der Abwasserentsorgung verbunden ist, und dem Grundwasserhaushalt (Neubildung, Entnahme). Bei den Klimagasen wurden nicht nur die mit dem Energieverbrauch einher gehenden Emissionen betrachtet, sondern auch die beim Betrieb der Wasserinfrastruktur entstehenden Emissionen (z. B. N_2O aus Kläranlagen, Methan aus der Schlammbehandlung und dem Abwassertransport) einbezogen.

6.4 Nachhaltigkeitsbewertung

Aufbauend auf dem Kriterienbaum erfolgte im nächsten Arbeitsschritt die Bewertung der drei Infrastruktur-Szenarien „Weiter so!", „Kommunaler Wasserkreislauf" und „Kleinräumige Stoffkreisläufe". Der Bewertungsschritt beinhaltet zwei Teilschritte. Einerseits sind die Kriterien, die sich auf der gleichen hierarchischen Ebene befinden, gegeneinander zu gewichten (z. B. „Ist im Bezug auf die ökologische Dimension die Beeinträchtigung der Oberflächengewässer oder der Ressourcenverbrauch gewichtiger?"). Zum anderen müssen die Szenarien bezüglich der Erfüllung der Kriterien der jeweils untersten Hierarchieebene bewertet werden (z. B. „Welches Szenario ist bezüglich der Schadstoffeinleitung in Oberflächengewässer als das günstigere einzuschätzen?").

Die Gewichtung der Kriterien innerhalb des Kriterienbaums erfolgt beim verwendeten AHP-Verfahren, indem die Alternativen der jeweiligen hierarchischen Ebene bezüglich ihrer Bedeutung für das übergeordnete Kriterium paarweise miteinander verglichen werden. Aus allen Paarvergleichen wird dann mit Hilfe eines speziellen Algorithmus ermittelt, in welchem Verhältnis die jeweiligen Alternativen zueinander stehen (vgl. Abschnitt 6.2.1 (Saaty, 1980; Meixner und Haas, 2002)).

6.4.1 Gewichtung der Nachhaltigkeitskriterien

Die folgenden Abschnitte geben wieder, welche Bedeutung die Expertenrunde den verschiedenen Kriterien zur Beschreibung der Nachhaltigkeit urbaner Wasserinfrastruktursysteme zumisst. Hierbei werden jedoch nur die ersten beiden Kriterienebenen beschrieben. Die relativen Gewichte der darunter liegenden Subkriterien sind in Anhang A3 dokumentiert.

6.4.1.1 Nachhaltigkeit

Abbildung 6-7 zeigt die Gewichtung der drei Säulen der Nachhaltigkeit: Ökonomie, Gesellschaft und Ökologie. Aus Sicht der Experten wird im Hinblick auf die Nachhaltigkeit von Wasserinfrastruktursystemen den wirtschaftlichen Faktoren mit knapp 0,5 ein höheres Gewicht beigemessen als den gesellschaftlichen (0,2) und den ökologischen Faktoren (0,3).

Abbildung 6-7: Relative Gewichte der drei Hauptkriterien der Nachhaltigkeit[2]

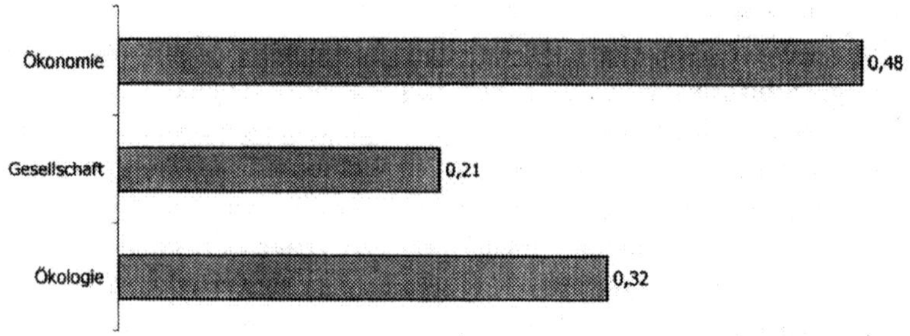

6.4.1.2 Ökonomische Kriterien

Das hohe Gewicht der ökonomischen Säule relativiert sich, sobald man die drei zugehörigen Subkriterien betrachtet (vgl. Abbildung 6-8). Danach überwiegt innerhalb des Hauptkriteriums „Ökonomie" der Einfluss der systemischen Aspekte, die vor allem die technische Eignung der unterschiedlichen wasserwirtschaftlichen Szenarien beschreiben. Auch die Auswirkungen auf das Marktgeschehen haben einen nicht unerheblichen Einfluss, während die Kostenaspekte, die in der öffentlichen Wahrnehmung als Kern der Ökonomie betrachtet werden und die die Investitions- und Reinvestitionskosten sowie die laufenden Kosten des Systems umfassen, nach der Einschätzung des Projektteams eine geringere Bedeutung haben.

Abbildung 6-8: Relative Gewichte der Subkriterien der ökonomischen Nachhaltigkeitsdimension

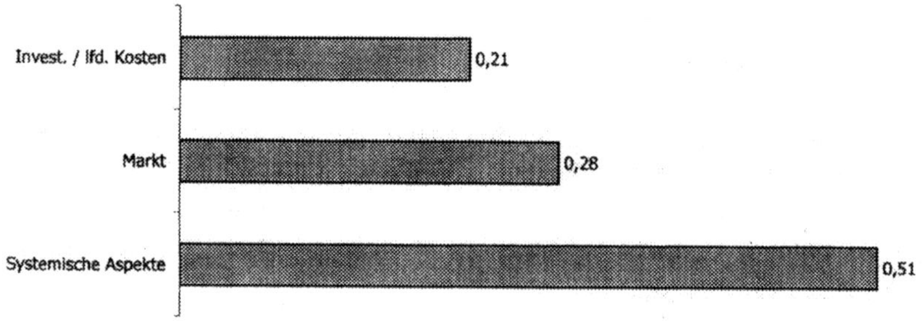

---

[2] Von 1,0 abweichende Summen der Gewichtungen in den Abbildungen von Kapitel 6 sind durch die Darstellung der Ergebnisse mit zwei Dezimalstellen und damit verbundenen Rundungsfehlern bedingt

Diese Gewichtung spiegelt wider, dass beim Angebot neuartiger Produkte und Dienstleistungen deren Funktionsfähigkeit (vgl. Kriterien zu den „systemischen Aspekten", Abbildung 6-4) die Grundvoraussetzung dafür sind, dass überhaupt eine Nachfrage nach diesen Produkten und Dienstleistungen und damit ein Markt entstehen kann. Auf diesem Markt treffen Angebot und Nachfrage zusammen und es bilden sich für die Produkte und Dienstleistungen Preise. In die Preiskalkulation der Hersteller fließen die ihnen entstandenen Kosten - ergänzt um eine Gewinnkomponente - ein. Für den Nachfrager bildet der zu zahlende Preis die ihm entstehenden Kosten ab, wenn er dieses Produkt oder diese Dienstleistung nachfragt.

Da in weiten Teilen der Gesellschaft die Überzeugung vorherrscht, dass bei Entscheidungen die Kostenfrage eine grundsätzliche und herausragende Bedeutung hat, wurde im Rahmen einer Sensitivitätsanalyse die von der Expertengruppe gewählte Gewichtung variiert, um den Einfluss auf das Gesamtergebnis der Nachhaltigkeitsbewertung transparent zu machen (vgl. Abschnitt 6.5).

6.4.1.3 Gesellschaftliche Kriterien

Das gesellschaftliche Hauptkriterium der Nachhaltigkeit setzt sich aus fünf soziokulturellen Subkriterien zusammen, deren relative Bedeutung von der Expertengruppe entsprechend Abbildung 6-9 gewertet wurde. Die größte Bedeutung haben demnach diejenigen Kriterien, die den Bezug des Individuums zu den Infrastrukturszenarien zum Inhalt haben (z. B. Akzeptanz, Bedienerfreundlichkeit) und die sich auf das urbane Lebensumfeld auswirken. Nur unwesentlich geringere Bedeutung weisen kollektive Aspekte und die Frage der intergenerationellen Gerechtigkeit auf. Die Transferierbarkeit der Wasserinfrastruktursysteme in Regionen mit anderen klimatischen Bedingungen und anderem Entwicklungsstand wird demgegenüber als weniger gewichtig eingeschätzt.

Abbildung 6-9: Relative Gewichte der Subkriterien der gesellschaftlichen Nachhaltigkeitsdimension

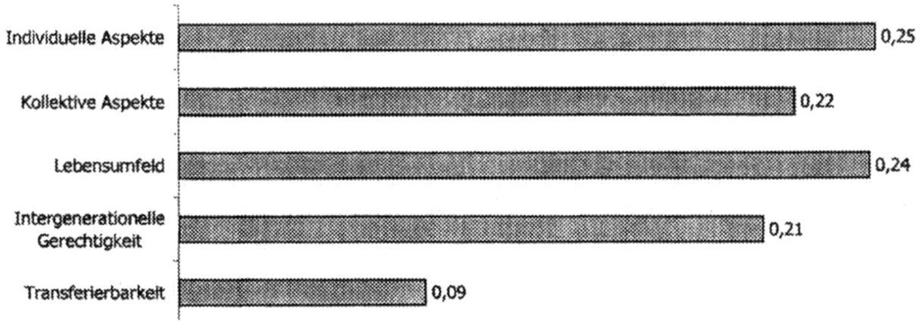

6.4.1.4 Ökologische Kriterien

Aus Abbildung 6-10 geht hervor, dass nach Einschätzung des Projektteams die ökologische Nachhaltigkeitsdimension urbaner Wasserinfrastruktursysteme vor allem durch die Auswirkungen auf das Grundwasser bestimmt wird. Den Auswirkungen auf die Güte der Oberflächengewässer wird ein mittlerer Einfluss zugesprochen, während dem Beitrag des Stoffstrommanagements, des Ressourcenverbrauchs und der Klimagasemissionen geringere Bedeutung beigemessen wird.

Abbildung 6-10: Relative Gewichte der Subkriterien der ökologischen Nachhaltigkeitsdimension

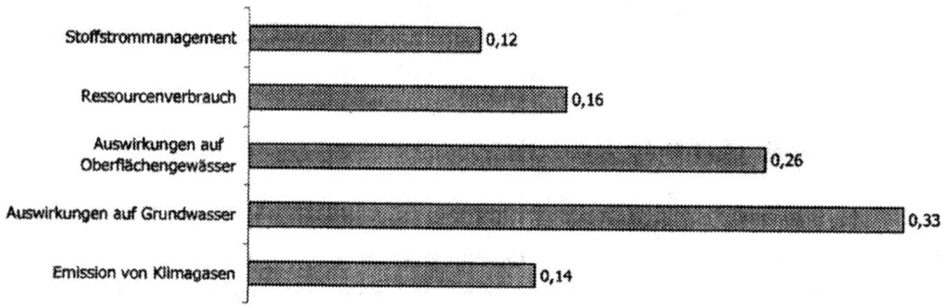

6.4.2 Bewertung der Szenarien

In den folgenden Abschnitten ist dargestellt, wie das Projektteam die drei zur Auswahl stehenden Szenarien anhand der entwickelten Nachhaltigkeitskriterien beurteilt. Die Darstellung der Ergebnisse berücksichtigt die im vorangehenden Abschnitt vorgestellte relative Gewichtung der Nachhaltigkeitskriterien untereinander. Zunächst wird das Gesamtergebnis der Bewertung und anschließend die Teilergebnisse der darunter liegenden Kriterienebenen, aus denen sich das Gesamtergebnis zusammensetzt, dargestellt. Details zu den Bewertungsergebnissen aller Subkriterien sind Anhang A3 zu entnehmen.

6.4.2.1 Gesamtergebnis der Nachhaltigkeitsbewertung

Abbildung 6-11 zeigt zunächst das Gesamtergebnis der Nachhaltigkeitsbewertung. Danach erfüllt das Szenario „Kleinräumige Stoffkreisläufe" die im Kriterienbaum formulierten Nachhaltigkeitskriterien am Besten. Die beiden anderen Szenarien unterscheiden sich hinsichtlich ihrer Nachhaltigkeit nur unwesentlich voneinander, der Unterschied zum Szenario „Kleinräumige Stoffkreisläufe" ist jedoch beachtlich. Abbildung 6-11 zeigt weiter, wie sich die Gesamtbewertung aus den drei Hauptkriterien der Nachhaltigkeit zusammensetzt. Hier zeigt sich, dass die Überlegenheit des Szenarios „Kleinräumige Stoffkreisläufe" in allen drei Hauptaspekten der Nachhaltigkeit besteht, wobei dieser Vorsprung bei den ökologischen Kriterien besonders ausgeprägt ist. Der Rang der „Kleinräumigen Stoffkreisläufe" ist aus diesem Grund auch gegenüber Verschiebungen der relativen Gewichte der drei Hauptkriterien, wie sie in Abbildung 6-7 gezeigt sind, stabil.

Die beiden Szenarien „Weiter so!" und „Kommunaler Wasserkreislauf" sind bezüglich der Gesamtbewertung als gleichwertig einzustufen, es zeigt sich jedoch, dass im Bereich der ökologischen Teilkriterien der Nachhaltigkeit ein signifikanter Vorteil des „Kommunalen Wasserkreislaufs" besteht, der ausreicht, die leichten Vorteile des „Weiter so!"-Szenarios im ökonomischen und gesellschaftlichen Bereich zu kompensieren.

In den folgenden Abschnitten wird das Zustandekommen der Ergebnisse der Nachhaltigkeitsbewertung für die drei Hauptkriterien der Nachhaltigkeit diskutiert. Es soll aber darauf hingewiesen werden, dass aufgrund der Fülle der Kriterien und der Fülle der Details in den individuellen subjektiven Einschätzungen die im Expertenkreis geführten Diskussionen um die Bewertungen hier nicht vollständig wiedergegeben werden können.

Abbildung 6-11: Nachhaltigkeitsbewertung der Wasserinfrastruktur-Szenarien - Gesamtergebnis[3]

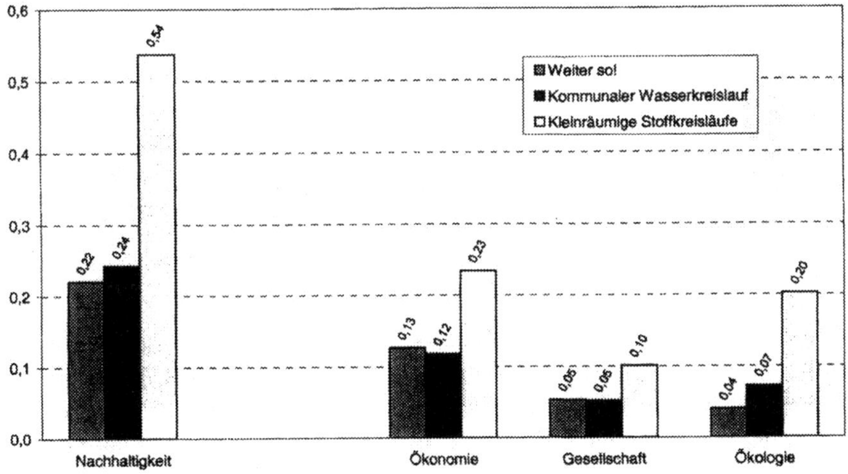

3 Den Abbildungen 6-11 bis 6-14 liegen bei der Aggregierung der Teilergebnisse zum übergeordneten Ergebnis jeweils die zugehörigen relativen Gewichte zugrunde (Abbildung 6-7 bis 6-10).

6.4.2.2 Teilergebnis ökonomische Kriterien der Nachhaltigkeit

Im ökonomischen Teilergebnis der Nachhaltigkeitsbewertung zeigt Abbildung 6-12 einen deutlichen Vorsprung des Szenarios „Kleinräumige Stoffkreisläufe". Die beiden anderen Szenarien liegen mit leichtem Vorsprung des „Weiter-so!"-Szenarios ungefähr gleichauf. Analysiert man das Zustandekommen dieses Teilergebnisses auf der Ebene der zugehörigen Subkriterien „Investitions- und laufende Kosten", „Markt" und „Systemische Aspekte", ergibt sich ein differenziertes Bild. Das Teilergebnis „Investitions- und laufende Kosten" wurde aus der Kostenvergleichsrechnung (siehe Kapitel 5) als gemittelter Wert entnommen und in das Bewertungsmodell übertragen. Das Ergebnis zeigt, dass die Kostenunterschiede der drei Szenarien relativ gering sind, das „Weiter so!"-Szenario aber besser abschneidet als die „Kleinräumigen Stoffkreisläufe" oder der „Kommunale Wasserkreislauf".

Abbildung 6-12: Nachhaltigkeitsbewertung der Wasserinfrastruktur-Szenarien - Teilergebnis „Ökonomische Aspekte"

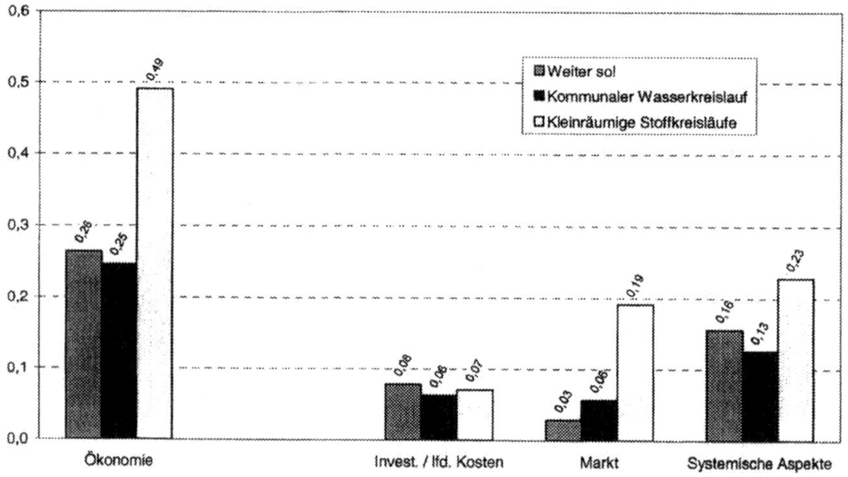

Deutliche Unterschiede finden sich bei den Kriterien, die die Auswirkungen auf das Marktgeschehen beschreiben. Die Ursache für die sehr positive Bewertung der „Kleinräumigen Stoffkreisläufe" liegt darin, dass dieses dezentrale Konzept erst die Voraussetzungen dafür schafft, dass sich auf breiter Front und bis hinunter auf die Ebene der Endverbraucher Marktmechanismen herausbilden können (Wettbewerb um die Haushalte vgl. Abschnitt 4.3.4). Demgegenüber ist ein Wettbewerb im Markt, wie er unter Beibehaltung des zentralen Systemkonzepts beispielsweise durch den Bau von Stichleitungen über Versorgungsgrenzen hinweg oder auch durch eine gemeinsame Nutzung vorhandener Netze denkbar ist, aus technischen, wasserchemischen, hygienischen und/oder ökonomischen Gründen wesentlich problematischer (Ewers et al, 2001). Zentrale Konzepte bergen wegen der großen räumlichen Netzausdehnung und der hohen langfristig gebundenen Kapitalmengen immer die Gefahr der Bildung von Gebietsmonopolen. Wesentlich ist auch die Einschätzung, dass vor allem flexible Systeme mit vielen dezentralen Komponenten durch den dynamischeren Markt unter einem höheren inhärenten Innovationsdruck stehen und darüber hinaus für diese Systeme gute Exportchancen in Regionen mit anderen klimatischen (Wasserdargebot) und gesellschaftlich-wirtschaftlichen Bedingungen gegeben sind.

Der merkliche Vorteil des „Kommunalen Wasserkreislaufs" vor dem „Weiter so!"-Szenario beruht vor allem darauf, dass in der Bereitstellung einer zweiten Wasserqualität (Brauchwasser) und in der separaten Erfassung und Verwertung des Gelbwassers neue Marktchancen gesehen werden.

Eine große Bedeutung kommt auch den Chancen für die wirtschaftliche Entwicklung zu, die sich einerseits mit der durch die Abwasserentsorgung induzierten Gewässergüteverbesserung der Vorfluter, andererseits mit dem Bau und Betrieb der Wasserinfrastruktur selbst verbinden. Erstgenannte, die aus dem durch gesteigerte Freizeit- und Erholungsmöglichkeiten bewirkten Anstieg der lokalen Dienstleistungsaktivitäten und der damit einhergehenden zusätzlichen Wertschöpfung resultieren, sind zwar für das Pilotgebiet in Dortmund-Asseln vernachlässigbar, für das eher ländlich geprägte Selm-Bork, dessen touristische Attraktivität auch auf seinem naturräumlichen Erlebniswert beruht, hingegen von größerer Bedeutung. Infolge des völligen Verzichts auf Schmutzwassereinleitungen sind auch unter diesem Aspekt die „Kleinräumigen Stoffkreisläufe" gegenüber den beiden anderen Konzepten vorteilhaft. Vom Bau und Betrieb der innovativen Systeme, durch die sich völlig neue Betätigungsfelder für das lokale und regionale Handwerk ergeben, werden positive Beschäftigungswirkungen erwartet.

Bei den Faktoren, die die systemischen Strukturen der Alternativen beschreiben, ergeben sich Vorteile für die „Kleinräumigen Stoffkreisläufe", deren Flexibilität und Anpassbarkeit an sich ändernde Rahmenbedingungen (z. B. Kapazitätsanpassung, Regulierung/Deregulierung) besonders hoch eingeschätzt wird. Einen wesentlichen Beitrag zu diesem Teilergebnis leistet auch das geringe Schadensausmaß, das bei einem Versagen der dezentralen Komponenten erwartet wird. Vorteile des „Weiter so!"-Szenarios, die letztlich zu einer geringfügigen Abwertung des „Kommunalen Wasserkreislaufs" führen, leiten sich aus den besseren Bewertungen über das Ausmaß der Umstellungsprobleme und der als höher empfundenen Zuverlässigkeit bei der Fortführung des heute bestehenden Systems ab.

6.4.2.3 Teilergebnis gesellschaftliche Kriterien der Nachhaltigkeit

Das gesellschaftlich orientierte Teilergebnis der Nachhaltigkeitsbewertung zeigt deutliche Vorteile der „Kleinräumigen Stoffkreisläufe“ vor den beiden anderen Szenarien, die beinahe gleichauf liegen (vgl. Abbildung 6-13). Bei differenzierter Betrachtung des Ergebnisses findet sich diese Überlegenheit der „Kleinräumigen Stoffkreisläufe“ in fast allen Subkriterien wieder. Bei den individuellen Aspekten tragen vor allem die guten Bewertungen bei der Gebührengerechtigkeit und der Eigenverantwortung bei, während die Stärken des „Weiter so!“-Szenarios in der einfacheren Handhabbarkeit liegen. Die Rangfolge bei den kollektiven Aspekten wird im Wesentlichen durch die hohe kulturelle Akzeptanz des bestehenden Systems bestimmt, bei dem das Abwasser mit dem Druck auf den Spülknopf praktisch aus dem Bewusstsein des Großteils der Bevölkerung verschwindet. Die Projektteilnehmer erwarten, dass die Tatsache, bei den dezentralen Systemen mit interner Kreislaufführung mit aufbereitetem Grauwasser zu duschen oder aufbereitetes Regenwasser zu trinken, in der Bevölkerung einen längeren Gewöhnungsprozess erfordern wird.

Abbildung 6-13: Nachhaltigkeitsbewertung der Wasserinfrastruktur-Szenarien - Teilergebnis „Gesellschaftliche Aspekte“

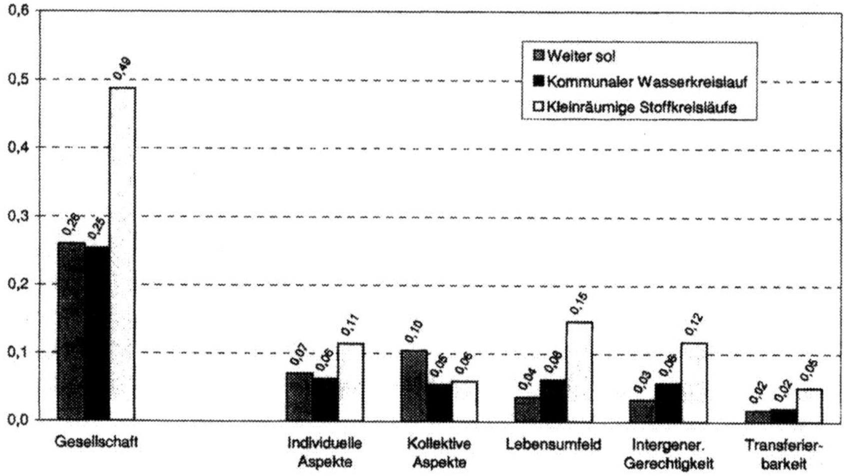

Den positiven Auswirkungen auf das urbane Lebensumfeld für die „Kleinräumigen Stoffkreisläufe“ und in geringerem Ausmaß auch für den „Kommunalen Wasserkreislauf“ liegt vor allem der Gedanke zugrunde, dass die Gewässer nicht mehr durch Mischwasserabschläge belastet werden, die nicht nur die Gewässerqualität belasten, sondern auch ästhetische Beeinträchtigungen der Gewässerstruktur in stadtnahen Freizeitflächen und Naherholungsgebieten verursachen. Das Hochwasserrisiko, das ebenfalls der Frage des Lebensumfelds zugeordnet ist, wird bei den Szenarien mit ausgeprägter Regenwassernutzung oder -versickerung gegenüber dem „Weiter so!"-Szenario geringer eingeschätzt.

Eine klare Rangfolge findet sich auch bei den verbleibenden beiden Kriterien „Intergenerationelle Gerechtigkeit" und „Transferierbarkeit". Natürlich bestehen für die nachfolgenden Generationen größere Handlungsspielräume, je stärker ein Abwasserinfrastruktursystem modular aufgebaut ist und auf dezentrale Komponenten mit vergleichsweise geringer Lebensdauer setzt, da sich hier beispielsweise Erweiterungen der Kapazitäten durch neue Wohngebiete einfacher und Anpassungen an den technischen Fortschritt leichter bewerkstelligen lassen (kurzer Reinvestitionszyklus). Die relativ gute Bewertung des „Kommunalen Stoffkreislaufs", der ja gegenüber dem „Weiter so!"-Szenario mit dem Brauchwassernetz ein zusätzliches zentrales Element enthält, lässt sich dadurch erklären, dass durch die Wahl zwischen verschiedenen Wasserqualitäten eine größere Flexibilität bezüglich der Wassernutzung besteht. Davon abgesehen weist der „Kommunale Wasserkreislauf" mit der Gelbwasserseparierung und der höheren Regenwasserversickerungsquote durchaus auch dezentrale Komponenten auf.

Die Transferierbarkeit eines Wasserinfrastruktursystems in Regionen mit anderen klimatischen und organisationellen Rahmenbedingungen gelingt umso besser, je weniger Wasser zum Betrieb des Systems erforderlich ist und je modularer, d. h. dezentraler ein System aufgebaut ist. Beide Anforderungen werden vom Szenario „Kleinräumige Stoffkreisläufe" am Besten erfüllt.

6.4.2.4 Teilergebnis ökologische Kriterien der Nachhaltigkeit

Bei den ökologischen Kriterien der Nachhaltigkeitsbewertung kommen die Vorteile des Szenarios „Kleinräumige Stoffkreisläufe" am stärksten zum Tragen. Mit großem Abstand folgt der „Kommunale Wasserkreislauf", der sich jedoch deutlich gegenüber dem „Weiter so!"-Szenario absetzen kann (vgl. Abbildung 6-14).

Diese Rangfolge zieht sich durch alle Subkriterien der Ökologie, wobei die Differenzen zwischen den Szenarien unterschiedlich stark ausgeprägt sind. Die größten relativen Vorteile verzeichnen die „Kleinräumigen Stoffkreisläufe" bei der Schonung der Oberflächengewässer und der Grundwasservorkommen. Die Einleitung von aufbereitetem Abwasser in die Gewässer ist ebensowenig notwendig wie die Einleitung ungereinigten Abwassers durch Mischwasserabschläge. Die Wasserentnahme aus Grundwasservorkommen ist erheblich reduziert. Da auf Schmutzwasserkanäle vollständig verzichtet wird, können durch defekte Kanäle keine unbehandelten Abwässer ins Grundwasser eindringen. Ein weiterer Vorteil liegt in der erhöhten Grundwasserneubildung durch die verstärkte Versickerung von Regenwasser.

Der Vorteil des „Kommunalen Wasserkreislaufs" gegenüber dem „Weiter so!"-Szenario folgt nach Einschätzung der Projektteilnehmer daraus, dass die Gelbwasserseparierung zu einem Abwasser mit geringerem Schadstoffpotenzial für Oberflächengewässer und Grundwasser führt, dass durch den Brauchwasserkreislauf die Grundwasservorkommen insgesamt weniger beansprucht werden sowie ebenfalls eine höhere Grundwasserneubildungsrate durch versickertes Regenwasser stattfindet.

Abbildung 6-14: Nachhaltigkeitsbewertung der Wasserinfrastruktur-Szenarien - Teilergebnis „Ökologische Aspekte"

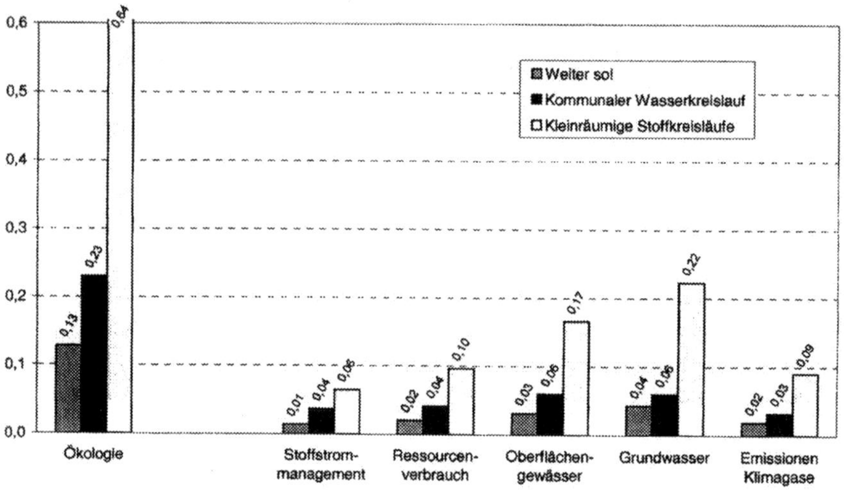

Das Subkriterium „Stoffstrommanagement" beinhaltet vor allem den Aspekt der Kreislaufführung von im Abwasser enthaltenen Wert- bzw. Nährstoffen. Hier weisen die Szenarien mit weitgehender Trennung der Abwasserteilströme, die eine gezielte Rückgewinnung und Nutzbarmachung der Nährstoffe und des Kohlenstoffinventars ermöglichen, Vorteile auf. Die „Kleinräumigen Stoffkreisläufe" bieten darüber hinaus ein höheres Potenzial, die in den Behandlungsanlagen eingesetzten Materialien nach Ende der Nutzungsdauer wieder zu verwenden, da sie leichter rückholbar und nicht wie Kanäle und Leitungen tief in der Erde vergraben sind.

In das Subkriterium „Ressourcenverbrauch" geht vor allem der Energiebedarf bzw. die Energienutzung der im Abwasser enthaltenen Kohlenstoffanteile (Biogasnutzung) ein. Weiter wird das Ergebnis hier auch durch den unterschiedlich hohen Rohwasserbedarf der Szenarien beeinflusst. Wegen der hohen Eigenenergieerzeugung und dem entfallenden Energiebedarf für die Grundwasserförderung sowie die Trinkwasserverteilung schneidet der „Kleinräumige Wasserkreislauf" beim Energiebedarf besser ab als die anderen Szenarien. Beim „Kommunalen Wasserkreislauf" wird davon ausgegangen, dass die Energiegewinne durch intensive Biogasnutzung und reduzierte Grundwasserfördermengen die zusätzlichen Aufwendungen beim Betrieb des Brauchwassernetzes überkompensieren können. Diese Einschätzung spiegelt sich auch in der Bewertung der Klimagasemissionen wieder, wobei hier als zusätzlicher Nachteil des „Weiter so!"-Szenarios die klimawirksamen N_2O-Emissionen aus der konventionellen kommunalen Klärtechnik zu nennen sind.

6.5 Sensitivitätsanalyse

Die Bewertung der Nachhaltigkeit der drei Wasserinfrastrukturszenarien durch das Projektteam ist natürlich nicht allgemein gültig, sondern Ergebnis subjektiver Urteile, die im Laufe eines ausführlichen Diskussionsprozesses gebildet wurden. Um die Stabilität des Ergebnisses der Nachhaltigkeitsbewertung zu beurteilen, wurden Sensitivitätsuntersuchungen in der Weise durchgeführt, dass die relative Bedeutung der Nachhaltigkeitskriterien variiert wurde.

Wie bereits im Zusammenhang mit der Gewichtung der ökonomischen Nachhaltigkeitskriterien in Abschnitt 6.4.1.2 erwähnt, wird insbesondere die relativ geringe Bedeutung des Kostenarguments im Verhältnis zu anderen, der Wirtschaftssphäre zuzuordnenden Kriterien von der Allgemeinheit nicht ohne weiteres geteilt werden. Die Sensitivitätsanalyse wird deshalb am Beispiel der Kostenfrage exemplarisch dargestellt. Hierzu wurde untersucht, bei welchem Gewicht für das Kostenkriterium innerhalb der ökonomischen Nachhaltigkeitsdimension eine veränderte Rangfolge der Szenarien eintreten würde.

Erhöht man das Gewicht des Kostenkriteriums unter Beibehaltung aller übrigen Gewichtungen und Bewertungen (Ceteris-Paribus-Bedingung), so wird ein Gleichstand zwischen dem „Weiter so!"-Szenario und den „Kleinräumigen Stoffkreisläufen" erst bei einem Gewicht von 0,89 für das Kostenkriterium erreicht (zum Vergleich: Die Bewertung durch das Projektteam ergab hierfür eine Gewichtung von 0,21). Die beiden Kriterien „Markt" und „Systemische Aspekte" haben dann nur sehr geringe relative Gewichte. Dieser Sachverhalt ist in Abbildung 6-15 dargestellt. Abbildung 6-16 zeigt den aus dieser Gewichtsverschiebung resultierenden Gleichstand des „Weiter so!"-Szenarios mit den „Kleinräumigen Stoffkreisläufen".

Das Gesamtergebnis der Nachhaltigkeitsbewertung bleibt bezüglich der Rangfolge des führenden Szenarios „Kleinräumige Stoffkreisläufe" unverändert. Der Abstand zwischen dem führenden Szenario „Kleinräumige Stoffkreisläufe" und den beiden anderen Szenarien, die nun gleichauf liegen, reduziert sich im Vergleich zur ursprünglichen Bewertung geringfügig (vgl. Abbildung 6-17).

Abbildung 6-15: Sensitivitätsanalyse: Erhöhung des relativen Gewichts der Kosten bei den Subkriterien der ökonomischen Nachhaltigkeitsdimension

Abbildung 6-16: Sensitivitätsanalyse: Erhöhung des relativen Gewichts der Kosten - Teilergebnis „Ökonomische Aspekte“

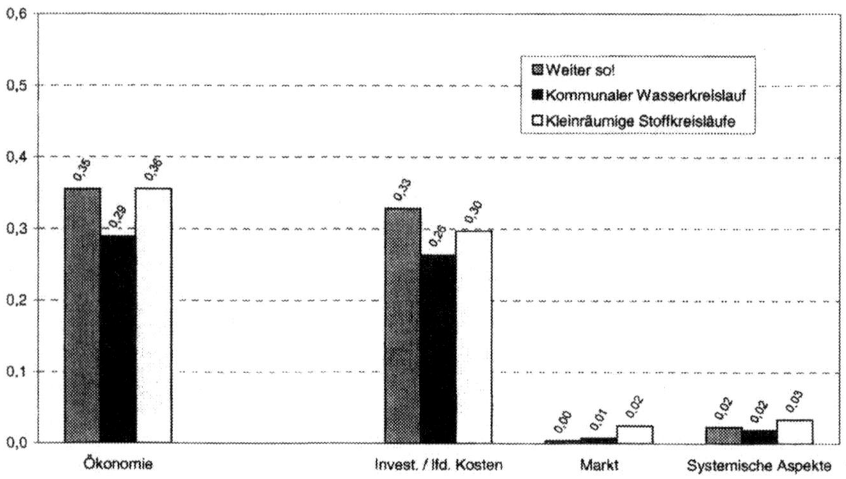

An der Führungsposition der „Kleinräumigen Stoffkreisläufe“ würde sich selbst dann nichts ändern, wenn zusätzlich zu der oben skizzierten Erhöhung der Bedeutung des Kostenarguments das Gewicht der ökonomischen Säule der Nachhaltigkeit gegenüber den gesellschaftlichen und ökologischen Aspekten von ursprünglich 0,48 auf über 0,95 erhöht würde. Dann würden das „Weiter so!“-Szenario nahezu gleichauf liegen. Der „Kommunale Wasserkreislauf“ erhielte dann mit merklichem Abstand den letzten Rang.

Abbildung 6-17: Sensitivitätsanalyse: Erhöhung des relativen Gewichts der Kosten - Gesamtergebnis

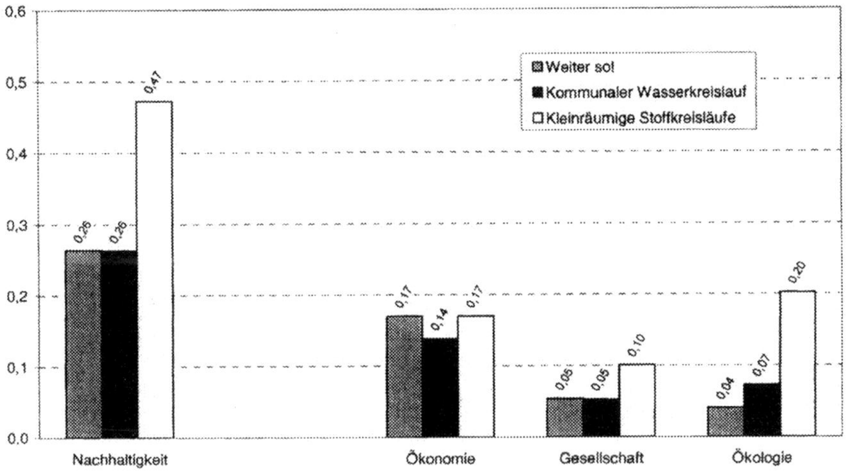

6.6 Fazit der Nachhaltigkeitsbewertung

Die Nachhaltigkeitsbewertung der Szenarien einer zukünftigen urbanen Wasserinfrastruktur ergab ein überraschend deutliches Votum für das Szenario „Kleinräumige Stoffkreisläufe". Dieses Szenario entfernt sich in seiner Gesamtkonzeption sehr weit von den bisher üblichen Wasserinfrastruktursystemen und setzt massiv auf dezentrale und modulare Komponenten. Die Vorteile des Szenarios „Kleinräumige Stoffkreisläufe" sind in fast allen Subkriterien der Nachhaltigkeit vorhanden. Es lassen sich daher nur durch sehr gezielte und massive Verschiebungen der Gewichtungen der Nachhaltigkeitskriterien Konstellationen finden, die eine Verdrängung der „Kleinräumigen Stoffkreisläufe" von Platz eins des Nachhaltigkeitsrankings bewirken würden. Besonders bemerkenswert ist der Umstand, dass eine Umsteuerung des bestehenden Wasserinfrastruktursystems hin zu einer nachhaltigen, dezentral ausgerichteten Konzeption keine gravierenden finanziellen Mehrbelastungen nach sich ziehen würde (vgl. Kapitel 5).

Das Ergebnis der Nachhaltigkeitsbewertung bestärkt in vielerlei Hinsicht darin, auf der Basis aktueller technischer Entwicklungen aus heutiger Sicht unkonventionelle Lösungen nicht nur für Insellösungen in Betracht zu ziehen, sondern auch dem Gedanken an eine breite Anwendung dieser Technologien im In- und Ausland näher zu treten.

Auch wenn den kommunalen Entscheidungsträgern in Dortmund-Asseln und Selm-Bork mit dem in Kapitel 5 durchgeführten Kostenvergleich und der hier vorgestellten Nachhaltigkeitsbewertung keine abschließende Handlungsempfehlung gegeben werden kann, welche der vorgestellten Alternativen zur Wasserver- und Abwasserentsorgung letztlich für die jeweilige Kommune absolut vorteilhaft ist, wird ihnen mit den Ergebnissen eine breite Grundlage geliefert, auf der sie ihre Systementscheidung aufbauen können. Dabei obliegt es letztlich dem Augenmaß der Entscheidungsträger, für ihre Gemeinde eine sinnvolle Mischung alternativer Entsorgungslösungen aus den verschiedenen Möglichkeiten herauszufiltern und auf diesem Weg die urbane Infrastruktur zur Wasserver- und Abwasserentsorgung zukunftsfähig und nachhaltig zu gestalten (Prager, 2002).

7 Systemwechsel bei urbanen Wasserinfrastruktursystemen

Wie in Kapitel 1 ausgeführt, besteht vielfältiger Anlass und dringender Handlungsbedarf, das heute in den Industriestaaten weit verbreitete urbane Wasserinfrastrukturkonzept kritisch zu überdenken. Vor allem in den Kapiteln 3 und 4 wurde gezeigt, dass es zahlreiche technologische Bausteine gibt, die je nach institutionellen Rahmenbedingungen zu sehr unterschiedlichen Systemkonzepten kombiniert und an die jeweiligen lokalen Bedürfnisse und Gegebenheiten angepasst werden können. Im Vergleich zum heute vorherrschenden Systemkonzept können speziell auf Nachhaltigkeit ausgelegte Wasserinfrastruktursysteme je nach strategischer Zielsetzung sehr unterschiedliche Formen annehmen. Die im Rahmen des vorliegenden Projekts erarbeiteten Szenarien sind Beispiele hierfür.

Soll ein solches alternatives Systemkonzept umgesetzt werden, d. h. soll ein Systemwechsel vom gegenwärtigen Wasserinfrastrukturkonzept auf ein neues Systemkonzept erfolgen, so sind fallspezifisch Hemmnisse und Schwierigkeiten zu überwinden. Die Systemtransformation kann relativ einfach sein, wenn sich das neue Systemkonzept nur geringfügig vom heutigen unterscheidet. Je radikaler es aber vom heutigen System abweicht, desto schwieriger und langwieriger ist es, eine entsprechende Transformation praktisch umzusetzen und desto vielfältigere (technische, institutionelle, organisatorische, wirtschaftliche, gesetzliche) Hemmnisse müssen überwunden werden.

Zunächst wurden in Abschnitt 7.1 einige allgemeine Überlegungen zur Übertragbarkeit der beiden innovativen Wasserinfrastrukturszenarien vorgestellt. Anschließend wird am Beispiel der beiden Modellgebiete Selm-Bork und Dortmund-Asseln die technisch-organisatorische Ausgestaltung eines Systemwechsels skizziert. (Abschnitt 7.2)

7.1 Übertragbarkeit der AKWA 2100-Szenarien

7.1.1 „Kommunaler Wasserkreislauf"

Das Wasserinfrastrukturkonzept „Kommunaler Wasserkreislauf" ist ein generisches Konzept und als solches im Prinzip auf alle Kommunen anwendbar. Wie in Kapitel 5 und 6 ausgeführt, hat dieses Konzept gegenüber der heute üblichen Wasserinfrastruktur gewisse Nachhaltigkeitsvorteile bei etwas höheren Kosten. Dabei ist festzuhalten, dass die Kostenschätzung in Kapitel 5 für die beiden Untersuchungsgebiete Dortmund-Asseln und Selm-Bork durchgeführt wurden und daher von den dort vorherrschenden spezifischen Gegebenheiten beeinflusst sind. Eine Übertragung der kostenbezogenen Aussagen auf andere Kommunen ist daher im Hinblick auf die Investitions- und Betriebskosten des Konzepts nur eingeschränkt möglich. Das Konzept ist aber aufgrund der substanziellen Kostenanteile zentraler Infrastrukturkomponenten für Trink-, Brauchwasserversorgung sowie Abwasserentsorgung in erster Linie für dichter bebaute Gebiete geeignet. Es stellt immer dann eine interessante Option dar, wenn

- in einem städtischen Entwässerungsgebiet eine ausreichend dimensionierte, aber sonst in gutem Zustand befindliche Mischwasserkanalisation vorhanden ist und ferner zu erwarten ist, dass sich die Wasserverbräuche der angeschlossenen Haushalte künftig weiter reduzieren werden. Dies kann beispielsweise durch eine Modernisierung der gebäudeinternen Wasserinfrastruktur im Zuge von Kernsanierungen oder durch Modernisierung der wasserverbrauchenden Haushaltsgeräte der Fall sein. Durch den „Kommunalen Wasserkreislauf" werden sowohl abwasserseitige (z. B. Sedimentation im Kanal) als auch wasserversorgungsseitige Probleme vermieden, (z. B. Hygieneprobleme im Trinkwassernetz durch lange Stagnationszeiten).
- ein deutlicher Wasserbedarf von Industrie und Gewerbe in einem Versorgungsgebiet besteht, wobei die erforderliche Wasserqualität unterhalb der Trinkwasserqualität liegt und das bestehende Trinkwassernetz erweitert werden müsste. In diesem Fall stellt das Konzept mit seinem Brauchwasserversorgungsnetz eine Möglichkeit dar, hochwertige Wasserressourcen zu schonen.
- hoher Investitionsbedarf für die Trinkwasserversorgung besteht. Statt neue hochwertige Rohwasserquellen zu erschließen oder aufwändige Trinkwasseraufbereitungsanlagen zu errichten, kann bei Anwendungen, die auch mit Wasser geringerer Qualität auskommen, das Trinkwasser durch Brauchwasser substituiert werden. In diesem Sinne stellt das Konzept durchaus eine Alternative zum Aufbau einer Fernwasserversorgung dar.

Das Konzept des „Kommunalen Wasserkreislaufs" hat aus siedlungswasserwirtschaftlicher Perspektive und aus der Perspektive einer nachhaltigen Wasserwirtschaft gegenüber dem heutigen Konzept eine Reihe von Vorteilen:

- Durch den im Konzept vorgesehenen Neubau eines auf den tatsächlichen Bedarf von Trinkwasser ausgelegten Trinkwassernetzes sinkt der notwendige Aufwand zur Sicherstellung der Trinkwasserqualität „an jedem Wasserhahn" im Versorgungsgebiet, auch bei stagnierendem oder gar rückläufigem Wasserverbrauch. Das heute bestehende, in der Regel überdimensionierte Trinkwassernetz stellt einen hohen Wert dar und wird beim „Kommunalen Wasserkreislauf" als flächendeckendes Brauchwassernetz weiter genutzt.
- Durch die deutliche Erhöhung der dezentralen Versickerung der Niederschläge reduziert sich die Niederschlagswassermenge im Kanal erheblich und die Kläranlage wird gleichmäßiger beaufschlagt. Durch das verbesserte Regenwasserma-

nagement wird die Häufigkeit und die Menge der gewässerökologisch problematischen Mischwasserabschläge in die Gewässer reduziert. Das Konzept eröffnet auch die Möglichkeit, Regenwasser als Rohwasser für die Brauchwasserbereitung zu nutzen und stellt damit einen Ansatz für eine ein gesamtes Entwässerungsgebiet umfassende Regenwassernutzung dar.

- Die Nutzung eines substanziellen Teils des aufbereiteten Abwassers als Brauchwasser erschließt über dessen Verkauf einen Kostendeckungsbeitrag für die Abwasserbehandlung. Zusätzlich wird die in die Gewässer eingeleitete Abwassermenge reduziert, was vor allem bei Vorflutern mit geringer oder saisonal stark schwankender Wasserführung deutliche ökologische Vorteile hat.

- Durch die getrennte Erfassung des Gelbwassers (Träger des größten Anteils von Stickstoff und Phosphor) und den Aufbau einer leistungsfähigen Verwertungsinfrastruktur wird eine Schließung der Nährstoffkreisläufe ermöglicht, ohne dass wie bei der landwirtschaftlichen Verwertung der Klärschlämme die Böden durch Schadstoffe belastet werden.

- Die gemeinsame Entsorgung organischer Küchenabfälle mit dem Abwasser aus den Haushalten erschließt im Zusammenhang mit der anaeroben Behandlung eine höhere Menge Biogas, das als regenerative Energiequelle genutzt werden kann. Darüber hinaus erhöht sich der Komfort beim Umgang mit Bioabfällen in den Haushalten. Die Biotonne und die vor allem in den Sommermonaten von ihr ausgehenden Geruchsbelästigungen und unhygienischen Zustände werden vermieden.

- Die Nutzung von des Abwasser aufbereiteten Brauchwassers als Spül- und Transportmedium in der Schwemmkanalisation und die damit verbundene Möglichkeit der in die Abwasserentsorgung integrierten Entsorgung der häuslichen Bioabfälle macht das Grundkonzept des „Kommunalen Wasserkreislaufs" auch für Städte, die in heißen und relativ wasserarmen Regionen der Erde liegen und bereits eine Schwemmkanalisation haben, zu einer sinnvollen und nachhaltigen Alternative.

- Durch das zusätzliche Angebot hochwertigen Brauchwassers erschließt sich für den privaten und den gewerblichen Wassernutzer die Möglichkeit, die für die jeweiligen Anforderungen ausreichende Wasserqualität einzusetzen und die Kosten zu senken. Für den Trinkwasserversorger ergibt sich die Möglichkeit, sein hochwertiges Produkt anders als bisher auf dem Markt zu positionieren. So könnte hier durch zusätzlich angebotene Dienstleistungen (z. B. Betrieb von Online Sprudlern beim Kunden) und Produkte (z. B. „Softdrinks aus der Wasserleitung" unter Nutzung der On-line Sprudler) ein neues Image aufgebaut werden, das eine andere Preisgestaltung als bisher zuließe.

Die Umsetzung des Konzepts „Kommunaler Wasserkreislauf" erfordert neben den rein technischen Maßnahmen des Baus eines neuen Trinkwassernetzes und den Um- bzw. Nachrüstungen inner- und außerhalb der Gebäude auch einige nicht-technische Maßnahmen:

- Die bestehenden rechtlichen Rahmenbedingungen müssen in mehrerlei Hinsicht angepasst werden. Zunächst muss die Grundlage für eine öffentliche Brauchwasserversorgung geschaffen werden. Dies erfordert Maßnahmen auf allen rechtlichen Ebenen. Weiter werden rechtliche Voraussetzungen für eine getrennte Erfassung und Sammlung des Gelbwassers als separat zu behandelnder, häuslicher Abwasserteilstrom erforderlich. Hinzu kommt die rechtliche Absicherung der Behandlungsanforderungen zur Rückgewinnung und Verwertung der Nährstoffe aus dem Gelbwasser. Ebenfalls sind rechtliche Grundlagen für eine gemeinsame Entsorgung häuslicher Bioabfälle mit dem häuslichen Abwasser zu schaffen. In diesem Zusammenhang müssen neben den Anforderungen an eine gemeinsame anaerobe Behandlung auch die Verwertungswege für die ausgefaulten Schlämme aus der Anaerobbehandlung geregelt werden. Schließlich sind vor allem auf kommunaler Ebene die rechtlichen Voraussetzungen dafür zu schaffen, dass Gebäude mit doppelten Rohrnetzen ausgestattet werden. Hierzu sind entsprechende Anpassungen in genehmigungsrechtlicher Hinsicht und bei den Bauordnungen zu treffen. Auch die Feuerwehrverordnungen/-satzungen der Kommunen sind insofern zu ändern, als die Löschwasserversorgung aus dem Brauchwassernetz erfolgt und zur Reduktion des Löschwasserbedarfs Rauch- und Brandmeldeanlagen ggf. sogar Brandlöschanlagen auch in privaten Gebäuden bzw. Wohngebäuden als Standard vorzusehen sind.

- Ein institutioneller Anpassungsbedarf besteht vor allem durch die Zusammenlegung der Abwasserentsorgung mit der Entsorgung der Bioabfälle sowie durch die neue Funktion des Brauchwasserversorgers. Diese kann vom Abwasserentsorger, vom Wasserversorger, von einem Dritten oder auch von einem alle Wasserver- und -entsorgungsdienstleistungen Anbietenden übernommen werden. Im letzteren Fall würde die im Kreislaufwirtschaftsgesetz vorgesehene Produktverantwortung auch beim Wasser konsequent umgesetzt werden, da dann ein Unternehmen für das Produkt Trinkwasser von seiner Herstellung bis zu seiner Entsorgung verantwortlich zeichnet. Auch die im Zuge der getrennten Entsorgung und Verwertung des Gelbwassers entstehende neue Entsorgungssparte erfordert entsprechende institutionelle Lösungen.

- Im Zusammenhang mit der Finanzierung ist bei entsprechenden Skaleneffekten denkbar, dass die Erlöse aus der Nährstoffrückgewinnung aus dem Gelbwasser sowie die erhöhte Energieausbeute aus der gemeinsam mit dem Abwasser erfolgenden Bioabfallentsorgung einen Kostendeckungsbeitrag leisten. Im Bereich der Trinkwasserversorgung ist eine Senkung des Fixkostenanteils für das Trinkwassernetz denkbar. Hierzu könnte beitragen, dass der Durchsatz durch das neue Trinkwassernetz höher und damit der Aufwand für die Hygienisierung geringer wird. Auch ist denkbar, dass durch die Vermarktung höherwertiger, auf Trinkwasser basierender „Produkte aus der Leitung“ der Fixkostenanteil zugunsten des Anteils variabler Kosten sinkt. Beispielsweise könnten in den Privathaushalten Tafelwasser und Softdrinks mit Hilfe von direkt an das Trinkwassernetz angeschlossenen Sprudler-Geräten („On-line-Sprudler“) bedarfsgerecht vor Ort aus Trinkwasser hergestellt werden.

- Durch das Konzept des „Kommunalen Wasserkreislaufs“ wird die technische Entwicklung in Richtung wassersparender Anlagen und Geräte zumindest auf der Seite der privaten oder gewerblichen Verbraucher ohne nachteilige Sekundäreffekte auf die Funktionstüchtigkeit der Schwemmkanalisation nutzbar. Insgesamt wird der technische Fortschritt hinsichtlich eines noch effizienteren Einsatzes von Wasser in den Haushalten keine negative Rückwirkungen auf die Funktion der Kanalisation haben.
- Von einer Einführung des Wasserinfrastrukturkonzepts „Kommunaler Wasserkreislauf“ wird der private und der gewerbliche Wassernutzer betroffen. Durch die allgemeine Verfügbarkeit einer neuen Wasserqualität „Brauchwasser“ ergibt sich die Notwendigkeit, den Umgang mit diesem neuen Produkt zu lernen. Ebenso erfordert die Entsorgung der häuslichen Bioabfälle über einen Küchenabfallzerkleinerer von den Bürgern ein Umlernen. Gleiches gilt für den Umgang mit Trenntoiletten. Um hier Fehlbedienungen oder Missbrauch zu vermeiden, sind frühzeitig systematische Informationskampagnen und Demo-Zentren für die neuen Technologien notwendig. Diese sollten sich nicht nur an Haushalte, Architekten und Handwerker, sondern auch an die Schulen als einen wichtigen Multiplikator richten.

Das Wasserinfrastrukturkonzept „Kommunaler Wasserkreislauf“ hat zweifellos ein Potenzial für die Anwendung in urban verdichteten, aber bereits mit einer funktionierenden Kanalisation ausgestatteten Gebieten in Entwicklungsländern, in denen Wassermangel die wirtschaftliche Entwicklung hemmt. Vorteilhaft ist hier vor allem die dem Konzept zugrunde liegende Charakteristik, hochwertiges und in diesen Regionen knappes Trinkwasser nur für Nutzungen mit entsprechenden Qualitätsanforderungen einzusetzen und für andere Zwecke Brauchwasser zu verwenden. Die gemeinsame Entsorgung häuslicher Bioabfälle mit dem Abwasser ist für diese Regionen gerade wegen der dort vorherrschenden höheren Temperaturen interessant. So werden auch Hygieneprobleme und Probleme mit Insekten Ratten und anderen Nagetieren reduziert, die von Abfalltonnen mit Bioabfällen ausgehen. Dass die Nahrungsgrundlage der Ratten in der Kanalisation durch den Eintrag von Bioabfällen in das Kanalnetz verbessert wird, scheint keine Gefahr darzustellen, da die Bioabfälle durch die Bioabfallzerkleinerer breiartig aufgemahlen und durch Spülwasser ein gut fließfähiges Abwasser entsteht. Die Möglichkeit, das Kanalsystem gezielt mit größeren Spülstößen zu reinigen, könnte eine weitere Möglichkeit darstellen, der Rattenplage entgegen zu wirken. Für Entwicklungsländer problematisch könnte die Übertragung des Konzepts aufgrund seiner hohen Anforderungen an die Technik und an die institutionellen Voraussetzungen für seinen Betrieb sein. In dieser

Hinsicht unterscheidet sich das Konzept des „Kommunalen Wasserkreislaufs" jedoch nicht wesentlich vom bisher umgesetzten konventionellen Konzept mit zentraler Wasserver- und Abwasserentsorgung.

7.1.2 „Kleinräumige Stoffkreisläufe"

Das Wasserinfrastrukturkonzept „Kleinräumige Stoffkreisläufe" ist ebenfalls ein generisches Konzept und als solches grundsätzlich in allen Kommunen realisierbar. Wie in Kapitel 5 und 6 ausgeführt, weist das Konzept sowohl gegenüber dem heute üblichen Wasserinfrastrukturkonzept als auch gegenüber dem Konzept „Kommunaler Wasserkreislauf" deutliche Nachhaltigkeitsvorteile auf. Im Hinblick auf die Projektkostenbarwerte ist dieses Konzept im Vergleich zum „Weiter so!"-Szenario zwischen 5 und 11 % teurer. Es weist aber eine grundsätzlich andere Kostenstruktur auf. Während beim Konzept „Weiter so!" das Verhältnis der Kosten der notwendigen Maßnahmen auf öffentlichen Flächen zu denen, die auf privaten Grundstücken anfallen, bei etwa 37 % : 63 % (Dortmund-Asseln) bzw. 45 % : 55 % (Selm-Bork) liegt, ist die Aufteilung beim Konzept „Kleinräumige Stoffkreisläufe" mit 5,5 % : 94,5 % (Dortmund-Asseln) bzw. 9 % : 91 % (Selm-Bork) völlig anders. Hier liegt der ganz überwiegende Kostenblock bei Maßnahmen, die auf den privaten Grundstücken ergriffen werden. Es ist jedoch, wie für das Konzept „Kommunaler Wasserkreislauf" auch hier festzuhalten, dass die Kostenschätzung in Kapitel 5 für die beiden Untersuchungsgebiete Dortmund-Asseln und Selm-Bork durchgeführt wurde und daher von den dortigen spezifischen Gegebenheiten nicht unabhängig ist. Eine direkte Übertragung der kostenbezogenen Aussagen zu den Investitions- und Betriebskosten des Konzepts auf andere Kommunen ist wegen der Notwendigkeit, die lokalen Gegebenheiten einzubeziehen, deshalb nicht in vollem Umfang möglich.

Aufgrund des konsequenten Verzichts auf Infrastrukturkomponenten im öffentlichen Bereich zugunsten von Maßnahmen auf den Privatgrundstücken und in den Gebäuden ist das Konzept vor allem für die Anwendung in weniger dicht besiedelten Gebieten geeignet, da hier die Skaleneffekte eines Infrastrukturkonzeptes mit zentralen Systemkomponenten weniger zum Tragen kommen. Dennoch kann das dezentrale Konzept auch in dicht besiedelten Gebieten angewandt werden. Dies bietet sich ganz besonders in den Fällen an, wo noch keine zentrale Infrastruktur für die Wasserver- und/oder Abwasserentsorgung besteht. Das Konzept „Kleinräumige Stoffkreisläufe" stellt auch immer dann eine interessante Option dar, wenn

- eine Bindung substanzieller finanzieller Ressourcen in Netze und damit hohe sunk costs vermieden werden sollen. Dies ist insbesondere dann der Fall, wenn der große Investitionsbedarf und die damit verbundenen langfristigen finanziellen Verpflichtungen des Bauherrn aus haushalterischen Gründen nicht zu verantworten sind (z. B. bei Neuerschließungen, für die das bestehende Netz hydraulisch saniert werden müsste).

- (finanzielle) Risiken, wie sie mit der Investition in zentrale Systemkonzepte beispielsweise aufgrund unsicherer Bedarfsentwicklung verbunden sind, nicht eingegangen werden können oder sollen. Durch das Konzept „Kleinräumige Stoffkreisläufe" wird die Flexibilität (z. B. in Bezug auf Kapazität, bedarfsgerechte Behandlungstechniken, Reinigungsleistung, Finanzierung) deutlich erhöht.
- davon ausgegangen werden kann, dass in den kommenden Jahren und Jahrzehnten ein deutlicher technischer Fortschritt auch im Bereich der Technologien zum Umgang mit Wasser erreicht wird und die sich daraus ergebenden Vorteile der innovativen Technologien schnell in die praktische Anwendung diffundieren sollen.
- eine konsequente Umsetzung des Verursacherprinzips und damit auch ein unmittelbarer Einfluss der Endverbraucher auf die eigenen Kosten angestrebt wird.

Das Konzept der „Kleinräumigen Stoffkreisläufe" hat aus siedlungswasserwirtschaftlicher Perspektive und aus der Perspektive einer nachhaltigen Wasserwirtschaft eine Reihe von Vorteilen gegenüber dem heutigen Konzept:

- Durch die weitgehende Differenzierung und konsequente Trennung verschiedener Wasserteilströme in den Gebäuden ergibt sich die Möglichkeit einer Mehrfachnutzung des Wassers in verschiedenen Kaskaden und Kreisläufen. Dies führt zu einer deutlichen Reduktion des Gesamtwasserverbrauchs und einer leichten und effizienten Aufbereitung der einzelnen Abwasserteilströme. Die verbleibende geringe Abwassermenge kann nach der Aufbereitung direkt vor Ort versickert werden. Damit kann auf die direkte Einleitung von gereinigtem Abwasser in die Gewässer weitgehend verzichtet werden. Dies hat positive Auswirkungen auf die lokalen Gewässer und deren Nutzung für Freizeit und Erholung. Zum anderen ermöglicht das Konzept, dass die im häuslichen Abwasser vorhandenen Nährstoffe leicht zurückgewonnen und ohne Gefahr für die landwirtschaftlichen Böden als Dünger im Kreislauf geführt werden können.
- Durch die Nutzung moderner Membrantechnologie zur Aufbereitung von Trinkwasser aus Regenwasser kann auf eine zentrale Wasserversorgung verzichtet werden. Hierdurch erhöht sich die Sicherheit der Wasserversorgung der Bevölkerung, indem durch die hohe Redundanz der zahlreichen dezentralen Wasseraufbereitungseinheiten sowohl im Falle großflächiger Überschwemmungen, aber auch im Falle gezielter terroristischer Angriffe die Wasserversorgung der Bevölkerung weniger anfällig wird.
- Durch den Verzicht auf ein Wasserversorgungsnetz und auf eine Kanalisation werden die hohen Fixkostenanteile, die im heutigen Systemkonzept für Transportfunktionen aufgebracht werden müssen, für Maßnahmen im „produktiven"

Bereich, z. B. für bessere Prozesse zur Aufbereitung des Wassers oder für Maßnahmen zur Effizienzsteigerung im Umgang mit Wasser, verfügbar.

- Das Konzept ermöglicht es, monopolistische Marktstrukturen der klassischen zentralen Wasserver- und Abwasserentsorgungskonzepte aufzubrechen. Da davon auszugehen ist, dass ein fachgerechter und zuverlässiger Betrieb komplexer dezentraler Anlagen, zur Aufbereitung von Trinkwasser oder zur Behandlung von Abwasser, nicht mehr durch den Hausbesitzer erfolgt, sondern dass Fachfirmen den Betrieb dieser Anlagen sicherstellen, ergibt sich automatisch ein Wettbewerb um die einzelnen Haushalte. Dies gilt um so mehr, wenn von Haustechnikdienstleistern den Hausbesitzern die komplette Anlagentechnik samt Wartungs- und Instandhaltungsdienstleistungen über längerfristige Mietverträge angeboten wird. Die Hausbesitzer müssen damit nicht mehr die Investitionskosten für die Anlagentechnik aufbringen und finanzieren, sondern bezahlen die regelmäßigen Mietkosten. Eine solche Lösung hat darüber hinaus den Vorteil, dass die Haustechnikdienstleister wegen ihrer größeren Abnahmemengen die Anlagen wesentlich günstiger erwerben können als Privathaushalte, die immer nur eine einzige Anlage kaufen. Hier ergeben sich Win-Win-Situationen, die klassisch sind für derartige Dienstleistungsangebote. Weiter verstärkt wird dieser Effekt durch die Tatsache, dass die Zahl der benötigten Aufbereitungsanlagen wesentlich größer wird, so dass sie dann in industriell gefertigten Serien hergestellt werden. Dies lässt nicht nur eine Kostendegression erwarten, sondern durch die Konkurrenz der Anlagenhersteller kann auch von einer rascheren technischen Entwicklung bei der Anlagentechnologie und einer rascheren Diffusion innovativer Technologien in eine breite Anwendung ausgegangen werden. Das Wasserinfrastrukturkonzept „Kleinräumige Stoffkreisläufe" erhöht die Flexibilität und Offenheit künftiger Entwicklungen. Aufgrund der steigenden Zahl der benötigten Anlagen sind unter der Voraussetzung einer entsprechenden Qualifizierung positive Beschäftigungseffekte auf der Ebene des Handwerks zu erwarten.

Die Umsetzung des Konzepts „Kleinräumige Stoffkreisläufe" erfordert neben den technischen Maßnahmen zur Um- bzw. Nachrüstung der Gebäude mit den benötigten technischen Komponenten (z. B. Anlagen zur Wasseraufbereitung und anaeroben Abwasserbehandlung, gebäudeinterne Rohrnetzsysteme) eine Reihe nicht-technischer Maßnahmen:

- Im Bereich der rechtlichen Rahmenbedingungen ist eine deutliche Umorientierung mit weitgehenden Änderungen auf allen Ebenen notwendig. Während im bisherigen Gesetzesrahmen die gebäudespezifische Wasserver- und Abwasserentsorgung nur als Ausnahmefall für abgelegene Gebäude oder dünn besiedelte Gebiete vorgesehen war (so genannte Einzelwasserversorgung und Einzelabwasserentsorgung), müsste dies entweder als Regelfall oder neben dem zentralen Wasserinfrastrukturkonzept zumindest als gleichberechtigte Lösung auch für dichter bebaute Gebiete vorgesehen werden. Ein erster Schritt in diese Richtung muss die Aufhebung des Anschluss- und Andienungszwangs an die öffentliche

Wasserver- und Abwasserentsorgung sowie hinsichtlich der Entsorgung organischer Abfälle an die öffentliche Abfallentsorgung sein. Wie im vorangegangenen Abschnitt für das Wasserinfrastrukturkonzept „Kommunaler Wasserkreislauf" dargestellt, müssen auch die rechtlichen Grundlagen für eine getrennte Gelbwassererfassung, -sammlung und -verwertung gelegt und entsprechende technische Anforderungen formuliert werden. Sinnvoll könnte in diesem Zusammenhang eine integrale Regelung aller Ver- und Entsorgungsdienstleistungen von Gebäuden in den Sektoren Strom, Wasser, Abwasser und Abfall sein. Durch die technologische Entwicklung und durch die technologische Konvergenz hin zu dezentralen Technologien in der Haustechnik und durch Integration der Regelung der verschiedenen Versorgungssektoren erschließen sich Synergiepotenziale. Als Beispiel sei das zwischen Energieversorgung und Wasserver- und Abwasserentsorgung bestehende Synergiepotenzial „Wärmerückgewinnung aus Abwasser" genannt. Die mit dem häuslichen Abwasser nutzlos aus einem Einfamilienhaus abgeleitete Wärmemenge übertrifft beispielsweise diejenige Wärmemenge, die in unseren Breiten üblicherweise über Solarkollektoren auf dem Dach dieses Hauses gewonnen werden kann. Ein anderes Synergiepotenzial erschließt sich durch die technologische Entwicklung im Bereich der Gebäudeautomatisierung. Hier ergeben sich, wie Erfahrungen mit Plus-Energiehäusern (Häuser mit positiver Energiebilanz) oder den so genannten smart-homes (intelligentes Haus) zeigen, Möglichkeiten zur Steigerung der Ressourceneffizienz, wenn die verschiedenen haustechnischen Anlagen besser aufeinander abgestimmt betrieben werden.

- Aus institutioneller Perspektive verlieren die bisherigen Wasserversorger und die Abwasserentsorger ihre durch Gebietsmonopole geschützte Position, wenn es infolge der Umsetzung dieses Wasserinfrastrukturkonzeptes zu einem Wettbewerb um die Häuser kommt. Ihr Know-how im Hinblick auf den Betrieb wassertechnischer Anlagen eröffnet diesen Unternehmen jedoch auch auf dem neu entstehenden Markt interessante Geschäftsfelder als Haustechnikdienstleister und als Vermieter und Betreiber haustechnischer Anlagen. Eine ähnliche Rolle könnte auch das Handwerk übernehmen. Zu prüfen wäre, ob nicht analog zur Überwachung der Hausheizanlagen durch die Schornsteinfeger oder bei Kraftfahrzeugen durch den TÜV die Einführung einer regelmäßigen technischen Prüfung der gesamten haustechnischen ver- und entsorgungsrelevanten Anlagen zur durch unabhängige technische Überwachungsunternehmen sinnvoll ist.

- Die Umsetzung dieses Konzeptes setzt eine intensive Vorbereitung auf allen Ebenen voraus. Neben Eigentümern, Mietern und Nutzern muss auch das Handwerk über die Möglichkeiten dieses Konzeptes informiert und auf den Umgang mit den dezentralen Anlagen durch entsprechende Schulungs- und Weiterbildungsmaßnahmen vorbereitet werden. Dies schließt auch eine Anpassung der Curricula der Handwerkerausbildung im Sanitär-Heizung-Klima-Gewerbe ein. In entsprechende Informationskonzepte sollten auch Schulen einbezogen werden.

- Bei der Umsetzung herkömmlicher zentraler Wasserinfrastrukturkonzeptionen in urbanen Ballungsräumen der Entwicklungsländer steht ein funktionierendes System erst dann zur Verfügung, wenn sowohl das Kanalnetz und die zentrale Kläranlage als auch eine ausreichende Wasserversorgung zum Betrieb der Schwemmkanalisation in Betrieb genommen sind. Dies setzt neben einem hohen Finanzbedarf und langen Planungs- und Umsetzungszeiten auch hochentwickelte Institutionen/Organisationen zum Betrieb dieser Infrastruktur voraus. Das Wasserinfrastruktursystem auf Basis der „Kleinräumigen Stoffkreisläufe" bietet hier nicht nur wegen seines sehr effizienten und nachhaltigen Umgangs mit der Ressource Wasser sondern auch aus Gründen einer leichteren Finanzierung, einer rascheren Umsetzung und eines besseren Betriebs eine echte Alternative für urbane Siedlungen in Entwicklungsländern. Aufgrund der modularen Grundkonzeption können in Abhängigkeit von den verfügbaren Finanzmitteln Einzelgebäude, Gebäudegruppen oder Quartiere mit einer unmittelbar funktionierenden Wasserinfrastruktur ausgestattet werden. Es besteht nicht wie beim klassischen Konzept die Gefahr, dass gebaute Infrastrukturkomponenten zunächst lange Zeit brach liegen, nur zum Teil genutzt werden oder gar langsam dem Verfall preisgegeben sind, weil die für ein Funktionieren ebenfalls benötigten anderen Komponenten noch nicht verfügbar sind oder weil die mit dem Betrieb des Systems befasste Organisation mit der Aufgabe der Wartung und Instandhaltung brach liegender Systemkomponenten überfordert ist.

- Das dezentrale Konzept sehr flexibel an veränderte Kapazitätsentwicklungen angepasst werden. Gerade in Städten in Entwicklungsländern ist die Prognose künftiger Kapazitäten wegen der nahezu unkontrolliert ablaufenden Migration der Menschen vom Land in die Städte weit schwieriger und unsicherer als in Städten der Industrieländer.

- Ein weiterer Vorteil des Konzepts liegt in seiner Nähe zum Nutzer. Ein Missbrauch oder Fehlbedienungen des Systems führen zu Betriebsproblemen, die der Nutzer unmittelbar selbst erfährt. Die Eigenverantwortlichkeit jedes Nutzers für eine gute Praxis im Umgang mit seinem System ist wesentlich höher als die des Nutzers eines „anonymen" zentralen Großsystems.

- Eine Stärke des dezentralen Konzepts liegt in der Rückgewinnung der Nährstoffe. Gerade in Stadtgebieten in Entwicklungsländern spielt die so genannte „Urban Agriculture", also der landwirtschaftliche Anbau von Lebensmitteln auf kleinen Anbauflächen im Stadtgebiet, eine große Rolle. Hier können die aus dem häuslichen Abwasser und den organischen Abfällen zurückgewonnenen Nährstoffe unmittelbar wieder für den Anbau landwirtschaftlicher Nahrungsmittel eingesetzt werden (ETC und TUAN, 2002; Mougeot, o. J.). Auch diese unmittelbare Nutzungsmöglichkeit wird einen sorgsamen Umgang mit der eigenen Wasserinfrastrukturtechnik stärken.

7.2 Praktische Überlegungen zum Systemwechsel in den Untersuchungsgebieten

Die mit einem Systemwechsel vom heutigen Wasserinfrastruktursystem auf ein neues Konzept verbundenen Aufgaben werden am Beispiel der beiden Untersuchungsgebiete Dortmund-Asseln und Selm-Bork beschrieben, wobei der Schwerpunkt auf technisch-organisatorischen Aspekten liegt. Im Fall Dortmund-Asseln wird eine hypothetische Umsetzung des im Szenario „Kommunaler Wasserkreislauf" beschriebenen Wasserinfrastrukturkonzepts behandelt. Der Fall Selm-Bork betrachtet die hypothetische Umsetzung des im Szenario „Kleinräumige Stoffkreisläufe" entwickelten Infrastrukturkonzepts. Es wird dabei davon ausgegangen, dass vorher die politischen Entscheidungen, einen entsprechenden Systemwechsel zu vollziehen, getroffen und die notwendigen rechtlichen Grundlagen geschaffen wurden.

Eine ausführliche Darstellung der Vorgehensweise sowie spezifische technische Details eines Systemwechsels in den Untersuchungsgebieten finden sich im AKWA-Arbeitsbericht „Übergangsstrategien zur Umsetzung der Szenarien" (Dyrbusch et al., 2001).

7.2.1 Einteilung der Untersuchungsgebiete in Teilgebiete

Eine wesentliche Bedingung des Systemwechsels ist, dass die Infrastrukturleistungen während der gesamten Übergangszeit an jedem Ort erbracht werden. Andererseits nehmen die technischen Umrüstungsmaßnahmen längere Zeit in Anspruch und müssen in einer technisch sinnvollen Reihenfolge durchgeführt werden. Aus diesem Grund ist es sinnvoll, das gesamte umzurüstende Gebiet in Teilgebiete zu unterteilen, in denen der Systemwechsel nacheinander vollzogen wird. Diese Teilgebiete sollten so gewählt werden, dass

- sie hinsichtlich der Bebauungsdichte und dem Zustand der Bebauung möglichst homogen sind,
- die Umstellung in einem überschaubaren Zeitrahmen erfolgen kann,
- die Infrastrukturleistung in den anderen Teilgebieten möglichst wenig beeinflusst wird.

Eine technisch, ökonomisch und ökologisch sinnvolle Reihenfolge der Umstellung der Teilgebiete kann durch den Kanalzustand, das Alter der Kanäle und der Bebauung vorgegeben sein. Da hierzu jede einzelne Haltung und jedes Haus einzeln betrachtet werden müsste, wurde in AKWA 2100 zur Vereinfachung angenommen, dass in allen Umstellungsabschnitten die Verteilung des Kanalalters, das insbesondere bei der Kostenermittlung (vgl. Kapitel 5) von Bedeutung war, der Verteilung im gesamten Untersuchungsgebiet entspricht. Die daraus abgeleitete Umstellungsreihenfolge wurde mit den Vertretern der Kommunen, basierend auf deren detaillierter Ortskenntnis, abgestimmt.

Mit diesen Kriterien ergeben sich für das Untersuchungsgebiet Dortmund-Asseln fünf (A: A1 - A4; B: B1 - B2; C: C1 - C4; D: D0 - D2; E) und für das Untersuchungsgebiet Selm-Bork sechs Teilgebiete (A; B: B1 - B2; C; D: D0 - D3; E; F), die nacheinander umgerüstet werden. Diese Gebiete sind in den Abbildungen 7-1 und 7-2 dargestellt.

Abbildung 7-1: Teilgebiete in Dortmund-Asseln

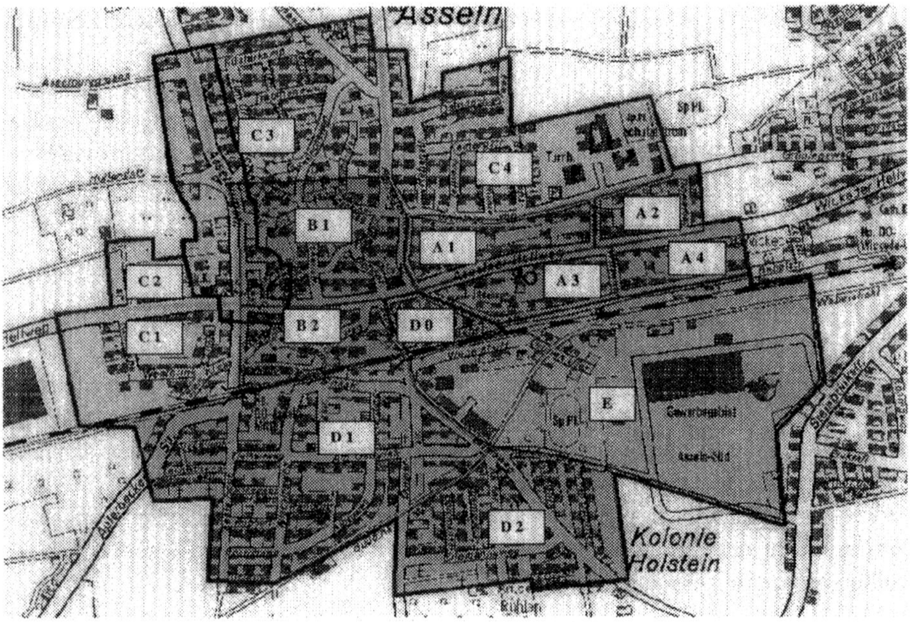

Abbildung 7-2: Teilgebiete in Selm-Bork

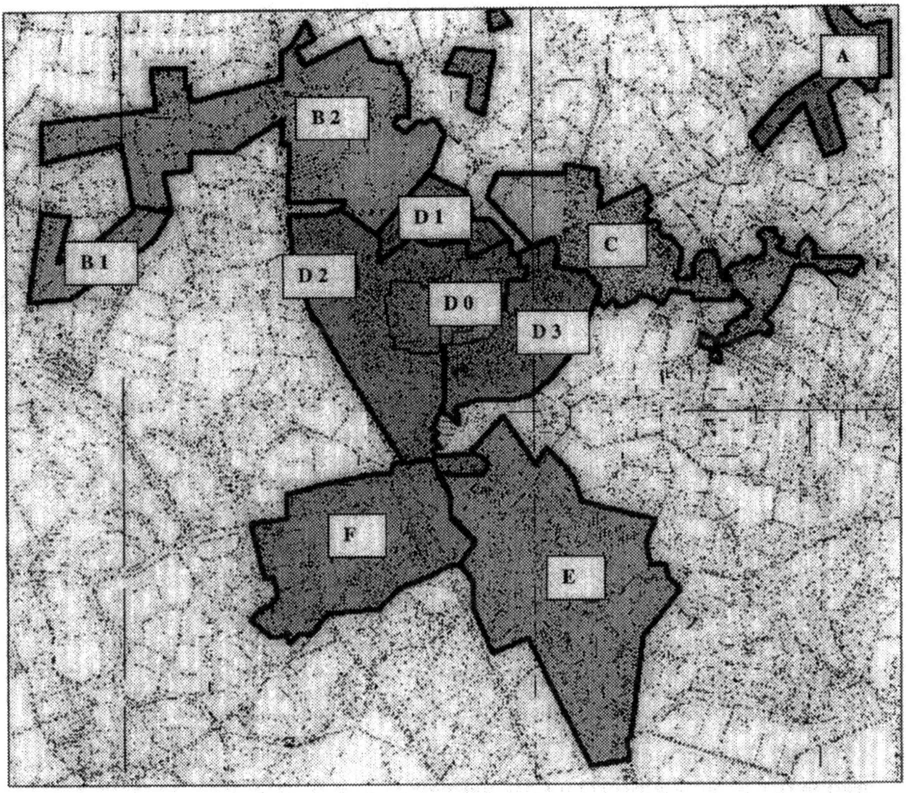

Nachfolgend werden die notwendigen Um- bzw. Nachrüstungsmaßnahmen getrennt für die im öffentlichen und im privaten Bereich betroffenen Systemelemente behandelt.

7.2.2 Systemelemente im öffentlichen Bereich

Systemelemente im öffentlichen Bereich sind Anlagen zur Abwasserableitung, Abwasserbehandlung, Wasser- und Gasversorgung sowie zur Abfallentsorgung. Hierzu zählen sowohl die öffentlichen Anlagen in den einzelnen Teilgebieten, wie z. B. Kanäle und Gasversorgungsleitungen, als auch zentrale Anlagen, die gebietsübergreifend zur Ver- und Entsorgung dienen, wie z. B. die Kläranlage oder Trinkwasserhochbehälter.

7.2.2.1 „Kommunaler Wasserkreislauf" in Dortmund-Asseln

Der technische Nach- bzw. Umrüstungsbedarf im öffentlichen Bereich zur Umsetzung des Wasserinfrastrukturkonzepts „Kommunaler Wasserkreislauf" in Dortmund-Asseln setzt sich aus folgenden vier Maßnahmengruppen zusammen:

- Trinkwasser: Zunächst muss ein ausschließlich auf die Trinkwasserversorgung ausgelegtes Trinkwassernetz errichtet werden. Das neue Trinkwassernetz - bestehend aus den Hauptleitungen und den Verteilungsleitungen in den Teilgebieten - kann mit deutlich kleineren Nennweiten gebaut werden, da zum einen der Wasserbedarf für Feuerlöschzwecke nicht mehr über das Trinkwassernetz gedeckt werden muss und zum anderen der Trinkwasserbedarf nur noch 60 l/(E·d) beträgt. Bis zum Abschluss der Bauarbeiten des neuen Trinkwassernetzes werden beide Netze (Brauchwasser und Trinkwasser) mit Trinkwasser gespeist. Nach Fertigstellung neuer Trinkwasserteilsysteme wird das alte Trinkwassernetz zum Brauchwassernetz umgewidmet und mit Brauchwasser beschickt.
- Brauchwasser: Zum Aufbau der Brauchwasserversorgung muss die Kläranlage um eine Membrananlage und eine UV-Desinfektionsanlage erweitert werden, um das gereinigte Abwasser zu Brauchwasser aufbereiten zu können. Ferner müssen Pumpanlagen und Hochbehälter für das Brauchwassernetz gebaut werden. Nach der Fertigstellung des neuen Trinkwassernetzes kann das alte Trinkwassernetz samt seiner Hausübergabestellen zum Brauchwassernetz umgewidmet werden. Schließlich müssen an den entsprechenden Stellen fernsteuerbare Einspeisevorrichtungen zum Spülen des Kanals mit Brauchwasser installiert werden.
- Abwasser: Da nach der Auskopplung des Gelbwasseranteils und nach der Integration der Biomüllentsorgung das verbleibende Abwasser eine wesentlich höhere BSB- bzw. CSB-Konzentration bei reduzierten N- und P-Gehalten aufweist, kann die Kläranlage Kamen-Körnebach auf eine wesentlich effizientere und effektivere Anaerobbehandlung als erste Reinigungsstufe umgerüstet werden. Für die Anaerobbehandlung lassen sich frei werdende Volumina der derzeitigen biologischen Behandlungsstufen der Kläranlage nutzen. Zusätzlich werden die Anlagen zur Gasverwertung vergrößert und ertüchtigt (z. B. Bau eines Speichers für Biogas auf der Kläranlage, Anlagen zur energetischen Nutzung des Biogases für die Energieversorgung der Kläranlage). Der bestehende Abwasserkanal wird weiter als Mischwasserkanal betrieben, wobei Anzahl und erforderliche Größe der Sonderbauwerke sowie die Kanaldurchmesser aufgrund der zunehmenden Regenwasserversickerung und -nutzung kleiner werden können. Es ist davon auszugehen, dass sich die Kanaldurchmesser gegenüber den heutigen Durchmessern um etwa eine DN-Stufe reduzieren lassen. Die Sanierung der Kanalnetze sollte, wo immer möglich, mit dem Neubau des Trinkwassernetzes koordiniert werden.

- Regenwasser: Für den Regenwasserabfluss von öffentlichen und privaten Flächen ohne Versickerungsmöglichkeit müssen Sammel- und Versickerungsanlagen errichtet werden, wobei bestehende Regenwassernetze in der Regel weiter genutzt werden können.

7.2.2.2 „Kleinräumige Stoffkreisläufe" in Selm-Bork

Der technische Nach- bzw. Umrüstungsbedarf im öffentlichen Bereich zur Umsetzung des Wasserinfrastrukturkonzepts „Kleinräumige Stoffkreisläufe" in Selm-Bork lässt sich in folgende drei Maßnahmengruppen gliedern:

- Regenwasser: Zunächst müssen für den Regenwasserabfluss von öffentlichen und privaten Flächen ohne Versickerungsmöglichkeit Sammel- und Versickerungsanlagen gebaut werden. Die verbleibenden Anlagen zur Abwasserableitung bleiben erhalten und werden weiter genutzt.
- Restschlämme und Gelbwasser: Zur regelmäßigen Abholung der Gelbwässer und der ausgefaulten Restschlämme aus den dezentralen Anaerobanlagen zur Braunwasserbehandlung wird ein Lkw-gestütztes Sammelsystem eingerichtet.
- Stilllegungen: Nach abgeschlossenem Systemwechsel können die öffentliche Kläranlage, die Anlagen und das Netz der öffentlichen Wasserversorgung, sowie die Lkw-gestützte Biomüllabfuhr stillgelegt bzw. anderen Nutzungen (z. B. Umnutzung der Kläranlage zur Regenwasserbehandlung) zugeführt werden.

7.2.3 Systemelemente im privaten Bereich

Für alle Systemelemente in Gebäuden und auf den Grundstücken gilt wie im öffentlichen Bereich, dass alte und neue Techniken funktionsfähig sein müssen, bis der Umschließungsgrad für das Gebiet bzw. ein Teilgebiet ausreicht, flächendeckend neu zu ver- und entsorgen. Im Folgenden wird angenommen, dass die kommunalen Bauordnungen und Wassersatzungen so geändert wurden, dass die neuen Systemkonzepte umgesetzt werden können. Bei Neubaumaßnahmen und Kernsanierungen werden alle für die Umsetzung des neuen Systemkonzepts benötigten gebäudeinternen Infrastrukturkomponenten vorsorglich bereits auf das neue Konzept ausgelegt.

Damit auch im Zuge kleiner Modernisierungsmaßnahmen, beispielsweise in den Sanitärbereichen der Gebäude oder auch im Zuge von Ersatzinvestitionen, möglichst frühzeitig mit dem neuen Infrastrukturkonzept kompatible Komponenten nachgerüstet werden können, müssen die Bauherren über die Erfordernisse des neuen Infrastruktursystems informiert sein. Hier könnten durch entsprechende Fördermaßnahmen die benötigten Installationen frühzeitig angestoßen werden. Andernfalls müssen die Umstellungen in den privaten Bereichen parallel zu den Maßnahmen im öffentlichen Bereich erfolgen.

7.2.3.1 „Kommunaler Wasserkreislauf" in Dortmund-Asseln

Der technische Nach- bzw. Umrüstungsbedarf im Bereich der privaten Gebäude bzw. auf den Privatgrundstücken zur Umsetzung des Wasserinfrastrukturkonzepts „Kommunaler Wasserkreislauf" in Dortmund-Asseln gliedert sich in folgende sieben Maßnahmengruppen:

- Trinkwasser: Es werden wassersparende Armaturen eingebaut.
- Brauchwasser: Zu allen Brauchwasseranschlussstellen im bzw. am Haus (WC, Urinale, Küchenabfallzerkleinerer, Gartenbewässerung, Spülanschluss an Abwasserleitung auf dem Grundstück) werden Leitungen geführt. Der Einbau einer Desinfektionsanlage (UV-Desinfektion) an der Übergabestelle vom öffentlichen Brauchwassernetz in das Brauchwassernetz des Gebäudes erhöht Sicherheit.
- Gelbwasser: Trenntoiletten und Urinale werden eingebaut. Leitungssysteme erfassen das Gelbwasser der WC/Urinale und leiten es zum Gelbwassertank, der im Keller bzw. unterirdisch im Außenbereich untergebracht wird und einen von außen zugänglichem Anschluss für die Entleerung erhält. Für die Dimensionierung des Gelbwassertanks kann von einem Anfall von ca. 2 l Urin/(E·d) ausgegangen werden. Das erforderliche Tankvolumen ergibt sich aus der Zahl der angeschlossenen Bewohner sowie den angestrebten Leerungsintervallen (ca. 2 bis 3 Monate).
- Urinabfuhr: Zur regelmäßigen Abholung der Gelbwässer zur Verwertung wird eine Lkw-gestütztes System eingerichtet.
- Regenwasser: Das Regenwasser wird in einer Regenwasserversickerungsanlage mit Überlauf in den Abwasserkanal gesammelt.
- Gebäudeautomatisierung: Ein leitungsgestütztes oder drahtloses Bussystems zur Gebäudekommunikation mit Anschluss an externe Kommunikationsnetze wird eingerichtet. Dadurch wird der Anschluss der haustechnischen Komponenten und fernauslesbarer, kontinuierlich messender Zähler und Sensoren (für die Erfassung der Stromeinspeisung ins bzw. Strombezug aus dem Stromnetz, des Gasverbrauchs, der Verbrauchsmengen an Trinkwasser und Brauchwasser, der ins Kanalnetz abgeleiteten Regenwassermenge, der ins Kanalnetz abgeleiteten Abwassermenge und der über den Küchenabfallzerkleinerer in das Abwassersystem eingebrachten organischen Masse), sowie von Brand- und Rauchmeldern und sonstiger Messsysteme für die Gebäudeautomatisierung (Bewegungssensoren für Beleuchtung, Sensoren zur Steuerung der Raumklimatisierung, Sensoren des Sicherheitssystems etc.) und die Überwachung der gebäudetechnischen Anlagen durch die Anlagenbetreiber gewährleistet.

7.2.3.2 „Kleinräumige Stoffkreisläufe" in Selm-Bork

Der technische Nach- und Umrüstungsbedarf zur Umsetzung des Wasserinfrastrukturkonzepts „Kleinräumige Stoffkreisläufe" in Selm-Bork im Bereich der privaten Gebäude und auf den Privatgrundstücken lässt sich in folgende zehn Maßnahmengruppen unterteilen:

- Regenwasser: Ein Sammelsystems für Regenwasser zur Trinkwasserbereitung wird eingerichtet. Auf dem Grundstück wird eine Anlage zur Versickerung des überschüssigen Regenwassers errichtet. Bei Grundstücken, auf denen keine Versickerung möglich ist, wird das überschüssige Regenwasser in die alte (Regenwasser-) Kanalisation abgeführt. Wo notwendig, werden Dacheindeckungen und Regensammelanlagen (Dachrinnen) aus ökologisch bedenklichen Werkstoffen durch solche aus ökologisch verträglichen Materialien ersetzt.
- Trinkwasser: Anlagen zur Trinkwasseraufbereitung aus Regenwasser und wassersparende Armaturen werden eingebaut.
- Grauwasser: Das Gebäude wird mit einem separaten Rohrsystem zur Sammlung des Grauwassers von Dusche, Bad und Waschtisch und Einbau der Grauwasseraufbereitungsanlage für Pflege- und Brauchwasser ausgerüstet.
- Brauchwasser: Im Gebäude wird ein Leitungssystem zu allen Brauchwasseranschlussstellen im und am Haus (WC, Urinale, Küchenabfallzerkleinerer, Gartenbewässerung, Spülanschluss an Abwasserleitung auf dem Grundstück) nachgerüstet. Membrananlagen zur Aufbereitung des Brauchwassers sowie eine UV-Desinfektionsanlage werden installiert. Leitungen zur Ableitung des überschüssigen Brauchwassers in die Versickerungsanlage werden eingebaut.
- Braunwasser: Das Gebäude wird mit Vakuumtrenntoiletten und Urinalen sowie mit einer Anaerobanlage ausgestattet. Der Transport des Braunwasser von den Toiletten zur Anaerobanlage erfolgt über ein gebäudeinternes Vakuumentwässerungssystem. Ein Vorratsbehälters für Methangas zur Beschickung eines BHKWs (Strom- und Wärmeerzeugung) wird eingebaut.
- Gelbwasser: Das Gebäude wird mit einem Vakuumsystem für die Gelbwassererfassung von WCs/Urinalen und den Transport zum Gelbwassertank ausgestattet. Der Gelbwassertank wird im Keller bzw. unterirdisch im Außenbereich errichtet und erhält einen von außen zugänglichen Anschluss für die Entleerung.
- Gelbwasser- und Schlammabfuhr: Zur regelmäßigen Abholung der Gelbwässer sowie der ausgefaulten Schlämme der Anaerobanlagen werden Lkw-gestützte Systeme eingerichtet.
- Energie- und Wärmeversorgung: Die mit Öl bzw. Gas betriebenen Hausheizanlagen werden durch Blockheizkraftwerke (BHKW) auf Brennstoffzellenbasis ersetzt. Die Versorgung der Brennstoffzelle erfolgt mit erzeugtem Methan aus der lokalen Anaerobanlage. Um einen möglichst hohen Grad an Autarkie

und eine möglichst hohe Versorgungssicherheit zu erreichen, werden - ergänzend zum BHKW - Photovoltaikanlagen und Solarkollektoren installiert.

- Gebäudeautomatisierung: Ein leitungsgestütztes oder drahtloses Bussystems zur Gebäudekommunikation mit Anschluss an externe Kommunikationsnetze wird installiert. Die Trink- und Brauchwasseranlagen und die übrigen haustechnischen Komponenten sowie die fernauslesbaren, kontinuierlich messenden Zähler/Sensoren (zur Erfassung der Stromeinspeisung ins bzw. Strombezug aus dem Stromnetz, der Verbrauchsmengen Trink-, Pflege- und Brauchwasser), die Brand- und Rauchmelder und sonstige Messsysteme zur Gebäudeautomatisierung (Bewegungssensoren für Beleuchtung, Sensoren zur Steuerung der Raumklimatisierung, Sensoren des Sicherheitssystems etc.) durch die Anlagenbetreiber werden angeschlossen.

  Die kommunikationstechnische Ausstattung der Gebäude und der haustechnischen Anlagen ist einerseits Voraussetzung für einen fachgerechten Betrieb der gesamten Haustechnik durch entsprechende Dienstleistungsunternehmen und ermöglicht andererseits einen ressourceneffizienten Betrieb der Anlagen sowie eine genaue Kostenzuordnung.

- Für den Fall, dass die Anlagen zur Trink-, Pflege- und Brauchwasseraufbereitung, Gelbwassersammlung sowie die Anaerobanlage für die Behandlung der Braunwässer nicht nur ein einzelnes Gebäude im Sinne von Einfamilienhäusern (vollständig dezentrale Lösung), sondern Mehrfamilienhäuser bzw. eine Gebäudegruppe versorgen (semidezentrale Lösung), sind neben den gebäudeinternen Rohrsystemen noch entsprechende Rohrsysteme zur Verbindung der einzelnen Gebäude bzw. Gebäudegruppen mit den Aufbereitungsanlagen notwendig. In diesem Fall sind Zähler und Messsysteme zur Erfassung der relevanten Stoffströme (Verbrauch an Trink-, Pflege- und Brauchwasser, abgeleitete Menge an Regen-, Grau- und Gelb- und Braunwasser sowie der organischen Masse im Braunwasser) notwendig, um eine kostenstellenscharfe und verursachergerechte Kostenzuordnung zwischen den Gebäuden/Wohnungen vornehmen zu können.

8 Innovationssystem Wasserinfrastruktur

8.1 Innovationsprozesse komplexer Infrastruktursysteme am Beispiel der Wasserver- und Abwasserentsorgung

Den bisher dargestellten Arbeiten im Projekt AKWA 2100 liegt implizit ein überwiegend technisch geprägtes Verständnis darüber zugrunde, was ein Wasserinfrastruktursystem ist. Diese Sichtweise kommt recht gut in einer Definition des Committee on Measuring and Improving Infrastructure Performance des U.S. National Research Council (NRC, 1995) zum Ausdruck, in der Infrastruktur als die Gesamtheit der „constructed physical facilities which support the day-to-day activity for our whole society, and provide the means for distribution of resources and services, for transportation of people and goods, and for communication of information“ bezeichnet wird.

Dieses Verständnis reichte für die Entwicklung der AKWA 2100-Szenarien insofern aus, als die gewählte methodische Vorgehensweise und die Szenarien selbst primär verdeutlichen sollten, dass es zum heutigen Systemkonzept technisch machbare Alternativen gibt und die hierfür benötigte Technologie bereits verfügbar bzw. im Ansatz erkennbar ist.

Zur Beschreibung der Innovationsprozesse und zur Behandlung von Fragen des Systemwechsels bei Infrastruktursystemen reicht ein technikzentriertes Verständnis der Umstellungsprozesse alleine nicht aus. Vielmehr wird ein ganzheitliches Verständnis von Infrastruktursystemen notwendig, das neben den technischen auch die ökonomischen und gesellschaftlichen Aspekte berücksichtigt.

Aus einer funktional geprägten Perspektive definiert das NRC Infrastruktursysteme als „facilities and their operations and the operating and management institutions that provide water, remove waste, facilitate movement of people and goods, and otherwise serve and support other economic and social activity or protect environmental quality“ (NRC, 1995). Mit dieser Definition werden neben physischen Bauwerken und technischen Elementen eines Infrastruktursystems auch deren Betriebsweisen sowie die mit der Infrastruktur befassten Institutionen einbezogen.

Noch weiter gehen Definitionen, die vor allem in der ökonomischen Literatur zu finden sind. So definiert Jochimsen (1966) ein Infrastruktursystem als „die Gesamtheit der materiellen, institutionellen und personalen Anlagen, Einrichtungen und Gegebenheiten, die den Wirtschaftseinheiten im Rahmen einer arbeitsteiligen Wirtschaft zur Verfügung stehen“ und bezieht damit technische und nicht-technische Komponenten sowie die ökonomischen Akteure (Einzelpersonen, Haushalte, Institutionen, Kommunen, Staat) samt ihrer Wechselwirkungen und die äußeren Rahmenbedingungen in die Definition ein. Auch die in den Gebäuden installierten technischen Komponenten wie Armaturen, Rohrleitungssysteme etc. gehören damit zum Infrastruktursystem.

Smith (1997) bezieht weitere ökonomische Charakteristika ein und definiert ein Infrastruktursystem als ein aus großen, räumlich ausgedehnten, unteilbaren Investitionsgütern bestehendes System, das zur Herstellung von Produkten und Dienstleistungen dient, die ihrerseits von einer sehr großen Anzahl von Nutzern als Input in fast alle oder zumindest sehr viele anderen ökonomischen Aktivitäten benötigt werden. Mit dieser Definition wird der grundlegende Charakter der Infrastruktur für wirtschaftliche Prozesse deutlich.

Noch einen Schritt weiter geht Nijkamp (1986), wenn er sehr allgemein eine Infrastruktur als ein materielles oder immaterielles öffentliches Gut versteht, das Grundlage für weitere sozio-ökonomische Aktivitäten in einem Land, einer Region oder einem Gebiet ist. Dieser Definition zufolge benötigen nicht nur ökonomische, sondern auch andere gesellschaftliche Aktivitäten Infrastrukturen. Ein ergänzender Aspekt ist in dieser Definition auch die explizite räumliche Zuordnung einer Infrastruktur.

Während die technische Sichtweise vor allem die Rolle der Infrastruktur in der Bereitstellung von Funktionalitäten betont, stellt die sozio-ökonomische Sichtweise die Rolle von Infrastruktursystemen als Grundlage für sozio-ökonomische Aktivitäten dar und hebt ihren Vernetzungscharakter innerhalb der Volkswirtschaft hervor. Dies verdeutlicht die wichtige Rolle der Infrastruktursysteme im Zusammenhang mit der wirtschaftlichen Entwicklung und der Wettbewerbsfähigkeit einer Wirtschaft. In diesem Sinne ergänzen sich die beiden Sichtweisen.

Neben der Wirkungsrichtung „Infrastruktursystem als Voraussetzung für Wirtschaft und Gesellschaft“ gibt es aber auch die umgekehrte Wirkungsrichtung, in der die Wirtschaft bzw. die Gesellschaft Entscheidungen zum Bau, Ausbau, Umbau, Betrieb etc. von Infrastruktursystemen trifft und entsprechende Maßnahmen plant, umsetzt und finanziert (Wirkungsrichtung „Gesellschaft und Wirtschaft schaffen sich eine Infrastruktur“). Diese Wirkungsrichtung ist ebenso wichtig wie die zuvor genannte. Infrastruktursysteme sind folglich komplexe sozio-ökonomisch-technische Systeme, die neben den technischen auch die wirtschaftlichen Akteure und Betroffenen sowie die maßgeblichen Institutionen als Subsysteme umfassen.

Diese Sichtweise ist Ausgangspunkt eines Ansatzes, der aus der Technikgeschichte und der Soziologie stammt. Die Theorie der „Social Construction of Technology - SCOT“ (Pinch und Bijker, 1987) sowie das Konzept der „Large Technological Systems - LTS“ von Hughes (1987) gehen davon aus, dass es unmöglich ist, eine präzise Abgrenzung zwischen den verschiedenen Teilsystemen zu ziehen. Um die Entwicklung von Infrastruktursystemen zu verstehen, konzentriert sich der LTS-

Ansatz auf die Akteure, die mit ihren Entscheidungen und ihrer Wahrnehmung von Problemen und Lösungsmöglichkeiten auf Infrastruktursysteme und deren Entwicklung einwirken. Hughes weist auf das mit der Zeit zunehmende Beharrungsvermögen der LTS hin und zieht damit eine Parallele zum ökonomischen Konzept der technologischen Pfadabhängigkeit (Lock-in Effekt, technologisches Paradigma). Danach kommt es erst dann zu einem Systemwechsel, wenn ein Problem nicht innerhalb des technologischen Paradigmas des bestehenden Systems gelöst werden kann und es zum Zusammenbruch dieses Systems kommt.

Die SCOT (Social Construction of Technology)-Theorie stellt einen konstruktivistischen Ansatz zum Verständnis von Technologie im Allgemeinen und von technologischen Infrastruktursystemen und ihrer Entwicklung im Besonderen dar (Pinch und Bijker, 1987). Sie geht ebenfalls von einer innigen Wechselwirkung zwischen sozialen und technologischen Prozessen aus. Diesem Ansatz zufolge entsteht Technologie in einem gesellschaftlichen Gestaltungs- und Aushandlungsprozess unter Beteiligung zahlreicher Akteure, die ihrerseits sehr unterschiedliche Interessen und Einflussmöglichkeiten haben und diese auch bei der Gestaltung einer Technologie einsetzen. Technologie entsteht daher nicht autonom und losgelöst von gesellschaftlichen Prozessen, sondern wird stark durch letztere gestaltet. Demzufolge sind auch der technologische Wandel und die Innovationsprozesse bei Technologien nur in ihrem gesellschaftlichen Kontext erklärbar. Nach der SCOT-Theorie kann der Funktionsumfang einer neuen Technologie nicht während der Spezifikations-, Design- oder Entwicklungsphase vollständig festgelegt werden, sondern zu einem erheblichen Teil erst im Verlauf ihrer Adaption und Anwendung beim Nutzer. Sie betrachtet daher die Entstehung von Technologie nicht als das Ergebnis eines technischen Entwicklungsvorgangs, bei dem ggf. gesellschaftliche Faktoren und Bedürfnisse berücksichtigt werden, sondern als offenen und flexiblen Prozess.

Damit wird auch das Veränderungspotenzial einer Technologie durch den gesellschaftlichen Gestaltungsprozess bestimmt. Es wird einerseits beeinflusst durch die Widerstände und Hemmnisse, die bei den einzelnen Akteuren gegen Veränderung bestehen und andererseits durch die Optionen und Handlungsmöglichkeiten, die auf den verschiedenen Ebenen der Akteure verfügbar sind. Das Veränderungspotenzial hängt somit von den jeweiligen Interessen der betroffenen und beteiligten Akteure (Entscheidungsträger) an einer Veränderung, ihrer Wahrnehmung der Handlungsbedarfe und Handlungsmöglichkeiten, ihrer Kenntnis der verschiedenen Alternativen zur gegenwärtigen Praxis sowie von ihrer Fähigkeit ab, neue Lösungen umzusetzen.

8.1.1 Entwicklungsphasen von Infrastruktursystemen

Technikgeschichtliche Untersuchungen (z. B. Hughes, 1987; Kaijser, 2001) am Beispiel verschiedener Infrastruktursysteme (z. B. Stromversorgung, Gasversorgung, Verkehrssysteme, Abwasserentsorgung) haben gezeigt, dass sich deren Entwicklung in verschiedenen Stufen vollzieht.

Kaijser (2001) unterscheidet in der Entwicklung von Infrastruktursystemen die drei Phasen Gründung, Ausdehnung und Stagnation:

- **Gründungsphase:** Ausgangspunkt von Infrastruktursystemen sind nach Kaijser sehr häufig radikale technische Innovationen. Radikale Innovationen (Smith, 2002) sind Innovationen, die völlig neue technologische Lösungen anbieten und durch neue Leistungen bestehende Technologien stark unter Druck setzen. Dies kann beispielsweise bedeuten, dass
  - bestimmte bisher wichtige Kompetenzen einzelner Akteure des alten technologischen Regimes nicht mehr benötigt werden,
  - die im neuen Regime benötigten Kompetenzen durch neue Akteure bereitgestellt werden, die im alten Regime keine Rolle spielten,
  - bisherige Akteure durch substanzielle Qualifizierungsmaßnahmen den Umgang mit der neuen Technologie erlernen müssen, um auch im neuen Regime eine Zukunft zu haben.

  Klassische Beispiele für radikale Innovationen sind Edisons elektrische Glühbirne oder Bells Telefon, die zum Aufbau neuer Infrastruktursysteme für Stromversorgung und Kommunikation führten.

  Die Anwendungspotenziale und Konsequenzen radikaler Innovationen können zunächst in ihrer Tragweite nur schwer abgeschätzt werden. Bevor sich ein entsprechendes Infrastruktursystem auf dem Markt durchsetzen kann, sind in der Regel sehr große Investitionen notwendig. Da es aber zu einem so frühen Zeitpunkt in der Entwicklung sehr schwierig ist, die zu erwartende Nachfrage nach Dienstleistungen bzw. Produkten eines entsprechenden Infrastruktursystems und damit seine Akzeptanz abzuschätzen, ist die Unsicherheit sowohl bei möglichen Investoren und den betroffenen Institutionen, aber auch bei potenziellen Nutzern sehr groß. Auch muss damit gerechnet werden, dass von Seiten bereits etablierter Infrastrukturen, die die Funktionalität des neuen Systems bisher zumindest in Teilen erbracht haben, Widerstand gegen die Einführung der neuen Infrastruktur ausgeübt wird. Um diese Schwierigkeiten bei der Etablierung neuer Infrastrukturen zu umgehen und die Unsicherheiten zu reduzieren, werden technische Innovationen häufig durch institutionelle Innovationen flankiert. Dies erleichtert die Investitionen und stößt die erforderlichen Lernprozesse zum Umgang mit der neuen Technologie und der optimalen Nutzung der neuen Infrastruktur an. Damit kann die zweite Phase der Entwicklung beginnen.

- **Ausdehnungsphase:** In dieser Phase wachsen die Marktanteile und damit nimmt auch der wirtschaftliche Erfolg der Infrastruktur zu. Es werden die ökonomischen Grundlagen für die weitere Expansion und die technologische Weiterentwicklung gelegt. Die Expansion kann dadurch erfolgen, dass neue Kunden für die Infrastruktur gewonnen werden (äußere Expansion) oder dass bereits vorhandene Kunden ihre Nachfrage nach der Infrastrukturleistung erhöhen (innere Expansion). Die Expansion wird dabei durch ökonomische und andere gesellschaftliche Kräfte vorangetrieben.

Bei den ökonomischen Kräften sind dies vor allem Skaleneffekte („economies of scale"), die auf der Anbieterseite auftreten, indem etwa am Beispiel der Wasserversorgung die Aufbereitungskosten pro Kubikmeter Trinkwasser mit zunehmender Größe der Aufbereitungsanlage abnehmen und damit geringere Preise für die Verbraucher ermöglichen. Auf der Verbraucherseite wirken die „economies of scope" indem beispielsweise die Zunahme der Nutzungsmöglichkeiten der Infrastrukturleistung bei den Verbrauchern dazu führt, dass das Infrastruktursystem eine gleichmäßigere und damit ökonomischere Nutzung erfährt. Dies wiederum führt zu niedrigeren Einheitskosten. Schließlich wirken bei Infrastruktursystemen auch noch so genannte „economies of reach" oder Netzwerkexternalitäten. Diese hängen von der Ausdehnung der Netze und damit von der Zahl der angeschlossenen Nutzer ab. Wächst beispielsweise die Zahl der Teilnehmer eines Telefonnetzes, so nimmt für jeden bereits angeschlossenen Teilnehmer die Zahl der erreichbaren Teilnehmer und damit der Nutzen des Systems zu. Bei einem Wasserversorgungssystem tritt ein solcher Effekt dadurch auf, dass mit der Zahl der angeschlossenen Verbraucher der Durchfluss durch das Verteilungsnetz zunimmt und zeitlich vergleichmäßigt wird. Hierdurch wird tendenziell die Aufenthaltszeit des Trinkwassers im Netz verkürzt, was wiederum dazu führt, dass eine hohe Wasserqualität leichter und zuverlässiger sichergestellt werden kann. Mit der hohen und zuverlässigen Produktqualität steigt daher der Nutzen für einen einzelnen Kunden der Wasserversorgung mit der Zahl der angeschlossenen Nutzer.

Parallel zu den ökonomischen Kräften treiben in dieser Phase auch andere gesellschaftliche Kräfte die Expansion des Infrastruktursystems voran. Nach Hughes (1987) entwickeln expandierende Infrastruktursysteme ein Beharrungsvermögen, indem mit zunehmendem investierten Kapital und anderen Ressourcen durch Anlagenhersteller, Betreiber und Nutzer in ein Infrastruktursystem deren Interesse an einer weiteren Expansion des Systems gestärkt wird. Mit zunehmender Bedeutung des Systems wächst auch der Bedarf nach entsprechend ausgebildeten Fachkräften. Diese wiederum bilden Fach-Communities und Fachorganisationen, in denen das systemspezifische Know-how weiterentwickelt, verfeinert aber auch weitergegeben und tradiert wird. Hughes bezeichnet dies als die Herausbildung einer „Systemkultur". In der ökonomischen Literatur spricht man von Pfadabhängigkeiten (Liebowitz und Margolis, 1995), einem technologischen Regime (Nelson und Winter, 1977; Rip und Kemp, 1998) oder einem technologischen Paradigma (Dosi, 1982).

Neben diesen auf der Makroebene wirkenden gesellschaftlichen Kräften wirken auch auf der Mikroebene Kräfte in Richtung Expansion. Wenn die in der Gründungsphase bestehenden Hemmnisse auf der Kundenebene erst einmal überwunden sind und die Kunden Kompetenzen im Umgang mit dem Infrastruktursystem entwickelt und sich an das System gewöhnt haben, baut sich ebenfalls ein Beharrungsvermögen auf. Gleichzeitig wird durch die ökonomischen Effekte die Akquisition neuer Kunden vorangetrieben. Es kommt zu Allianzen zwischen den Akteuren, womit häufig große ökonomische Vorteile verknüpft sind. Neben den positiven Effekten treten jedoch in dieser Phase erste negative Effekte auf, die zunächst nur einzelne, zunehmend aber mehr und mehr Akteure betreffen. Als Beispiel kann hier die Einführung des WC in städtischen Wohngebäuden zu Beginn des 20. Jahrhunderts genannt werden. Hierdurch wurden die hygienischen Bedingungen deutlich verbessert. Es kam jedoch in zunehmendem Maß auch zur Verschmutzung der Gewässer durch unbehandelt abgeleitetes Schmutzwasser. Hierdurch wurden zunächst nur die Unterlieger der Flüsse betroffen. Mit der weiteren Verbreitung des WC wurden die Nachteile für die gesamte Gesellschaft deutlich spürbar.

Derartige Defizite sind nach Hughes (1987) symptomatisch für Infrastruktursysteme in dieser Entwicklungsstufe. Sie führen zu verstärkten technisch-institutionellen Anstrengungen der wichtigen Akteure mit dem Ziel, die Probleme zu lösen. Die resultierenden, so genannten inkrementellen Innovationen (Smith, 2002), lösen die Probleme innerhalb des Systems, indem sie beispielsweise die Performanz der jeweiligen Komponente oder die Subsysteme verbessern oder neue Systemkomponenten hinzufügen, ohne dass es zu Kompatibilitätsproblemen mit dem zugrunde liegenden technologischen Grundkonzept kommt. In diesem Sinne bleiben inkrementelle Innovationen innerhalb des technologischen Regimes. Sie tragen damit zur Vergrößerung des Beharrungsvermögens der Infrastruktur bei und treiben deren Verbreitung voran.

- **Stagnationsphase:** In dieser Phase schwächen sich die ökonomischen Kräfte, die in der Expansionsphase das Wachstum des Systems vorangetrieben haben, zunehmend ab. Economies of scale erreichen ein Sättigungsniveau, economies of scope sind weitestgehend erschöpft und auch bei der Nachfrage nach Infrastrukturleistung bzw. dem Produkt des Infrastruktursystems treten Sättigungseffekte auf. Es kommt vermehrt zu negativen Effekten („diseconomies of scale"). Als Beispiel solcher Diseconomies im Zusammenhang mit dem heutigen Wasserinfrastrukturkonzept (zentrale Wasserver- und Abwasserentsorgung) können hier die mit dem Anschluss dünn besiedelter Gebiete an die zentralen Systeme verbundenen Kostensteigerungen dienen. Ein weiteres Beispiel sind die mit dem heutigen Systemkonzept verbundenen hohen Fixkostenanteile (vgl. Abschnitt 1.1). Das technologische Grundkonzept stößt in dieser Phase vermehrt auf Probleme, die nur schwer oder nur noch mit sehr hohem Aufwand innerhalb des bestehenden Systems gelöst werden können. Ein solches Problem stellt möglicherweise die sich abzeichnende Schwierigkeit des heutigen konventionellen Wasserinfrastrukturkonzepts im Zusammenhang mit der Verbreitung von Antibiotikaresistenzen über die zentralen Kläranlagen, die unzureichende Entfernung endokriner Stoffe (z. B. aus Pharmakarückständen) oder der Aufbau von Stroffkreisläufen für Stickstoff- und Phosphor dar.

Neben den Sättigungseffekten und den verstärkt auftretenden „diseconomies" wirken in dieser Phase auftretende konkurrierende Systeme. Diese bieten funktional äquivalente Leistungen wie das bestehende Infrastruktursystem an. Beispiele hierfür sind die Technologien zur Nutzung von Regenwasser in Haushalten und Gewerbe zur Toilettenspülung oder für Reinigungszwecke.

Schließlich wirkt sich auch der Wegfall oder die Reduktion einer bestimmten Nutzung des Infrastruktursystems nachteilig aus. Im Bereich der gewerblichen Wassernutzer kam es durch die in den vergangenen Jahren eingeführte konsequente innerbetriebliche Teilstrombehandlung der Abwasserströme, durch die Wassernutzung in Nutzungskaskaden oder geschlossenen Kreisläufen oder auch durch die Substitution von Wasser als Produktionshilfsmittel zu einem Rückgang des Wasserbezugs aus dem öffentlichen Wasserversorgungsnetz. Als Beispiel aus dem Bereich der Privathaushalte kann die in den vergangenen Jahren rückläufige Nutzung des durch die zentrale Wasserversorgung bereitgestellten Wassers als Trinkwasser bei gleichzeitiger Zunahme des Absatzes von Mineral- und Tafelwasser in Flaschen angesehen werden. Die Bereitstellung von Trinkwasser war die ursprüngliche Hauptnutzung des Infrastruktursystems und als solche für den technologischen Aufwand bei der Wasserversorgung maßgebend. Die heutigen Nutzungen des Wassers aus der zentralen Wasserversorgung sind primär Körperhygiene, Toilettenspülung und Reinigungsprozesse (z. B. Kleidung), wofür auch geringere und damit kostengünstiger bereitstellbare Qualitäten als die im Netz angebotene Trinkwasserqualität ausreichen würden.

Weitere „diseconomies of scope" des heutigen Wasserinfrastrukturkonzepts liegen in seiner Anfälligkeit gegenüber terroristischen Anschlägen oder gegenüber Unwettern mit großflächigen Überschwemmungen. Kommt es zu solchen Ereignissen, können die Infrastrukturleistungen großflächig und für längere Zeiträume ausfallen. Die möglichen Folgen können gravierend sein. Auch die Kopplung der beiden Kernfunktionen des Wasserversorgungsnetzes nämlich die Versorgung mit Trinkwasser und die Bereitstellung von Löschwasser stellt eine „diseconomy of scope" dar. Der Grund hierfür liegt darin, dass die Vorhaltung des nur episodisch benötigten Löschwasserbedarfs die Rohrdimensionierung maßgeblich beeinflusst und zu größeren Rohrdurchmessern führt, als sie zur Deckung des kontinuierlichen Wasserbedarfs der Verbraucher erforderlich wären. Die größere Dimension des Netzes wiederum führt zu Zeiten „normalen" Wasserverbrauchs ohne Löschwasserentnahme zu langen Aufenthaltszeiten des Trinkwassers im Netz, was wiederum hygienische Probleme schafft, deren Lösung zusätzlichen Aufwand erfordert.

Insgesamt wird deutlich, dass Infrastruktursysteme gesellschaftliche Konstrukte sind, die sich weder autonom noch unkontrolliert entwickeln, auch wenn dies infolge der kumulierten Trägheitsmomente und der ausgeprägten Pfadabhängigkeiten gelegentlich so erscheint. Es ist möglich, diese Systeme in ihrer Entwicklung zu beeinflussen und umzusteuern. Dies setzt jedoch voraus, dass entsprechende Allianzen zwischen den Akteuren geschmiedet werden, die ausreichend mächtig, durchsetzungsstark und ausdauernd sind und die auf dem Verständnis der sozio-technischen Charakteristik des Infrastruktursystems beruhen.

8.1.2 Systeminnovationen

Systeminnovationen sind Prozesse, die die Art und Weise, wie gesellschaftlich wichtige Funktionen (z. B. Infrastrukturleistungen) erbracht werden, grundlegend umgestalten. In diesem Sinne sind Systeminnovationen Innovationsprozesse in großen technologischen Systemen (Large Technical Systems - LTS), die zu grundlegenden Veränderungen dieser Systeme und der damit verbundenen technologischen Regime führen (Quist und Vergragt, 2000). Systeminnovationen, die in der Literatur auch als Regimewechsel oder Systemtransformation bezeichnet werden, weisen folgende Kennzeichen auf:

- Systeminnovationen betreffen zahlreiche Akteure und Stakeholder und beziehen weitgehend unabhängig voneinander agierende wirtschaftliche Akteure entlang zahlreicher Wertketten und Netzwerke, aber auch andere Akteure aus den Bereichen Regierung und Verwaltung, Verbraucherorganisationen oder Wissensproduktion ein. Durch Systeminnovationen werden die Akteurskonstellationen in einem technologischen Regime verändert (Multi-Akteurs-Eigenschaft).
- Systeminnovationen betreffen zahlreiche verschiedene Subsysteme und Komponenten der großen technologischen Systeme (LTS). Dabei umfassen und kombinieren sie inkrementelle und radikale technologische Innovationen, aber auch Innovationen in institutioneller (z. B. Gesetzgebung, Regulierung, Standards, Wertesystem, Traditionen) und organisatorischer (z. B. Arbeitsabläufe, Netzwerke) Hinsicht (Multidimensionalität).
- Systeminnovationen brechen technologische, institutionelle und organisatorische Blockaden, Stillstände und Deadlock-Situationen auf und führen zu Veränderungen und damit zu einer Vielzahl neuer Konstellationen. Dies eröffnet neue Handlungsspielräume und -möglichkeiten auf der Mikroebene (individuelle Akteure), auf der Mesoebene (technologische Regime, Regeln, Institutionen,

industrielle und gewerbliche Strukturen) und auf der Makroebene (Veränderung grundlegender Trends wie z. B. Individualisierung, Globalisierung, Nachhaltigkeit). Für die Akteure ist damit die Notwendigkeit gegeben, grundsätzlich umzudenken und sich mit den neuen Kontexten vertraut zu machen (Neuorientierungsbedarf).

- Systeminnovationen erfordern in der Regel einen langen Zeitraum zur Realisierung. Hier kann es zu vielerlei Hemmnissen kommen, wenn die zeitlichen Perspektiven der Akteure nicht ausreichend langfristig ausgerichtet sind oder viele Akteure mit ihren unterschiedlichen Zielsetzungen und verschieden langen Planungshorizonten koordiniert werden müssen. Neben der zeitlichen Koordination wird im Zusammenhang mit einer Transformation von Infrastruktursystemen eine räumliche Koordination der einzelnen Teil-Innovationen in ihrem Ver- und Entsorgungsgebiet notwendig, da eine Transformation derart ausgedehnter Systeme nicht auf einmal, sondern nur abschnittsweise umgesetzt werden kann (zeitlich-räumlicher Koordinierungsbedarf).

8.1.3 Einflussfaktoren auf einen Systemwechsel bei Wasserinfrastruktursystemen

Wasserinfrastruktursysteme sind im Sinne von Hughes (1987) große technische Systeme (large technical systems - LTS). Die ersten urbanen Wasserinfrastruktursysteme mit zentraler Wasserver- und Abwasserentsorgung im heutigen Sinn wurden vor mehr als 100 Jahren eingeführt. Sie wurden seither laufend an die sich verändernden Anforderungen und Bedürfnisse angepasst und weiterentwickelt. Solange inkrementelle Innovationen nur einzelne Komponenten (z. B. Waschmaschinen, Armaturen, Aufbereitungsanlage, Desinfektionsanlage) oder auch Subsysteme (z. B. Regenwasserauskopplung und Regenwasserversickerung, Regenwassernutzung in einzelnen Gebäuden) betreffen, gibt es keine unlösbaren Probleme. Werden im Laufe der Zeit für diese Subsysteme innovative Lösungen verfügbar, die beispielsweise den Umgang mit Wasser nachhaltiger machen (z. B. wassersparende Armaturen und Haushaltswaschmaschinen und Spülmaschinen), so lassen sich diese in der Regel problemlos in das bestehende Infrastrukturkonzept integrieren.

In den letzten Jahren mehren sich jedoch Anzeichen, dass die Expansion des herkömmlichen Wasserinfrastrukturkonzepts an konzeptionelle Grenzen stößt und es in seine Stagnationsphase kommt oder diese bereits erreicht hat. Daneben führt die technische Entwicklung in anderen Feldern vermehrt zu Innovationen, die im Sinn von Smith (2002) in ihrer Art als radikal bezeichnet werden können (vgl. Abschnitt 8.1.1).

Beispiele für solche radikalen Innovationen im Zusammenhang mit Wasserinfrastruktursystemen sind die Membrantechnik oder die in der Gebäudeautomatisierung eingesetzte Informations- und Kommunikationstechnik. Die im Zusammenhang mit der Membrantechnologie wichtigen werkstofftechnologischen und verfahrenstechnischen Kompetenzen waren bei den im bisherigen technologischen Regime der urbanen Wasserinfrastruktur tätigen Akteuren nicht vorhanden. Die Kompetenzträger dieser Technologien waren extern und beginnen nun langsam, sich ihren Platz in einem sich verändernden Regime der urbanen Wasserinfrastrukturen zu erobern. Die neue Technologie hat ein bedeutendes Potenzial im Bereich der Wasserver- und Abwasserentsorgung. So ermöglicht sie den Bau extrem kleiner, hochleistungsfähiger und zugleich preisgünstiger Anlagen, die einerseits auf bestimmte, aufzubereitende Wässer optimiert sind und andererseits die dezentrale Aufbereitung der unterschiedlichsten Wässer vor Ort realisieren können. Die Kombination dezentraler Anlagen mit moderner Gebäudeautomatisierung und der sich damit ergebenden Möglichkeit einer Fernüberwachung dieser Anlagen durch Dienstleister zeigt die potenzielle Sprengkraft derart weitreichender Innovationen.

Wie oben dargestellt, ist das Beharrungsvermögen eines Infrastruktursystems um so größer, je länger die Expansionsphase andauert. Je größer das Beharrungsvermögen des bestehenden Infrastrukturkonzepts aber ist, desto größer sind die von einem neuen Systemkonzept zu überwindenden Hemmnisse. Einige besonders wichtige Hemmnisse im Bereich der urbanen Wasserinfrastruktur sollen an dieser Stelle genannt werden:

- Das gesamte Wasserinfrastruktursystem besteht aus zahlreichen technischen Systemkomponenten sehr unterschiedlicher Größe, unterschiedlicher räumlicher Ausdehnung und unterschiedlicher Funktionen. Beispiele für Systemkomponenten sind die Wassergewinnungsanlagen, das Wasserverteilungsnetz, das Kanalisationsnetz, die Kläranlagen, die gebäudeinternen Rohrnetze zur Wasserverteilung und -ableitung sowie Wasser verbrauchende Geräte und Anlagen wie Wasch- und Spülmaschinen oder Produktionsanlagen. Die Funktion des Wasserinfrastruktursystems als Ganzes kann nur gewährleistet werden, wenn alle Systemkomponenten funktionieren und im Wesentlichen technisch kompatibel sind. Wegen dieser engen funktionalen Vernetzung und der damit verbundenen Anforderungen an die Kompatibilität der Komponenten ist es schwierig, von einem bestehenden technologischen Konzept schrittweise und selbstgesteuert auf ein technologisch völlig anderes Konzept überzugehen.
- Die technischen Systemkomponenten haben unterschiedlich lange Lebensdauern (z. B. Abwasserkanal: 50 bis 100 Jahre, Waschmaschine: 10 bis 15 Jahre). Dies führt dazu, dass die Reinvestitionszyklen bei den einzelnen Systemkomponenten unterschiedlich lang sind. Hinzu kommt, dass die technologische Entwicklung bei den einzelnen Systemkomponenten sehr ungleichmäßig verläuft und nicht aufeinander abgestimmt ist.

- Es gibt Systemkomponenten (z. B. Trinkwasserversorgungsnetz und Kanalnetz, Rohrnetz in den Gebäuden), die mit sehr hohen „versunkenen Kosten" („sunk costs") behaftet sind. Dies sind Kosten, die in der Vergangenheit für Systemkomponenten aufgebracht wurden und die auch nicht teilweise wieder erlöst werden können, sollten diese Komponenten vor Ablauf ihrer wirtschaftlichen Nutzungsdauer nicht mehr benötigt werden (z. B. Kanal- und Rohrleitungssysteme). Sunk costs sind daher nicht entscheidungsrelevante Kosten und sollten bei der Ermittlung, ob eine Investition lohnenswert ist, ignoriert werden.

Für die Systemkomponenten, ihre technische Auslegung, ihre Beschaffung und ihren Betrieb sind unterschiedliche, voneinander weitgehend unabhängige Wirtschaftsakteure zuständig (z. B. Wasserversorger, Privathaushalte, Gewerbe- und Industrieunternehmen, Abwasserentsorger). So ist beispielsweise in einem Versorgungsgebiet der Wasserversorger bzw. der Abwasserentsorger für einige wenige, dafür aber sehr große, räumlich ausgedehnte Systemkomponenten wie beispielsweise die Wassergewinnungsanlagen und das Wasserverteilungsnetz bzw. das Kanalisationsnetz und die Kläranlage zuständig. Diese wenigen Systemkomponenten machen jedoch einen ganz wesentlichen Teil des Kapitalstocks des Wasserinfrastruktursystems aus. Demgegenüber steht eine große Zahl von Privathaushalten, Industrie- und Gewerbeunternehmen als Wirtschaftakteure, die jeder für sich mit dem jeweiligen Gebäude, den internen Leitungssystemen und den Wasser verbrauchenden bzw. Wasser in das Infrastruktursystem einspeisenden Anlagen und Einrichtungen nur einen relativ kleinen Anteil am gesamten Kapitalstock der Wasserinfrastruktur verantworten. Bei den Privathaushalten sind dies beispielsweise Wasch- und Spülmaschinen, WC, Armaturen, Regenwassernutzungsanlagen bzw. Einrichtungen zur Regenwasserableitung. Bei den Gewerbe- und Industrieunternehmen kommen zu diesen Anlagen noch die Anlagen und Einrichtungen hinzu, die die Versorgung der Produktion mit Betriebs- und Kühlwasser und die Abwasserbehandlung vor einer Ableitung sicherstellen.

Die an einem Wasserinfrastruktursystem beteiligten Akteure verfolgen eigene, teilweise stark differierende Interessen. Ihre Entscheidungen orientieren sich an unterschiedlich langen Zeithorizonten und sie verfügen über unterschiedliche Möglichkeiten, ihren Einfluss auf das Gesamtsystem auszuüben. Mit den Entscheidungen eines Akteurs können sowohl positive als auch negative Netzwerkeffekte auf die Performanz des Gesamtsystems ausgelöst werden. Die Akteure weisen schließlich ein sehr ungleiches Informationsniveau bezüglich der verfügbaren Technologien auf und ihre Transaktionskosten, z. B. bei der Informationsbeschaffung, unterscheiden sich stark. So wird etwa ein Systemwechsel, der für eine ganze Stadt mehrere Jahrzehnte in Anspruch nehmen kann, schon dadurch deutlich erschwert, dass die Festlegung eines so weit in der Zukunft liegenden Ziels, wie es ein neues Wasserinfrastrukturkonzept darstellt, von den zuständigen politischen Entscheidungsgremien entwickelt und politisch beschlossen und verantwortet werden muss, die ihrerseits nur in relativ kurzen Wahlperioden von 4 bis 6 Jahren planen.

- Betrachtet man ausschließlich die bei einem Systemwechsel notwendigen technischen Veränderungsmaßnahmen, so wird deutlich, dass die Übergangsphase von einem Wasserinfrastrukturkonzept auf ein anderes wegen dessen räumlicher Ausdehnung und der an zahlreichen Stellen im Gesamtsystem notwendigen Baumaßnahmen lange Übergangszeiträume erfordert. Je nach Größe des Versorgungsgebiets und der Zahl der technisch umzurüstenden Gebäude können dies mehrere Jahre bis Jahrzehnte sein. Zudem muss während der Übergangsphase die Funktion, d. h. die Wasserversorgung und die Abwasserentsorgung der Kunden, zuverlässig aufrecht erhalten werden.
- Eine direkte Folge der Übergangszeiten und der großen Zahl der Akteure im Wasserinfrastruktursystem ist die Notwendigkeit, eine Übergangsstrategie zu entwickeln. Diese muss die technischen Anforderungen an eine Sequenzierung der notwendigen Umrüstungsmaßnahmen in den einzelnen Subsystemen und Komponenten (vgl. Abschnitt 7.2) mit den notwendigen gesellschaftlichen, institutionellen und rechtlichen Maßnahmen in Übereinstimmung bringen und die zahlreichen Akteure und ihre unterschiedlichen Interessen, Zeithorizonte und Interessenlagen während der Übergangsphase koordinieren. All dies muss unter den erschwerten Bedingungen erfolgen, dass mit zunehmender Länge der Übergangsphase auch die Unsicherheiten, beispielsweise über die künftigen technologischen Entwicklungen oder die gesellschaftlichen Anforderungen und Bedürfnisse, zunehmen.

8.2 Lead-Markt „Nachhaltige Wasserinfrastruktur“?

Die Schaffung nachhaltiger urbaner Wasserinfrastruktursysteme ist für die Kommunen in Deutschland und in anderen industrialisierten Ländern, aber auch in den sich entwickelnden Ländern mit ihren Megastädten von entscheidender Bedeutung: In den kommenden 30 Jahren werden die urbanen Gebiete in Entwicklungsländern um ca. 2 Mrd. Menschen anwachsen, in den industrialisierten Ländern nur um 112 Mio. Menschen. Der simple Export der traditionellen, vom relativen Wasserreichtum geprägten westlichen Wasserinfrastrukturkonzepte in die tendenziell wasserarmen Entwicklungsländer verbietet sich, aus Gründen der Nachhaltigkeit. Berücksichtigt man die wirtschaftlich-technischen Rahmenbedingungen und die technologischen Kompetenzen, kann der benötigte technologische Quantensprung hin zu nachhaltigen Wasserinfrastrukturkonzepten jedoch nur von den Industrieländern geleistet werden. Entscheidend ist, dass die hierfür zu entwickelnden Technologien und Konzepte sowohl in den Industrieländern selbst als auch - gegebenenfalls leicht modifiziert - in sich entwickelnden Ländern einsetzbar sind. Konzepte, die ihre Bewährungsprobe in den exportierenden Ländern nicht bestanden haben, werden erfahrungsgemäß nicht nachgefragt. Eine „Technologie für Arme“ wird üblicherweise nicht akzeptiert (Werner et al., 2001).

Wenn es richtig ist, dass der Schlüssel zu nachhaltigen Innovationen der Wasserinfrastruktursysteme bei den Industrienationen liegt, stellt sich die Frage, wie diese Innovationen in Gang gesetzt werden können, weil gerade in den Industrieländern einem technologischen Systemwandel bei der Wasserinfrastruktur große Hemmnisse entgegenstehen (vgl. Abschnitt 8.1). So wirkt nicht nur die besonders wichtige Sunk-cost-Problematik und der damit verbundene technologische Lock-in-Effekt hemmend, sondern auch die institutionelle Trennung der Wasserver- und Abwasserentsorgung. Das heute vorherrschende, technisch sehr langlebige Wasserinfrastruktursystemkonzept hat insgesamt nur eine beschränkte Fähigkeit, den kontinuierlichen, in allen Technologiebereichen (z. B. Informations- und Kommunikationstechnik, Werkstofftechnik, Anlagen- und Prozesstechnik, Biotechnologie) stattfindenden technischen Wandel hin zu ressourceneffizienten Technologien flexibel zu integrieren.

Die Technologieanbieter stehen vor der Herausforderung, innovative Technologien und die zugehörigen Märkte systematisch zu entwickeln. Neben der technologischen Leistungsfähigkeit eines Landes spielen für seine internationale Wettbewerbsfähigkeit auch Nachfragebedingungen im eigenen Land eine entscheidende Rolle. Der Rat der Sachverständigen für Umweltfragen (SRU, 2002) betont daher in seinem „Umweltgutachten 2002“ für umweltfreundliche Technologien die Bedeutung von Lead-Märkten, d. h. von nationalen Märkten, von denen aus sich Innovationen international ausbreiten. Dies gilt auch für Wasserinfrastrukturtechnologien. Im Zusammenhang mit Lead-Märkten ist der Rat der Auffassung, dass die Kosten der teuren Startphase zukunftsgerechter Technologien nicht in Entwicklungsländern aufgebracht werden können. Diese Rolle können nur die Märkte der hochentwickelten Länder übernehmen. Aus dieser Perspektive hat die Wasserwirtschaft in Deutschland nach Einschätzung des SRU eine gute Ausgangsposition, die sie zu ihrem Vorteil ausbauen könnte.

Ein ähnliche Argumentation verfolgt die Bundesregierung in ihrem Nachhaltigkeitsplan „Perspektiven für Deutschland - Unsere Strategie für Nachhaltigkeit“ (Bundesregierung, 2002). Auch sie betont die Bedeutung von Lead-Märkten, indem sie darauf hinweist, dass die Entwicklung von Zukunftstechnologien mit der bestehenden wirtschaftlich-technischen Leistungsfähigkeit der deutschen Industrie verbunden werden muss, um neue Märkte zu öffnen. Neben Wettbewerbsfaktoren wie Kosten und Löhnen wird die Attraktivität des deutschen Innovationssystems ganz wesentlich von der Fähigkeit abhängen, neue Strukturen und Märkte zu finden und durchzusetzen. Die Chancen Deutschlands liegen in der Entwicklung von Innovationen, die weltweit Anwendungsmöglichkeiten finden. Dies erfordert nach Auffassung der Bundesregierung „ein oft jahrelanges offensives Lernen, etwa durch Pilotvorhaben. Doch dieses Lernen zahlt sich aus: Wer komplexe Lösungen zuerst entwickelt und beherrscht, verschafft den beteiligten Unternehmen Wettbewerbsvorsprünge und zieht internationale Investoren an. Viele aus Sicht der Nachhaltigkeit notwendige Strukturveränderungen in Produktion, Verkehr oder Wohnen und Bauen können Grundlage für solche Lernprozesse sein".

Was sind nun die Kennzeichnen von Lead-Märkten? Kann Deutschland ein Lead-Markt für innovative Wasserinfrastrukturtechnologien und Wasserinfrastruktursysteme werden? Die folgenden sieben Kennzeichen sind für Lead-Märkte charakteristisch (Meyer-Krahmer, 1999):

(1) Ein Lead-Markt weist eine Nachfragesituation auf, die durch hohe Einkommens- und niedrige Preiselastizitäten sowie durch ein hohes Pro-Kopf-Einkommen geprägt ist. Diese Bedingungen sind in Deutschland erfüllt.

(2) Auf einem Lead-Markt gibt es eine Nachfrage mit hohen Qualitätsansprüchen, eine große Bereitschaft, Innovationen aufzunehmen sowie Innovationsneugier und hohe Technikakzeptanz. Diese Bedingungen sind in Deutschland im Prinzip erfüllt.

(3) Ein Lead-Markt zeichnet sich durch gute Rahmenbedingungen für rasche Lernprozesse bei Anbietern aus. Während rasche Lernprozesse bei den traditionellen Hauptakteuren im bisher weitgehend regulierten und durch Gebietsmonopole charakterisierten nationalen Wassermarkt mangels Wettbewerbsdruck kaum erforderlich waren, hat sich die Situation im Zuge der Liberalisierungs- und Deregulierungsdiskussion und durch das Auftreten finanzstarker Multi-Utility-Unternehmen geändert. Die im Energiesektor entwickelten Ideen wie Energiedienstleistungen, virtuelles Kraftwerk etc. bieten Übertragungs-, Synergie- und Lernmöglichkeiten auch für den Wassersektor. Ferner sind die strukturellen Voraussetzungen zur beruflichen Weiterbildung zu technischen Innovationen in Deutschland durch die Arbeit verschiedener Bildungsträger (z. B. wissenschaftlich-technische Vereine, Institutionen für technische Weiterbildung) und eine aktive Rolle privater Normungsinstitutionen im Wassersektor (z. B. DIN, ATV-DVWK, DVGW) im internationalen Vergleich als gut zu bezeichnen.

(4) Lead-Märkte haben Zulassungsstandards, die wegweisend für Zulassungen in anderen Ländern sind. Europaweit bestehen für die Wasserver- und Abwasserentsorgung hohe einheitliche Mindeststandards. Teilweise werden diese Standards durch deutsche Regelungen noch übertroffen. Beispiele hierfür sind das Wasserhaushaltsgesetz (z. B. Anhänge der Abwasserverordnung nach § 7a Wasserhaushaltsgesetz), die Trinkwasserverordnung, umfassende technische Normen- und Regelwerke, der Gewässer- und Grundwasserschutz sowie das Bedarfsgegenständegesetz. Aber auch die Verpflichtung der Haushalte, ihren Wasserverbrauch durch Wasseruhren wohnungsspezifisch zu messen und abzurechnen oder die in den Bauordnungen gestellten Mindestanforderungen hinsichtlich des Wasserverbrauchs von Sanitäreinrichtungen können hier genannt werden.

(5) Lead-Märkte haben ein funktionierendes System des Explorationsmarketings durch Lead-user[4] (von Hippel, 1988). Wie am Beispiel der erfolgreichen Verbreitung von Regenwasseranlagen in Privathaushalten und Gewerbe gezeigt werden kann, gibt es in Deutschland Lead-user, die bereit sind, in innovative Technologien zu investieren, wenn neben einer Kostensenkung auch eine Umweltentlastung eintritt. Ähnliche Lead-user gibt es auch im Bereich der solaren Energienutzung oder der Nutzung von Windenergie oder Erdwärme. Eine weitere potenziell wichtige Gruppe von Lead-usern sind ländliche Kommunen, die vor der Aufgabe stehen, in Gebieten mit lockerer Bebauung eine zuverlässige und kostengünstige Wasserver- und Abwasserentsorgung bereitzustellen. Da unter diesen Bedingungen zentrale Ver- und Entsorgungskonzepte tendenziell unwirtschaftlich sind, können vor allem bei der Abwasserentsorgung die Vorteile dezentraler Lösungen realisiert werden. Damit eng verknüpft ist auch das folgende Lead-Markt-Charakteristikum.

(6) Lead-Märkte sind gekennzeichnet durch einen spezifischen, innovationstreibenden Problemdruck. Der Kostendruck besteht überdeutlich im Bereich der kommunalen Wasserver- und Abwasserentsorgung (vgl. Kapitel 1). Aber auch auf Seiten der Privathaushalte hat der Kostendruck in Folge des Sanierungsbedarfs der Hausanschlüsse und durch steigende Wasser- und Abwassergebühren („zweite Miete") zugenommen. Auch hat die deutsche Wasserwirtschaft ein großes Interesse, den ausländischen Konkurrenten auf dem Weltmarkt entgegenzutreten.

(7) Lead-Märkte zeichnen sich durch offene, innovationsgerechte Regulierungen aus. Zwar wurden im Zuge der Novellierung des Wasserhaushaltsgesetzes (WHG) vom November 1996 erstmals dezentrale Lösungen der Abwasserentsorgung einschließlich der Versickerung als gleichberechtigte Optionen zu zentralen Abwasserkonzepten häuslichen Wassers anerkannt. Andere Teile des Wasserrechts, wie beispielsweise die 2003 in Kraft tretende Novelle der Trinkwasserverordnung sind jedoch weniger innovationsfreundlich. Durch die in den Regelungen gewählten Formulierungen wird die Zulässigkeit von Systemen zur Nutzung von Regenwasser und aufbereitetem Grauwasser in Privathaushalten, bspw. für Toilettenspülung und Wäschewaschen, verschleiert. Wesentlich innovationsfördernder ist hier das Kreislaufwirtschaftsgesetz mit seiner klaren Herausstellung der Produktverantwortung der Hersteller während des gesamten Produktlebenszyklus und der Vorgabe, Abfälle weitestgehend zu vermeiden und - falls dies nicht möglich ist - zu verwerten und erst als ultima ratio diese zu entsorgen. Da Wasser durchaus als Stoff im Sinne des Kreislaufwirtschaftsgesetzes angesehen werden kann und insbesondere Trinkwasser ein Produkt darstellt, ergeben sich aus dem

4 „Lead-user" eines neuen, verbesserten, innovativen Produktes, Prozesses oder Dienstleistung haben a) einen Bedarf, der in einem Markt latent vorhanden ist - sie haben diesen Bedarf allerdings Monate / Jahre, bevor andere diesen Bedarf für sich erkennen - und b) erwarten sich einen bedeutenden Vorteil dadurch, dass sie diesen Bedarf decken.

Kreislaufwirtschaftsgesetz auch für die Wasserwirtschaft interessante Perspektiven, innovative und nachhaltigere urbane Wasserinfrastrukturkonzepte zu entwickeln.

Insgesamt scheinen gute Chancen zu bestehen, durch geeignete Maßnahmen in der Technologie- und Umweltpolitik die Formierung eines Lead-Markts für innovative Wasserinfrastrukturtechnologie in Deutschland voranzutreiben. Ein erster Schritt in diese Richtung ist die Durchführung von Pilotprojekten. Hierbei müssen neben der Umsetzung innovativer Konzepte in Neubaugebieten verstärkt auch technologische Modernisierungen der Wasserinfrastruktursysteme im Bestand angegangen werden. Diesem Bereich kommt insofern eine besondere Bedeutung zu, als nicht nur in Deutschland, sondern auch in den Megastädten der Entwicklungsländer Maßnahmen im Bestand die weitaus bedeutendere Herausforderung sein werden.

Das Know-how, derartig komplexe Modernisierungsaufgaben technologisch und organisatorisch zu bewältigen (System-Know-how), ist die Schlüsselkompetenz, wenn nachhaltige Wasserinfrastruktursystemtechnologien auf dem Weltmarkt erfolgreich angeboten werden sollen. Neben technischen Innovationen müssen aber auch institutionelle Innovationen wie beispielsweise die Integration von Wasserver- und Abwasserentsorgung angestoßen werden.

Weiter wird es darauf ankommen, die gesetzlichen Rahmenbedingungen auf kommunaler Ebene (z. B. bei den Bauordnungen) bis hin zur Gesetzgebung des Bundes so zu überarbeiten, dass innovative Systemkonzepte rechtlich möglich und bestehende Umsetzungshemmnisse abgebaut werden. Gelingt dies, könnten die in der Wasserwirtschaft tätigen deutschen Unternehmen in einen Technologiewettbewerb eintreten und als Systemanbieter innovativer Technologien für nachhaltige Wasserinfrastruktursysteme auftreten, anstatt sich in einem harten Kostenwettbewerb mit den, die klassische Technologie anbietenden ausländischen Unternehmen der Wasserindustrie aufzureiben. Sie könnten sich abseits zentralistischer Systemkonzepte eine auf Technologieführerschaft ausgelegte Position auf dem Weltmarkt erarbeiten.

9 Zusammenfassung und Ausblick

Ausgangspunkt für das Projekt „Alternativen der Kommunalen Wasserver- und Abwasserentsorgung - AKWA 2100“ waren die vielfältigen Nachhaltigkeitsdefizite, die sich im Bereich der urbanen Wasserinfrastrukturen (Wasserver- und Abwasserentsorgung) abzeichnen. Beispielhaft seien nur die Probleme der In- und Exfiltration in den häufig sanierungsbedürftigen Abwassersystemen der Städte genannt, die in den kommenden 10 bis 15 Jahren Ausgaben in Höhe von ca. 12 Mrd. €/a in Anspruch nehmen werden, wobei die Finanzierung durch die angespannte Finanzlage der Kommunalhaushalte alles andere als gesichert ist. Hinzu kommen Sedimentationsprobleme in Kanälen durch einen rückläufigen Wasserverbrauch der Haushalte, Gewässerbelastungen durch Mischwasserabschläge und in zunehmendem Maße die Belastung der Gewässer durch Rückstände und Metaboliten von Pharmaka, die in den Kläranlagen nicht entfernt werden und zur Resistenzbildung bei Mikroorganismen (z. B. gegen Antibiotika) beitragen. Handlungsdruck besteht auch durch die infolge gestiegener Anforderungen an die Abwasserreinigung (z. B. Nährstoffelimination, Hygienisierung, Klärschlammentsorgung) steigenden Kosten mit dem strukturellen Problem, dass der Fixkostenanteil für den Betrieb der Anlagen und der Netze (Wasser, Abwasser) bei ca. 80 % liegt. Schließlich ist die Notwendigkeit zur Schließung von Stoffkreisläufen, vor allem der Nährstoffe Stickstoff und Phosphor, als Problemkreis zu nennen.

Neben der Aufgabe, die Wasserinfrastrukturen in Deutschland im Sinne einer nachhaltigen Entwicklung umzugestalten, müssen die rasant wachsenden urbanen Megastädte in Schwellen- und Entwicklungsländern dringend mit funktionierenden Wasserinfrastruktursystemen als Grundlage einer wirtschaftlichen Entwicklung ausgestattet werden. Allein die Größe dieser zu weiten Teilen heute noch nicht erschlossenen städtischen Regionen ist eine Herausforderung. Hinzu kommt, dass diese Städte und Regionen in der Regel in Wassermangelgebieten liegen und die uns vertrauten, zentralistisch aufgebauten Schwemmkanalisationssysteme, die große Mengen der knappen Ressource Wasser als Transportmedium benötigen, wenig geeignet sind. Diese Situation macht vor dem aktuellen Hintergrund der UN-Konferenz in Johannesburg (2002) ein Nachdenken über alternative technologische Ansätze mehr denn je erforderlich.

Ziel des Projekts AKWA 2100 war es, Entscheidungsträger (Verbände, Kommunen, Behörden, Wirtschaft, Wissenschaft) und Betroffene für die Notwendigkeit einer langfristig orientierten Strategie zur Weiterentwicklung urbaner Wasserinfrastruktursysteme zu sensibilisieren. Das Projekt zeigt auf, dass es heute vielfältige Möglichkeiten zu Systeminnovationen in der Wasserinfrastruktur gibt, die zu einem nachhaltigeren Umgang mit Wasser im kommunalen Bereich führen. Es wird verdeutlicht, dass vor dem Hintergrund der langen Lebensdauer urbaner Wasserinfrastruktursysteme und ihrer enormen Kosten eine langfristig ausgerichtete Strategie notwendig ist, um in Zukunft über ein System zu verfügen, das den Anforderungen der Nachhaltigkeit in umfassender Weise gerecht wird.

Da eine solche Strategiebildung zahlreiche Schwierigkeiten überwinden muss (z. B. Einbeziehung einer großen Zahl von Akteuren und Betroffenen, Unsicherheit im Hinblick auf den Fortschritt und die künftigen Rahmenbedingungen, „Betriebsblindheit" der Entscheidungsträger, vielfältige Wechselwirkungen unterschiedlichster Systemkomponenten), stellt sich auch die Frage nach dem methodischen Vorgehen. Die im Projekt angewandte Szenariomethodik ist ein geeigneter Ansatz, um unter Einbeziehung des zu erwartenden technologischen Fortschritts Handlungsoptionen zu entwickeln, die die Nachhaltigkeit und Zukunftsfähigkeit der Wasserinfrastrukturen verbessern und so die Handlungsspielräume zukünftiger Generationen erhalten.

AKWA 2100 wurde von einem interdisziplinär zusammengesetzten Projektteam bearbeitet. Neben verschiedenen natur-, ingenieur- und sozialwissenschaftlichen Disziplinen (Siedlungswasserwirtschaft, Bauingenieurwesen, Volkswirtschaft, Umwelt- und Innovationsforschung) waren zwei Kommunen, ein Planungsbüro und ein überregionaler Kläranlagenbetreiber vertreten. Hinzu kamen drei Unternehmen aus der Bauwirtschaft und dem Anlagenbau.

Da Wasser primär eine lokale Ressource darstellt und der Umgang mit Wasser in einer Kommune stark durch die räumlichen Gegebenheiten geprägt wird, erfolgten die Untersuchungen in AKWA 2100 am konkreten Beispiel zweier Kommunen in Nordrhein-Westfalen: Dortmund-Asseln (exemplarisch für eine dicht bebaute innerstädtische Situation) und Selm-Bork (exemplarisch für eine ländliche Siedlungsstruktur mit dichter bebautem Ortskern). Beide Kommunen arbeiteten direkt im Projektteam mit und brachten ihre Praxiserfahrungen ein. Um darüber hinaus die kommunalen Entscheidungsgremien in das Projekt einzubinden, wurden vor Ort Zwischenstände des Projekts präsentiert und ausführlich diskutiert. Daneben wurde das Projekt durch einen Projektbeirat begleitet, in dem 15 hochrangige Vertreter aus Wirtschaft, Verwaltung und Forschung vertreten waren. der jeweilige Projektstand wurde dem Projektbeirat während des Projektverlaufs in mehreren Workshops vorgestellt und ausführlich diskutiert. Zahlreiche fachliche Anregungen aus den Kommunen und dem Beirat wurden aufgegriffen und in der weiteren Projektbearbeitung umgesetzt.

Die Bearbeitung des Projekts erfolgte im Wesentlichen in sechs Arbeitsschritten. Zunächst wurden für eine Bestandsaufnahme die verfügbaren Basisdaten der beiden Untersuchungsgebiete zusammengestellt. Dabei wurden Informationen zu den natürlichen Gegebenheiten, der Raum-, Siedlungs- und Sozialstruktur, zu bestehenden Infrastrukturanlagen, zur Verwaltungsstruktur und zu Organisationsformen, zur Gebührensituation, zu bestehenden Planungen und zu rechtlichen Rahmenbedingungen zusammengetragen.

Daran schloss sich die Erarbeitung der Szenarien an. Vor dem Hintergrund der langen Lebensdauer von Wasserinfrastruktursystemen wurde als Zeithorizont für die Szenarien das Jahr 2050+ gewählt. Nach der Identifikation der wichtigsten Einflussfaktoren samt ihrer zu erwartenden Entwicklungslinien auf mögliche Wasserinfrastrukturkonzepte wurden vier wesentliche Einflussfaktoren auf die Ausgestaltung der Szenarien identifiziert. Dies sind der Regulationsgrad in der Wasserwirtschaft, der Grad der Zentralität der Wasserinfrastrukturkonzepte, der Differenzierungsgrad der Wasser- und Abwasserteilströme sowie der Schließungsgrad der anthropogenen Wasser- und Stoffströme. Durch unterschiedliche Konfiguration dieser Haupteinflussfaktoren wurden drei Szenarien in ihren Grundzügen definiert.

Das erste Szenario nennt sich „**Weiter so!**". Es stellt im Wesentlichen eine Fortschreibung des heutigen konventionellen Infrastrukturkonzepts mit zentraler Wasserversorgung, Schwemmkanalisation nach dem Mischwasserprinzip und einer zentralen Kläranlage dar. „Weiter so!" dient als Referenzszenario und Vergleichsbasis für die beiden anderen Szenarien.

Charakteristikum des zweiten, als „**Kommunaler Wasserkreislauf**" bezeichneten Szenarios ist die Wiedernutzung des in der zentralen Kläranlage aufbereiteten Abwassers für Brauchwasserzwecke. Die Wiedernutzung erfolgt über ein parallel zum Trinkwasserversorgungsnetz errichtetes Brauchwassernetz für häusliche und gewerbliche Wasseranwendungen mit geringeren Anforderungen an die Wasserqualität. Das Brauchwasser dient darüber hinaus als Löschwasser und als Spülwasser zur Aufrechterhaltung einer hinreichenden Schleppkraft in der weiterhin bestehenden Schwemmkanalisation. Damit wird es möglich, die häuslichen organischen Abfälle („Küchenabfälle") über Küchenabfallzerkleinerer direkt mit dem häuslichen Abwasser zu entsorgen und im Rahmen der Abwasserbehandlung zur Erzeugung von Biogas zu nutzen. Das Gelbwasser wird separat erfasst, in regelmäßigen Abständen abgefahren und aufbereitet. Die im Urin enthaltenen Nährstoffe Phosphor und Stickstoff können so zur Düngemittelproduktion genutzt werden.

Das dritte Szenario wurde, als „**Kleinräumige Stoffkreisläufe**" bezeichnet. Es beruht auf einer weitgehenden Differenzierung der Wasserteilströme und der dadurch realisierbaren Schließung anthropogener Stoff- und Wasserkreisläufe. Dies wird dadurch ermöglicht, dass auf die in den beiden anderen Szenarien vorhandenen zentralen Systemkomponenten im Bereich der Wasserver- und Abwasserentsorgung weitgehend verzichtet wird. Wasserver- und Abwasserentsorgung stützen sich auf dezentrale Anlagen, die entweder einzelne Gebäude oder Gebäudegruppen ver- bzw. entsorgen. Als unmittelbare Folge der Trennung verschiedener Wasserteilströme und ihrer vor Ort erfolgenden Fassung und Behandlung ergeben sich sowohl für das Wasser als auch für die Stoffströme Kohlenstoff, Stickstoff und Phosphor weitgehende Rezyklierungsmöglichkeiten. Während die beiden ersten Szenarien zentrale Systemstrukturen und einen der heutigen Situation entsprechenden Regulierungsgrad und Stand der Liberalisierung aufweisen, ist das dritte Szenario aufgrund seiner weitgehenden Dezentralität durch eine konsequente Deregulierung und Liberalisierung des Wassermarkts geprägt.

Im Anschluss an die Definition der Szenarien wurden sie hinsichtlich ihrer Kosten und ihrer Nachhaltigkeit beurteilt. Zunächst wurden die mit den Infrastrukturkonzepten verknüpften Investitions-, Reinvestitions- und laufenden Kosten im Rahmen eines dynamischen Kostenvergleichs ermittelt. Wegen der langen Lebensdauer herkömmlicher Wasserinfrastruktursysteme wurde der Betrachtungszeitraum dabei auf 150 Jahre festgelegt. Die Berechnungen wurden für jedes der beiden Untersuchungsgebiete durchgeführt, wobei jeweils der Fall eines kompletten Neubaus der Konzepte auf der „Grünen Wiese" und der Fall einer schrittweisen Umrüstung vom bestehenden Infrastruktursystem auf eines der innovativen Konzepte „Kommunaler Wasserkreislauf" bzw. „Kleinräumige Stoffkreisläufe" („Step-by-Step") unterschieden wurden.

Im Ergebnis zeigte sich, dass die Fortschreibung des bestehenden Systems im Szenario „Weiter so!" sowohl in Dortmund-Asseln als auch in Selm-Bork für beide betrachteten Fälle die kostengünstigste Lösung darstellt. Die Mehrkosten des „Kommunalen Wasserkreislaufs" gegenüber dem Referenzszenario „Weiter so!" beliefen sich in Selm-Bork bzw. Dortmund-Asseln auf 22 % bzw. 23 % („Grüne Wiese") und 26 % bzw. 27 % („Step-by-Step"). Die Mehrkosten der „Kleinräumigen Stoffkreisläufe" gegenüber „Weiter so!" waren deutlich niedriger und lagen in Selm-Bork bzw. Dortmund-Asseln bei nur 5 % bzw. 11 % („Grüne Wiese") und 11 % bzw. 15 % („Step-by-Step").

Das Verhältnis der Kosten für die notwendigen Maßnahmen im öffentlichen Raum zu denen auf privaten Flächen lagen für das „Weiter so!"-Szenario und den „Kommunalen Wasserkreislauf" für die beiden Fälle in Dortmund-Asseln bei ca. 35 % zu 65 % und in Selm-Bork bei 45 % zu 55 %. Eine deutlich andere Kostenverteilung ergab sich - unabhängig vom jeweiligen Fall - bei den „Kleinräumigen Stoffkreisläufen". In Dortmund-Asseln fallen - ohne festzulegen, wer die Kosten trägt - nur ca. 5,5 % der Kosten im öffentlichen Bereich und 94,5 % auf den privaten Grundstücken an. In Selm-Bork beträgt das Verhältnis ca. 9 % zu 91 %. Diese in allen Fällen deutliche Verschiebung hin zum privaten Bereich ist ein Zeichen dafür, dass mit dem Szenario „Kleinräumige Stoffkreisläufe" die Verbraucher nicht nur einen sehr unmittelbaren Einfluss auf ihre Kosten haben, sondern auch dafür, dass dieses konsequent dezentrale Konzept eine viel weitergehendere Umsetzung des Verursacherprinzips darstellt, als dies bei den zentralistisch strukturierten Systemkonzepten der Fall ist.

Eine Kostenvergleichsrechnung auf der Basis betriebswirtschaftlicher Zahlungsströme reicht jedoch als einziges Bewertungs- oder Entscheidungskriterium nicht aus, da volkswirtschaftliche Nutzenpotenziale, die in der Regel nicht in gleicher Weise quantifizierbar sind, unberücksichtigt bleiben. Diese Nutzenpotenziale wurden im Rahmen einer umfassenden und systematischen Nachhaltigkeitbewertung der Wasserinfrastrukturszenarien analysiert. Die Nachhaltigkeitsbewertung wurde mit Hilfe der entscheidungstheoretisch fundierten Analytic Hierarchy Process (AHP)-Methode durchgeführt, die für die Bewertung multikriterieller Problemstellungen konzipiert ist. Der AHP-Ansatz zeichnet sich durch seine Eignung für die Anwendung in Arbeitsgruppen und eine Nachvollziehbarkeit der Bewertungsergebnisse aus. Er ermöglicht darüber hinaus auch die Behandlung gemischter Kriteriensysteme mit quantitativen und qualitativen Einzelkriterien.

Zunächst wurde mit der AHP-Methode ein umfassendes hierarchisches Kriteriensystem zur Beschreibung der Nachhaltigkeit von Wasserinfrastruktursystemen entwickelt. Das Kriteriensystem bildet die drei Dimensionen der Nachhaltigkeit Ökonomie, Gesellschaft und Ökologie in insgesamt 39 Kriterien ab (davon 13 ökonomische Kriterien, einschließlich der quantitativen Bewertungsergebnisse aus dem dynamischen Kostenvergleich; 12 gesellschaftliche und 14 ökologische Kriterien). Mit Hilfe des Kriteriensystems und wurde durch die Mitglieder des Projektteams die relative Bewertung der drei Wasserinfrastrukturkonzepte in einem zweistufigen Vorgehen (Delphi-ähnliches Verfahren) vorgenommen. Als Ergebnis erwies sich das Konzept „Kleinräumige Stoffkreisläufe" im Vergleich der drei Infrastrukturkonzepte als das nachhaltigste Konzept. Es übertraf die beiden anderen Konzepte in jeder der drei Nachhaltigkeitsdimensionen Ökonomie, Gesellschaft und Ökologie deutlich. Das Referenzszenario „Weiter so!" zeigte sich gegenüber dem „Kommunalen Wasserkreislauf" hinsichtlich der ökonomischen und gesellschaftlichen Dimension etwas überlegen. In ökologischer Hinsicht schneidet jedoch der „Kommunale Wasserkreislauf" deutlich besser ab.

Die mit einem Systemwechsel vom heutigen konventionellen Wasserinfrastruktursystem auf eines der beiden innovativen Systemkonzepte verbundenen Maßnahmen wurden ebenfalls untersucht. Zunächst erfolgte eine zusammenfassende Wertung der innovativen Wasserinfrastrukturkonzepte. Dabei wurden Fragen der Eignung des jeweiligen Konzepts zur Lösung siedlungswasserwirtschaftlicher Nachhaltigkeitsdefizite ebenso behandelt wie Überlegungen zur Übertragbarkeit der Konzepte auf Kommunen mit anderen Rahmenbedingungen. Insbesondere wurden auch die mit einer Einführung der innovativen Wasserinfrastrukturkonzepte erforderlichen Anpassungen der rechtlichen, institutionellen und organisatorischen Rahmenbedingungen diskutiert. Angesprochen wurden ferner Fragen der Eignung der beiden Konzepte für eine Anwendung in Entwicklungs- und Schwellenländern. Im Anschluss daran wurde die hypothetische Einführung der innovativen Systeme „Kommunaler Wasserkreislauf" in Dortmund-Asseln und „Kleinräumige Stoffkreisläufe" in Selm-Bork aus praktisch-technischer Perspektive analysiert. Da ein Systemwechsel längere Zeit (mehrere Jahre bis Jahrzehnte) in Anspruch nimmt und während dieser Zeit die Infrastrukturleistung jederzeit und an jedem Ort im Versorgungsgebiet sichergestellt sein muss, kann ein Systemwechsel nicht in der gesamten Fläche gleichzeitig erfolgen, sondern muss sequenziell in wohl definierten Teilgebieten durchgeführt werden. Die im jeweiligen Untersuchungsgebiet notwendigen Um- und Nachrüstungsmaßnahmen wurden identifiziert.

Im Zusammenhang mit der Systemumstellung wurden über die technische Umstellungsproblematik hinaus einige theoretische Überlegungen zum Ablauf von Innovationsprozessen bei komplexen sozio-technischen Systemen, wie sie urbane Wasserinfrastruktursysteme darstellen, vorgestellt und die mit solchen Systemwechseln verbundenen Hemmnisse diskutiert. Es wurde untersucht, ob innovative Wasserinfrastruktursysteme eine Technologie darstellen, für die es durch eine gezielte Forschungs- und Technologiepolitik, durch darauf aufbauende systematische Forschungs- und Entwicklungsanstrengungen sowie durch eine explizite Strategie zur praktischen Erprobung der Konzepte in Pilotprojekten gelingen kann, Deutschland als einen Lead-Markt für nachhaltige Wasserinfrastruktursysteme zu entwickeln. Sollte dies gelingen, könnte die deutsche Industrie mit innovativen Systemlösungen für urbane Wasserinfrastrukturen nicht nur einen global wichtigen Beitrag zu einem nachhaltigen Umgang mit der Ressource Wasser leisten. Sie kann dadurch auch ihre bisher gegenüber französischen, englischen und nordamerikanischen Unternehmen im Kostenwettbewerb deutlich nachgeordnete Position in diesem wichtigen Segment des Weltmarkts durch eine konsequent auf Technologiewettbewerb ausgerichtete Strategie verbessern.

Von überragender Bedeutung ist in diesem Zusammenhang der Vorzeigecharakter, den die Umsetzung innovativer Wasserinfrastrukturkonzepte für die deutsche Wasserwirtschaft im internationalen Wettbewerb besitzt. Da das deutsche Abwasserentsorgungsmodell traditioneller Prägung nur sehr eingeschränkt exportfähig ist, muss die deutsche Wasserwirtschaft ihr unbestritten großes Know-how auch auf dem Gebiet alternativer Entsorgungstechnologien durch die Umsetzung derartiger Systeme im eigenen Land unter Beweis stellen. Ansonsten droht sie infolge des „Transrapid-Effekts“ international den Anschluss zu verlieren. Gerade das Land Nordrhein-Westfalen ist aufgrund der landesinternen Kompetenzen auf wasserwirtschaftlichem Gebiet, der im Bundesvergleich großräumigen Ver- und Entsorgungsstruktur durch Wasserwirtschaftsverbände und aufgrund seiner geographischen Lage als Standort für solche Pilotprojekte prädestiniert.

Literatur

Literatur zu Kapitel 1

Berger, C., J. Lohaus, A. Wittner, R. Schäfer (2002): Zustand der Kanalisation in Deutschland. Ergebnisse der ATV-DVWK-Umfrage 2001. KA-Wasserwirtschaft, Abwasser, Abfall, 2002(49), Nr. 3, S. 302 - 311.

Böhm, E., T. Hillenbrand (2002): Quantitative und qualitative Aspekte industrieller und gewerblicher Wassernutzung in Deutschland. Sonderheft ZAU, 2002.

Böhm, E., T. Hillenbrand, R. Walz, D. Borchardt, S. Henke (1999): Maßnahmenplan Nachhaltige Wasserwirtschaft. Handlungsschwerpunkte für einen zukunftsorientierten Umgang mit Wasser in Deutschland. UBA Text 29/99, 1999.

BGW Bundesverband der deutschen Gas- und Wasserwirtschaft (2001): 11. Wasserstatistik Bundesrepublik Deutschland, Bonn.

Dohmann, M., D. Ewringmann (1997): Die Entwicklung der Marktnachfrage nach Abwasserentsorgungsdienstleistungen in Deutschland. Taschenbuch der Entsorgungswirtschaft. Bundesverband der Deutschen Entsorgungswirtschaft e.V., Aachen und Köln, 1997.

EPA (1992): Manual: Guidelines for Water Reuse, EPA No. 625R92004. Environmental Protection Agency, USA, September 1992.

Herbst, H., H. Hiessl (2002): Umsetzungsstrategie zur Einführung marktorientierter Wasserinfrastruktursysteme in Deutschland. In: M. Dohmann, (Hrsg.): 35. Essener Tagung für Wasser- und Abfallwirtschaft. Gewässerschutz - Wasser - Abwasser 185, S. 46/1 - 46/13. Gesellschaft zur Förderung der Siedlungswasserwirtschaft an der RWTH Aachen e.V., Aachen, 2002.

Hiessl, H. (2001): Wasserbedarf - Ein Konzept im Wandel. In: Bundesministerium für Umwelt, Naturschutz und Reaktorsicherheit, Umweltbundesamt (Hrsg., 2001): Der Wassersektor in Deutschland - Methoden und Erfahrungen. Berlin, Bonn, Witten-Herdecke, 2001. Kap. 4.1, S. 45 - 58.

Hiessl, H., D. Toussaint (1999): Szenarios für Stadtentwässerungs-Systeme. GAIA 8 (1999) No. 3, S. 176 - 185.

Hiessl, H., H. Herbst (2001): Umgestaltung kommunaler Abwasserentsorgungskonzepte. In: M. Dohmann, (Hrsg., 2001): 34. Essener Tagung für Wasser- und Abfallwirtschaft. Gewässerschutz - Wasser - Abwasser 184, S. 13/1 - 13/18. Gesellschaft zur Förderung der Siedlungswasserwirtschaft an der RWTH Aachen e.V., Aachen, 2001.

Kawamura, A., K. Jinno (1996): Integrated Water Resources Management in Fukuoka Metropolitan Area. In: Niemczynowicz (Hrsg.): Integrated Water Management in Urban Areas. Zürich - Uetrikon, 1996.

Murphy, R., J. Hancock (1991): Urban Reuse in the City of Boca Raton, Florida, 1991.

Reidenbach, M. et al. (2002): Der kommunale Investitionsbedarf in Deutschland. Eine Schätzung für die Jahre 2000 bis 2009. Difu-Beiträge zur Stadtforschung, Bd. 35, ISBN 3-88118-318-3, Berlin, 2002.

Stein, D. (1998):Instandhaltung von Kanalisationen. 3.Überarbeitete und erweiterte Auflage, Verlag Ernst & Sohn, Berlin, 1998.

Stein, D. (2002): Der begehbare Leitungsgang. Verlag Ernst & Sohn, Berlin, 2002.

Stein, D., R. Stein (2000): Fachinformationssystem Instandhaltung von Kanalisationen (CD-Rom). Verlag Ernst & Sohn, Berlin, 2000.

UBA (2001): Grundsätze und Maßnahmen für eine vorsorgeorientierte Begrenzung von Schadstoffen in landbaulich genutzten Böden. Umweltbundesamt, Texte 59/01, Berlin, Oktober 2001.

World Water Council (2000): Vision 21: Water for People.

Literatur zu Kapitel 2

ATV-DVWK (1999): ATV-M149 Zustandserfassung, -klassifizierung und -bewertung von Entwässerungssystemen außerhalb von Gebäuden. Abwassertechnische Vereinigung, St. Augustin, 1999.

Dyrbusch, A., S. Geisler, H. Herbst (2001): Bestandsaufnahme. Interner Arbeitsbericht zu AKWA 2100. Unveröffentlicht, Karlsruhe, 2001.

Literatur zu Kapitel 3

CIAO - U.S. Department of Commerce, Bureau of Export Administration, Critical Infrastructure Assurance Office (1998): White Paper: The Clinton Administration's Policy on Critical Infrastructure. 1998. (http://www.ciao.gov/).

De Geus, A. P. (1988): Planning is Learning. Harvard Business Review. March-April 1988, Vol. 66, No. 2, pp 70 - 74.

DeNileon, G. P. (2001): The Who, What, Why and How of Counterterrorism Issues. American Water Works Association, 2001.

DVGW Deutsche Vereinigung des Gas- und Wasserfaches e. V. (2002): Jahresbericht 2001, 2002.

Fahey, L., R. M. Randall (1998, eds.): Learning from the Future. John Wiley & Sons, New York, Chichester, 1998.

Gausemeier, J. (Hrsg., 1995): Die Szenario-Technik: Werkzeug für den Umgang mit einer multiplen Zukunft. HNI-Schriften Bd. 7, Heinz Nixdorf Institut, Universität GH Paderborn, 1995.

Gausemeier, J., A. Fink (1999): Führung im Wandel - Ein ganzheitliches Modell zur zukunftsorientierten Unternehmensgestaltung. Carl Hanser Verlag, München, Wien, 1999.

Godet, M. (1994): From Anticipation to Action. UNESCO Publishing, 1994.

Hiessl, H. (2002): Wasserbedarf - Ein Konzept im Wandel. In: Bundesministerium für Umwelt, Naturschutz und Reaktorsicherheit, Umweltbundesamt (Hrsg., 2001): Der Wassersektor in Deutschland - Methoden und Erfahrungen. Berlin, Bonn, Witten-Herdecke, 2001. Kap. 4.1, S. 45 - 58.

Kahn, H., A. Wiener (1967): The Year 2000. New York, Macmillan, 1967.

Kroy, W. (1996): Die Zukunft wird anders sein. Technologie & Management, 45. Jahrg., 1996, Heft 2, S. 57 - 65.

Reibnitz, U. von (1992): Szenario-Technik: Instrumente für die unternehmerische und persönliche Erfolgsplanung. 2. Auflage, Betriebswirtschaftlicher Verlag Dr. Th. Gabler GmbH, Wiesbaden, 1992.

Ringland, G. (1998): Scenario Planning. Managing the Future. John Wiley & Sons, Chichester, New York, 1998.

Schwartz, P. (1991): The Art of the Long View. Currency and Doubleday, New York, 1991.

Shoemaker, P. J. H. (1995): Scenario Planning: A Tool for Strategic Thinking. Sloan Management Review, Winter 1995.

Taylor, B. (1990): Strategic Planning - Which Style do You Need? In: D. Hahn and B. Taylor (eds.): Strategische Unternehmensplanung - Strategische Unternehmensführung. Physica-Verlag, Hamburg, S. 33 - 51.

The President of the United States of America (1998): Presidential Decision Directive (PDD) No. 63: Critical Infrastructure Protection. May 1998.

Van der Heijden, K. (1996): Scenarios - The Art of Strategic Conversation. John Wiley & Sons, Chichester, New York, 1996.

Wack, P. (1985a). Scenarios: uncharted waters ahead. Harvard Business Review, Vol. 63, No. 5, pp 73 - 89, 1985.

Wack, P. (1985b): Scenarios: shooting the rapids. Harvard Business Review, Vol. 63, No. 6, pp 139 - 150, 1985.

Literatur zu Kapitel 4

Abowd, G. D., E. D. Mynatt (2000): Charting Past, Present, and Future Research in Ubiquitous Computing. ACM Transactions on Computer-Human Interaction, Vol. 7, No. 1, March 2000, pp 29 - 58.

Anderson, R. H., P. S. Anton, S. C. Bankes, T. K. Bikson, J. Caulinks, P. Denning, J. A. Dewar, R. O. Hundley, C. R. Neu (2000): The Global Course of the Information Revolution: Technological Trends. Proceedings of an International Conference. RAND, 2000.

BMBF - Bundesministerium für Bildung, Wissenschaft, Forschung und Technologie und Fraunhofer Institut für Systemtechnik und Innovationsforschung ISI (1998): Delphi'98 - Studie zur Globalen Entwicklung von Wissenschaft und Technik, Bonn, 1998.

Brackemann, H., K. Epperlein, A. Grohmann, H. Höring et al. (2000): Liberalisierung der deutschen Wasserversorgung, Auswirkungen auf Gesundheits- und Umweltschutz, Skizzierung eines Ordnungsrahmens für eine wettbewerbliche Wasserwirtschaft. Umweltbundesamt, November 2000.

Donnerbauer, R. (2002): Brennstoffzellen bilden „virtuelle Kraftwerke". Energietechnische Gesellschaft im VDE. http://www.vde.com/de/fg/etg/fachthemen/fa15/netzanschluss2002_2.htm.

Dyrbusch, A., S. Geisler, H. Herbst (2001): Ausgestaltung der Szenarien für die Teilgebiete der Kommunen. Interner Arbeitsbericht zu AKWA 2100. Unveröffentlicht, Karlsruhe, 2001.

ECON (2001): Ausarbeitung im Auftrag des Projektes AKWA 2100. Ing. Büro ECON Umweltingenieure, Februar 2001.

Ewers, H.-J., K. Botzenhart, M. Jekel, J. Salzwedel et al. (2001): Optionen, Chancen und Rahmenbedingungen einer Marktöffnung für eine nachhaltige Wasserversorgung. BMWi Forschungsvorhaben 11/00, Endbericht, Juli 2001.

Fraunhofer ISI (2000): Umweltaspekte einer Privatisierung der Wasserver- und Abwasserentsorgung in Deutschland. Manuskript BMU Broschüre, Fachtagung, 21.11.2000, BMU, Berlin.

GEO Extra (1995): Das 21. Jahrhundert - Faszination Zukunft. Heft 1/1995. Gruner + Jahr Verlag, Hamburg, 1995.

Halal, W. E, M. D. Kull, A. Leffmann (1997): What's Ahead for 2001 - 2030. The Futurist, pp 20 - 28, November-December 1997.

Herbst, H., H. Hiessl (2002): Umsetzungsstrategie zur Einführung marktorientierter Wasserinfrastruktursysteme in Deutschland. In: M. Dohmann (Hrsg.): 35. Essener Tagung für Wasser- und Abfallwirtschaft. Gewässerschutz - Wasser - Abwasser 185, S. 46/1 - 46/13. Gesellschaft zur Förderung der Siedlungswasserwirtschaft an der RWTH Aachen e.V., Aachen, 2002.

Kaku, M. (1997): Visions. How Science Will Revolutionize the 21st Century. Anchor Books/Doubleday, New York, 1997.

Kurzweil, R. (1999): The Age of Spiritual Machines. Viking Press, London, 1999.

Markl, H. (1998): Wissenschaft gegen Zukunftsangst. Carl Hanser Verlag, München, 1998.

OECD - Organisation für Wirtschaftliche Zusammenarbeit und Entwicklung (1998): Technologien des 21. Jahrhunderts. Herausforderungen einer dynamischen Zukunft. OECD, Paris, 1998.

Pearson, I. (Hrsg., 1998): Der Fischer Atlas Zukunft. Fischer Taschenbuch Verlag, Frankfurt, 1998.

PIK Potsdam-Institut für Klimafolgenforschung e.V. (2000): Klimaszenarien bis 2050 zum Projekt AKWA 2100, Abschlussbericht. Potsdam, 2000.

Schröder, T. (2002): Wissen: Virtuelles Kraftwerk. Financial Times Deutschland, 27.6.2002.

Schwartz, P. (1991): The Art of the Long View. Currency and Doubleday, New York, 1991.

Scientific American (1999): What Science Will Know in 2050. Scientific American, December 1999.

Technology Review (1999): „100 Young Innovators Predict the Future of ...“, Technology Review, November-December, 1999, pp 73 - 123.

TIME Magazine (2000a): Visions 21: How We Will Live. February 21, 2000, pp 55 - 103.

TIME Magazine (2000b): Vision 21: Our Technology. July 3, 2000, pp 37 - 84.

VDEW - Verband der Elektrizitätswirtschaft e. V. (1999): Pressemitteilung der VDEW vom 29.11.1999.

Warnecke, H.-J. (Hrsg., 1999): Projekt Zukunft. Die Megatrends in Wissenschaft und Technik. vgs-Verlagsgesellschaft, Köln, 1999.

Willums, J.-O. (1997): The Sustainable Business Challenge - A briefing for tomorrows business leaders. Published by the Foundation for Business and Sustainable Development. Green Leaf Publ., Sheffield, England, 1997.

Literatur zu Kapitel 5

ATV-DVWK - Deutsche Vereinigung für Wasserwirtschaft, Abwasser und Abfall (Hrsg., 2001): Nachhaltige Wasserwirtschaft. Teil 1: Abwasser, ATV-DVWK-Information, 1. Aufl., Hennef, 2001.

Boadway, R. W., D. E. Wildasin (1984): Public Sector Economics, 2. Ed., Boston, Toronto, 1984.

Brümmerhoff, D. (2001): Finanzwissenschaft, 8. Aufl., München, Wien, 2001.

Busse von Colbe, W., G. Laßmann (1990): Betriebswirtschaftstheorie, Bd. 3: Investitionstheorie, 3. Aufl., Berlin, Heidelberg, 1990.

Coenenberg, A. G. (1999): Kostenrechnung und Kostenanalyse, unter Mitarbeit von J. Cantner u. a., 4. Aufl., Landsberg/Lech, 1999.

Götze, U., J. Bloech (1995): Investitionsrechnung. Modelle und Analysen zur Beurteilung von Investitionsvorhaben, 2. Aufl., Berlin u. a. O., 1995.

Hahn, W., J. Müller, G. Weitzel (1982): Der Main-Donau-Kanal. Argumentationsstudie zu einer kontroversen Diskussion. Ifo-Studien zur Verkehrswirtschaft, Bd. 14, München, 1982.

Hanusch, H. (1994): Nutzen-Kosten-Analyse, unter Mitarbeit von T. Kuhn und U. Cantner. WiSo-Kurzlehrbücher: Reihe Volkswirtschaft, 2. Aufl., München, 1994.

Herbst, H., H. Hiessl (2002): Umsetzungsstrategie zur Einführung marktorientierter Wasserinfrastruktursysteme in Deutschland. In: M. Dohmann, (Hrsg.): 35. Essener Tagung für Wasser- und Abfallwirtschaft. Gewässerschutz - Wasser - Abwasser 185, S. 46/1 - 46/13. Gesellschaft zur Förderung der Siedlungswasserwirtschaft an der RWTH Aachen e.V., Aachen, 2002.

Hiessl, H., H. Herbst (2001): Umgestaltung kommunaler Abwasserentsorgungskonzepte. In: M. Dohmann, (Hrsg., 2001): 34. Essener Tagung für Wasser- und Abfallwirtschaft. Gewässerschutz - Wasser - Abwasser 184, S. 13/1 - 13/18. Gesellschaft zur Förderung der Siedlungswasserwirtschaft an der RWTH Aachen e.V., Aachen, 2001.

Hofmann, J. (1981): Erweiterte Nutzen-Kosten-Analyse. Zur Bewertung und Auswahl öffentlicher Projekte. Abhandlungen zu den Wirtschaftlichen Staatswissenschaften, hrsg. von C. Recktenwald, Bd. 16, Göttingen, 1981.

Klemmer, P., T. Köhler (1997): Studie zur ökologischen Erneuerung innerstädtischer Ver- und Entsorgungsleitungen sowie zur Erschließung kontaminierter Industriebrachen mit Hilfe begehbarer Leitungsgänge. Teil V: Ökonomie, Endbericht des Forschungsvorhabens IV 5 - 201 002 95 des Ministeriums für Wissenschaft und Forschung des Landes Nordrhein-Westfalen, Bochum, 1997.

Köhler, T. (1998): Begehbare Leitungsgänge zur Erneuerung urbaner Ver- und Entsorgungsinfrastruktur - eine ökonomische Analyse, Schriftenreihe des Ruhr-Forschungsinstitutes für Innovations- und Strukturpolitik (RUFIS) e.V., Nr. 1/1998, Hagen, 1998 (Zugl.: Bochum, Univ., Diss.).

LAWA - Länderarbeitsgemeinschaft Wasser (Hrsg., 1998): Leitlinien zur Durchführung dynamischer Kostenvergleichsrechnungen (KVR-Leitlinien), 6. Aufl., Berlin, 1998.

Mühlenkamp, H. (1994): Kosten-Nutzen-Analyse, München, Wien, 1994.

Otterpohl, R., M. Oldenburg, S. Büttner (1999): Alternative Entwässerungskonzepte zum Stoffstrommanagement. In: Korrespondenz Abwasser, 46. Jg. (1999), H. 2, S. 204 - 212.

Planco Consulting GmbH (Hrsg. 1981): Nutzen-Kosten-Untersuchung Main-Donau-Kanal, Essen, Hamburg, 1981.

Prager, J. (2002): Nachhaltige Umgestaltung der kommunalen Abwasserentsorgung - Eine ökonomische Analyse innovativer Entsorgungskonzepte, Bochum, 2002 (Zugl.: Bochum, Univ., Diss.) (Veröffentlichung in Vorbereitung).

Sugden, R., A. Williams (1978): The Principals of Practical Cost-benefit Analysis, Oxford u. a. O., 1978.

UBA - Umweltbundesamt (Hrsg. 1983): Kosten und Nutzen kommunaler Abwasserbeseitigungsmaßnahmen. Anleitungsmaterial zur Entscheidungsvorbereitung unter besonderer Berücksichtigung ländlicher Gemeinden, von H.-J. Ewers, K. Jacobitz und R. Wettmann, unter Mitarbeit von I. Cornelius-Hansen, E.-E. Heuser und W. Rüthrich, Forschungsbericht 102 06 103, UBA-FB 83-029, Umweltbundesamt Texte 10/83, Berlin, 1983.

Voigt, F., H. Witte, (1978): Kosten-Nutzen-, Kostenwirksamkeits- und Nutzwertanalysen in der Wirtschaftspolitik. In: Wirtschaftsdienst, 58. Jahrg. (1978), H. VIII, S. 419 - 424.

Wagner, W. (2000): Ansatz von Kosten und Nutzungsdauern in Kostenvergleichsrechnungen. In: K.-U. Graw (Hrsg.): Öffentliche und industrielle Wasserwirtschaft im Umbruch. Entwicklung und Erhalt von Ver- und Entsorgungsstrukturen im Spannungsfeld von Globalisierung, Privatisierung, Nachhaltigkeit und Gewinnoptimierung. Tagungsband zum 11. Leipziger Bau-Seminar am 04. und 05.10.2000, Leipzig, 2000.

Witte, H. (1989): Die Integration monetärer und nichtmonetärer Bewertungen. Ein Problem volkswirtschaftlicher Bewertungsansätze. Volkswirtschaftliche Schriften, H. 338, Berlin, 1989.

Zwehl, W. von, W. Schmidt-Ewing (1981): Wirtschaftlichkeitsrechnung bei öffentlichen Investitionen. Verfahren und Beispiel zur Kosten-Nutzen-Analyse aus dem Bibliotheksbereich. Neue betriebswirtschaftliche Forschung (nbf), Bd. 20, Wiesbaden, 1981.

Literatur zu Kapitel 6

ATV-DVWK (2002): Überlegungen zu einer nachhaltigen Siedlungswasserwirtschaft. Arbeitsbericht der Arbeitsgruppe GB-5.1 „Nachhaltige Siedlungswasserwirtschaft", GFA Gesellschaft zur Förderung der Abwassertechnik e. V., Hennef, Januar 2002, ISBN 3-935669-77-1.

Balkema, A. J., H. A. Preisig, R. Otterpohl, F. J. D. Lambert (2002): Indicators for the sustainability assessment of wastewater treatment systems. Urban Water 4 (2002), 153 - 161.

BMU (1996): Internationales Symposium "Sustainable Water Management". Veranstaltet durch das Bundesministerium für Umwelt, Naturschutz und Reaktorsicherheit, 8./9. Oktober 1996, Bonn.

Böhm, E., T. Hillenbrand, R. Walz, D. Borchardt, S. Henke (1999): Maßnahmenplan Nachhaltige Wasserwirtschaft - Handlungsschwerpunkte für einen zukunftsorientierten Umgang mit Wasser in Deutschland. Abschlussbericht Forschungsvorhaben 297 21 707 an das Umweltbundesamt Berlin.

BUND/Misereor (Hrsg., 1996): Zukunftsfähiges Deutschland: Ein Beitrag zu einer global nachhaltigen Entwicklung. Birkhäuser Verlag, Basel/Boston/Berlin, 1996.

Cuhls, K., K. Blind, H. Grupp (1998): Delphi 1998 - Studie zur globalen Entwicklung von Wissenschaft und Technik. Hrsg.: Bundesministerium für Bildung, Wissenschaft, Forschung und Technologie (BMBF), Karlsruhe, Februar 1998.

Enquête-Kommission "Schutz der Erdatmosphäre" (1990): Schutz der Erde. Bonn, 1990.

Enquête-Kommission "Schutz der Erdatmosphäre" (1994a): Mehr Zukunft für die Erde - Nachhaltige Energiepolitik für dauerhaften Klimaschutz. Bonn, 1994.

Enquête-Kommission "Schutz des Menschen und der Umwelt" (1994b): Die Industriegesellschaft gestalten. Perspektiven für einen nachhaltigen Umgang mit Stoff- und Materialströmen. Bonn, 1994.

Enquête-Kommission "Schutz des Menschen und der Umwelt" (1998): Konzept Nachhaltigkeit - Vom Leitbild zur Umsetzung. Bonn, 1998.

Ewers, H.-J., K. Botzenhart, M. Jekel, J. Salzwedel, R. A. Kraemer (2001): Optionen, Chancen und Rahmenbedingungen für eine nachhaltige Wasserversorgung. BMWi-Forschungsvorhaben 11/00. Bundesministerium für Wirtschaft und Technologie, Berlin, Juli 2001.

Kahlenborn, W., R. A. Kraemer (1998): Nachhaltige Wasserwirtschaft in Deutschland - Identifizierung gegenläufiger Trends und Handlungsempfehlungen. Abschlußbericht zum UBA-Vorhaben Nr. 102 04 110, Ecologic-Gesellschaft für Internationale und Europäische Umweltforschung, Berlin, 1998.

Meixner, O., R. Haas (2002): Computergestützte Entscheidungsfindung. Expert Choice und AHP als innovative Werkzeuge zur Lösung komplexer Probleme. Reihe Redline Wirtschaft, bei Lieberreuter, Frankfurt, Wien, 2002.

Prager, J. (2002): Nachhaltige Umgestaltung der kommunalen Abwasserentsorgung - Eine ökonomische Analyse innovativer Entsorgungskonzepte, Bochum, 2002 (Zugl.: Bochum, Univ., Diss.) (Veröffentlichung in Vorbereitung).

Rijsberman, M.A., F. H. M. van de Ven (2000): Different approaches to assessment of design and management of sustainable urban water systems. Environmental Impact Assessment Review 20 (2000), pp 333 - 345.

Saaty, T. L. (1980): The Analytic Hierarchy Process. McGraw-Hill Book Co., N.Y., 1980.

SRU (1998): Der Rat von Sachverständigen für Umweltfragen: Flächendeckend wirksamer Grundwasserschutz - Ein Schritt zur dauerhaft umweltgerechten Entwicklung. Sondergutachten. Metzler-Poeschel, Stuttgart, 1998.

Steinberg, C., B. Weigert, K. Möller, M. Jeckel (2002): Nachhaltige Wasserwirtschaft - Entwicklung eines Bewertungs- und Prüfsystems. Reihe Initiativen zu Umweltschutz, Band 36, Erich Schmidt Verlag, Berlin, 2002.

UBA Umweltbundesamt (2002): Nachhaltige Entwicklung in Deutschland. Die Zukunft dauerhaft umweltgerecht gestalten. Berlin, 2002.

Walz, R. (2002): Nachhaltige Entwicklung in Deutschland. Habilitationsschrift. Karlsruhe, 2002.

WBGU - Wissenschaftlicher Beirat der Bundesregierung Globale Umweltveränderungen (1997): Welt im Wandel. Wege zu einem nachhaltigen Umgang mit Süßwasser. Jahresgutachten 1997.

Literatur zu Kapitel 7

Dyrbusch, A., S. Geisler, H. Herbst (2001): Übergangsstrategien zur Umsetzung der Szenarien. Interner Arbeitsbericht zu AKWA 2100. Unveröffentlicht, Karlsruhe, 2001.

ETC Netherlands, Urban Agriculture Programme ; TUAN (2001): Annotated Bibliography on Urban and Peri-Urban Agriculture. For: Swedish International Development Cooperation Agency (Sida), Stockholm, Leusden, November 2001.

Mougeot, L. J. A. (o. J.): Urban Agriculture: Definition, Presence, Potentials and Risks. Thematic Paper 1, Urban Agriculture: Definition, Presence and Potentials and Risks, RUAF (http://www.ruaf.org).

Literatur zu Kapitel 8

Bundesregierung (2002): Perspektiven für Deutschland - Unsere Strategie für eine nachhaltige Entwicklung, 2002.

Dosi, G. (1982): Technological paradigms and technology trajectories. A suggested interpretation of the determinants and directions of technical change. Research Policy, 11, 1982, pp 147 - 162.

Hippel, E. von (1988): The Sources of Innovation. Oxford University Press, New York, 1988.

Hughes, T. (1987): The Evolution of Large Technological Systems. In: W. E. Bijker, T. P. Hughes, T. Pinch (eds., 1987): The Social Construction of Technological Systems - New Directions in the Sociology and History of Technology. MIT Press, Cambridge, Massachusetts; London, England, 1987, 1993 (4. Printing).

Jochimsen, R. (1966): Theorie der Infrastruktur: Grundlagen der marktwirtschaftlichen Entwicklung. Tübingen, 1966.

Kaijser, A. (2001): Redirecting infrasystems towards sustainability. What can we learn from history?. http://www.indek.kth.se/csum/articles-published/kai-redir-intrasys-jul01.pdf

Liebowitz, S., S. E. Margolis (1995): Path-Dependence, Lock-in, and History. Journal of Law, Economics, and Organization. Vol. 11, No. 1, April 1995, pp 205 - 226.

Meyer-Krahmer, F. (1999): Wandel des Innovationsgeschehens und neue Ansätze der Wirtschafts- und Forschungspolitik. Schriftenreihe der Klaus-Dieter-Arndt-Stiftung e.V., Heft 27, 1999.

National Research Council (NRC, 1995): Measuring and Improving Infrastructure Performance. Washington D.C., National Academy Press, 1995.

Nelson, R. R., S. G. Winter (1977): In Search for a Useful Theory of Innovation. Research and Policy, 6, 1977, pp 36 - 76.

Nijkamp, P. (1986): Infrastructure and Regional Development: A Multidimensional Policy Analysis. empec, Vol. 11, 1986, pp 1 - 21.

Pinch, T. J., W. E. Bijker (1987): The Social Construction of Facts and Artifacts: Or How the Sociology of Science and the Sociology of Technology Might Benefit Each Other. In: W. E. Bijker, T. P. Hughes, T. Pinch (eds., 1987): The Social Construction of Technological Systems - New Directions in the Sociology and History of Technology. MIT Press, Cambridge, Massachusetts; London, England, 1987, 1993 (4. Printing).

Quist, J. N., P. J. Vergragt (2000): System Innovations towards Sustainability Using Stakeholder Workshops and Scenarios. Policy Agendas for Sustainable Technological Innovation, 3rd POSTI International Conference, London, UK, 1. - 3. December 2000.

Rip, A., R. Kemp (1998): Technological Change. In: S. Rayner, E. L. Malone (eds., 1998): Human Choice and Climate Change. Volume 2, Resources and Technology, Battelle Press, Columbus, OH, 1998.

Smith, K. (1997): Economic Infrastructures and Innovation Systems. In: C. Edquist (eds., 1997): Systems of innovation - Technologies, institutions and organizations. Pinter, London, 1997.

Smith, K. (2002): Environmental innovation in a systems framework. BLUEPRINT Workshop, Brussels, Jan. 23 - 24, 2002.

SRU - Der Rat der Sachverständigen für Umweltfragen (2002): Umweltgutachten 2002 - Für eine neue Vorreiterrolle.

Werner, C.; J. Schlick, G. Witte, A. Hildebrandt (eds., 2001): ecosan - closing the loop in wastewater management and sanitation. Proceedings of the International Symposium, 30-31 October 2000, Bonn, Germany. Deutsche Gesellschaft für Technische Zusammenarbeit (GTZ) GmbH, Eschborn, 2001.

Anhang

Tabelle A1-1 (Teil 1): Charakteristika der AKWA 2100 Szenarien (a)

Lfd. Nr.	Einflussfaktor	Teilaspekt	Szenario 1 „Weiter so!“
1	Umfeldbereich		
1.1	Demographie	Altersstruktur	Siehe Szenario 2 bzw. 3
		Haushalts-größen	Siehe Szenario 2 bzw. 3
		Verfügbares Einkommen	Siehe Szenario 2 bzw. 3
1.2	Technologie	Mikrosystem-technik	Siehe Szenario 2 bzw. 3
		Nanotechnik	Siehe Szenario 2 bzw. 3
		Bio-/ Gentechnik	Siehe Szenario 2 bzw. 3

Tabelle A1-1 (Teil 1): Charakteristika der AKWA 2100 Szenarien (b)

Szenario 2 **„Kommunaler Wasserkreislauf“**	**Szenario 3** **„Kleinräumige Stoffkreisläufe“**

- Die Weltbevölkerung nimmt von 6 Mrd. Menschen im Jahr 2000 auf zwischen 10 und 12 Mrd. Menschen im Jahr 2050 zu. Dabei vollzieht sich das Bevölkerungswachstum vor allem in den Entwicklungsregionen in Afrika und Asien. Insgesamt nimmt der Anteil der Armen zu.
- Der Anteil der Stadtbevölkerung in der Dritten Welt steigt überproportional an (2 Mrd. im Jahr 2000, über 4 Mrd. Menschen im Jahr 2030).
- Der Anteil der Wohnbevölkerung in Deutschland nimmt bis 2050 von 82 auf 72 Millionen ab. Dabei steigt das Durchschnittsalter der Wohnbevölkerung von 40 Jahren auf mindestens 46 Jahre an, und der Anteil der unter 20-Jährigen verringert sich von 21 % auf 16 - 17 % im Jahr 2040, während der Anteil der über 60-Jährigen von 21 % auf 38 % und der Anteil der Hochbetagten (über 80) von unter 4 % auf über 12 % ansteigt. Im Jahr 2050 kommen pro 10 Menschen im Alter von 20 bis 60 Jahren 8,5 Menschen über 60 Jahre (Enquête-Kommission Demographischer Wandel, 1998).

- Der Anteil der Kleinhaushalte an allen Haushalten ist zwischen 1950 und 1997 kontinuierlich gestiegen: Einpersonenhaushalte von 19,4 % auf 36,3 % von 30,6 Mio. Haushalten insgesamt, Zweipersonenhaushalte von 25,3 % auf 32,3 %; die Anteile der Mehrpersonenhaushalte sind dagegen kontinuierlich gesunken; entsprechend ist der Anteil der in Einpersonenhaushalten lebenden Bevölkerung gestiegen von 6,5 % auf 16,6 %. (Enquête-Kommission Demographischer Wandel, 1998). Die Anteile der Kleinhaushalte werden weiter zunehmen.

- Der Wohlstand der privaten Haushalte wächst (bei größer werdendem sozialen Gefälle) bis 2050 um durchschnittlich ca. 2 % p. a. real von 15.000 € (1999) auf ca. 25.000 € (2050) an.

- Die technische Entwicklung im Bereich der Mikrosystemtechnik führt zu komplexen, mit auf Chipebene integrierten hochspezifischen Sensorik- und Aktorikkomponenten. Die Fähigkeit Umgebungsbedingungen zu erfassen, zu analysieren und aktorisch darauf zu reagieren, ermöglicht weitgehend autark agierende technische Systeme.

- Die zu erwartenden Fortschritte im Bereich der Nanotechnik werden Nanowerkstoffe, aber auch Oberflächenbeschichtungen mit neuen Eigenschaften bereitstellen. Zunehmend werden auch nanoskalige, komplexe technische Systeme verfügbar, die die Anwendungsbreite der Mikrosysteme deutlich erweitern.
- Nanowerkstoffe ermöglichen neue Anwendungen, z. B. Wasserstoffspeicherung in Nano-Röhren, mit Nanopartikeln verstärkte Polymere als wesentlich leichtere Alternative für metallische Werkstoffe in Strukturanwendungen (z. B. im Automobilbau).

- Biotechnologische Verfahren werden in zahlreichen Anwendungen herkömmliche chemische Prozesse ersetzen und zu umweltverträglichen Lösungen beitragen. Zusammen mit der Gentechnik werden verstärkt zum Teil individuelle, „maßgeschneiderte“ Medikamente verfügbar. Mikroorganismen werden auf bestimmte Umsetzungsprozesse optimiert.
- Biotechnologische Prozesse sind Grundlage für eine effiziente und ressourcenschonende Produktion wichtiger Nahrungsmittel.

Tabelle A1-1 (Teil 2): Charakteristika der AKWA 2100 Szenarien (a)

Lfd. Nr.	Einflussfaktor	Teilaspekt	Szenario 1 „Weiter so!“
1.2	Fortsetzung Technologie	Informations- und Kommunikationstechnik	Siehe Szenario 2 bzw. 3
		Werkstofftechnik	Siehe Szenario 2 bzw. 3

Tabelle A1-1 (Teil 2): Charakteristika der AKWA 2100 Szenarien (b)

Szenario 2 „Kommunaler Wasserkreislauf"	Szenario 3 „Kleinräumige Stoffkreisläufe"
• Gegenüber dem Jahr 2000 haben mikroelektronische und bioinformatische Bauteile, Komponenten und Systeme durch eine weitere Erhöhung ihrer Informationsdichte eine dramatische Steigerung ihrer Leistungsfähigkeit bei gleichzeitiger Kostensenkung erfahren. Kombiniert mit der Verfügbarkeit hochleistungsfähiger Kommunikationstechnik (z. B. drahtlose Kommunikation, Powerline) werden mehr und mehr Produkte und technische Systeme „intelligent" und untereinander kommunikationsfähig. Fernwartung komplexer Anlagen ist weit verbreitet. • Druckverfahren zur Herstellung von Chips auf polymeren Substraten sind weit verbreitet und haben zur umfassenden Integration mikroelektronischer Komponenten in nahezu alle Gegenstände des täglichen Lebens beigetragen. „Intelligente" Konsumprodukte mit integrierter leistungsfähiger Sensorik, Aktorik, sowie mit Datenverarbeitungs- und drahtloser Kommunikationstechnik sind weit verbreitet und ermöglichen durch ihre Funktionalität die Anpassung an den jeweiligen Kontext ihres Umfeldes (smart products). Hierdurch ergeben sich völlig neue Nutzungsmöglichkeiten. • Jeder Mensch hat über drahtlose Kommunikation jederzeit und von jedem Ort Zugriff auf das weltweite Kommunikationsnetz. Die Nutzer kommunizieren mit den IuK-Systemen über natürliche Sprache und werden durch intelligente Softwareagentensysteme (z. B. bei der Suche nach Informationen) unterstützt. Darüber hinaus sind Dienstleistungen wie On-line-Übersetzungen von verschiedenen menschlichen Sprachen in Echtzeit-Standard möglich. • Das Internet ist als globale Kommunikationsinfrastruktur allgegenwärtig. Die hohe Bandbreite des Netzes ermöglicht ein interaktives „3-dimensionales Fernsehen" über holographische Bildschirme und damit virtuelle Realität in Echtzeit. • Biometrische Systeme sind Standard zur fehlerfreien Identifikation jedes einzelnen Menschen im weltweiten Netzwerk. Sie bilden die Grundlage der Initiierung und Beglaubigung bei elektronischen Handelstransaktionen. • Der Handel wird nahezu vollständig über dieses Kommunikationsnetz elektronisch abgewickelt. • Globale Positioning Systeme ermöglichen jederzeit eine präzise Ortung. GPS-basierte Navigationssysteme sind Standard im gesamten Verkehrsbereich.	
• Es werden leistungsfähige, kostengünstige und auf spezifische Anwendungen hin optimierte Werkstoffe verfügbar. Hierdurch werden z. B. spezifisch wirkende Membran-Werkstoffe für eine Vielzahl von Trennprozessen kostengünstig einsetzbar. • Intelligente Materialien („smart materials", z. B. Formgedächtnis-Legierungen, piezoelektronische Keramik, magnetostriktive Materialien), die ihre Eigenschaften adaptiv an sich verändernde Umgebungsbedingungen anpassen können, stehen in breitem Umfang zur Verfügung. • Hochleistungsfähige Katalysatormaterialien ermöglichen zahlreiche neue stofflich und energetisch hocheffiziente Umsetzungsreaktionen (z. B. selektive CH-Aktivierung in Methan ermöglicht die direkte Herstellung von Methanol aus Methan) unter Normaltemperatur und -druck. Andere Beispiele sind Funktionswerkstoffe wie neue Beschichtungswerkstoffe, hochleistungsfähige photovoltaische Werkstoffe mit hohem Wirkungsgrad, nanostrukturierte Materialien mit spezifischen Eigenschaften (z. B. „Lotus-Effekt", Metallhydrid-Legierungen zur effizienten Wasserstoffspeicherung oder biokompatible und bioaktive Werkstoffe für medizinische Anwendungen). • Es werden in substantiellem Umfang nachwachsende Rohstoffe im Bereich der Chemischen Industrie eingesetzt.	

Tabelle A1-1 (Teil 3): Charakteristika der AKWA 2100 Szenarien (a)

Lfd. Nr.	Einflussfaktor	Teilaspekt	Szenario 1 „Weiter so!“
	Fortsetzung Technologie	Anlagen- und Verfahrens-technik	Siehe Szenario 2 bzw. 3
		Energietechnik	Siehe Szenario 2 bzw. 3
		Produktions-technik	Siehe Szenario 2 bzw. 3

Tabelle A1-1 (Teil 3): Charakteristika der AKWA 2100 Szenarien (b)

Szenario 2 „Kommunaler Wasserkreislauf"	Szenario 3 „Kleinräumige Stoffkreisläufe"
• Durch die Nutzung der Mikro- und Nanotechnik werden leistungsfähige, weitgehend automatisierte und teilweise deutlich verkleinerte Anlagen (z. B. Mikroreaktoren) für vielfältige Aufgaben möglich. Durch die konsequente Nutzung der Automatisierungs- und Sensortechnik sowie der IuK-Technik (Fernüberwachung) eignen sich diese Systeme für dezentrale oder On-site Anwendungen (z. B. dezentrale Aufbereitungsanlagen, production on demand). Durch den technischen Fortschritt werden neue Möglichkeiten einer ressourceneffizienten und umweltschonenden Produktion in Industrie und Landwirtschaft (Precision Farming) möglich.	
• Die Energieversorgung ist im Wesentlichen auf die Nutzung regenerativer Energieträger umgestellt. Fossile Energieträger werden im Wesentlichen stofflich genutzt. • Im Bereich der Energietechnik werden Systeme für eine stärker dezentrale Energieversorgung breit genutzt. Hierzu gehören neben Systemen zur Nutzung regenerativer Energieträger wie z. B. Sonne (Solarthermie, Photovoltaik), Wind und Erdwärme auch Systeme zur Nutzung von Wasserstoff als Brennstoff (Brennstoffzellen). • Die Verkehrsträger werden überwiegend durch Brennstoffzellen angetrieben und sind damit emissionsfrei. Der benötigte Wasserstoff wird weitgehend solar erzeugt. • Systeme zur Kraft-Wärme-Kopplung (z. B. Brennstoffzelle, Stirlingmotor, Mikroturbine) und zur Nutzung von Abwärme (z. B. Wärmetauscher, Stirlingmotoren) sind Standard. Daneben stehen zunehmend leistungsfähige und kompakte Technologien zur Speicherung von Wärme und Strom (z. B. Super Caps, Batteriesysteme hoher Energie- und Leistungsdichte, Schwungradspeicher) zur Verfügung.	
• Im Bereich der industriellen Produktion hat sich das „Denken in der gesamten Wertschöpfungskette" durchgesetzt. Die Akteure der jeweiligen Wertschöpfungskette sind untereinander vernetzt. • Bei der Produktentwicklung wird standardmäßig der gesamte Produktlebenszyklus zu Grunde gelegt. Die Produkte sind hinsichtlich ihrer Umwelteffekte im gesamten Lebenszyklus und bezüglich der Lebenszykluskosten optimiert. • Durch die systematische Nutzung der verfügbaren Technologien insbesondere der IuK-Technik sind die Produktionsanlagen extrem flexibel, so dass das Konzept der „Mass Customization", (d. h. das Fertigen von Produkten, die auf die individuellen Wünsche der Einzelkunden abgestimmt sind („Serien der Losgröße 1")) weit verbreitet ist. • Das Recycling von Werkstoffen und Komponenten ist üblich. Die Nutzung von Sekundärrohstoffen und von aufgearbeiteten, technisch modernisierten Komponenten ist weit verbreitet. • Das „Null-Abfall"- und das „Null-Emissions"-Konzept sind im Bereich der industriellen Fertigung weitgehend umgesetzt. • Der Einsatz von Robotern im Bereich der Fertigung ist weit verbreitet. Autonome Roboter führen gefährliche Arbeiten aus. Sie werden zur kontinuierlichen Überwachung und ggf. selbstständigen Reparatur technischer Systeme (z. B. Rohrnetze) eingesetzt. • Industriell hergestellte Produkte des täglichen Bedarfs (sog. „Smart Products") , die durch systematische Nutzung von IuK-Komponenten, Sensoren und Aktoren in der Lage sind, sich selbst zu überwachen und ihre Funktionalität dem jeweiligen Umfeld intelligent anzupassen, sind weit verbreitet. Diese Produkte sind in das globale Kommunikationsnetz integriert.	

Tabelle A1-1 (Teil 4): Charakteristika der AKWA 2100 Szenarien (a)

Lfd. Nr.	Einflussfaktor	Teilaspekt	Szenario 1 „Weiter so!“
	Fortsetzung Technologie	Haustechnik/ Intelligentes Haus	Siehe Szenario 2 bzw. 3
		Bautechnik	Siehe Szenario 2 bzw. 3
		Ressourcen-effizienz	Siehe Szenario 2 bzw. 3
1.3	Umwelt	Schutz der Erdatmosphäre	Siehe Szenario 2 bzw. 3

Tabelle A1-1 (Teil 4): Charakteristika der AKWA 2100 Szenarien (b)

Szenario 2 „Kommunaler Wasserkreislauf"	Szenario 3 „Kleinräumige Stoffkreisläufe"
• Durch die systematische Nutzung von IuK-Technik für Gebäudeautomatisierung sind die zahlreichen haustechnischen Einzelsysteme (z. B. Anlagen zur Strom- und Wärmeversorgung, Lichttechnik, Hausgeräte, Wasser-/Abwasseraufbereitungsanlagen) in ihrer Funktion intelligenter („Smart Products"). Sie sind zu einem Gesamtsystem integriert und werden optimal aufeinander abgestimmt betrieben. Dies führt zu deutlichen Steigerungen der Energie- und Ressourceneffizienz in den Gebäuden sowie zu deutlich höherem Komfort. • Die Gebäude und ihre gesamte Haustechnik sind an Kommunikationsnetze angeschlossen. Die Anlagen in den Einzelhaushalten werden über Fernwartung und Fernablesung von Dienstleistern betrieben. Ein solches Beispiel ist das Konzept des „Virtuellen Kraftwerks", bei dem Brennstoffzellen zur Energieversorgung in Privatgebäuden von einem Versorgungsunternehmen in einem Versorgungsgebiet verkoppelt werden. • Der Einkauf der wesentlichen Produkte und Nahrungsmittel des täglichen Bedarfs wird durch elektronisches Home Shoping und direkte Anlieferung erledigt.	
• Die Fortschritte in der Bautechnik und im Bereich der Baustoffe ermöglichen heute (2002) schon unter Nutzung leistungsfähiger Haustechnik, kostengünstige Häuser mit extrem geringem Energieverbrauch zu bauen (z. B. Drei-Liter-Haus, Plus-Energiehaus). Neubauten werden ab ca. 2015 durch Maßnahmen im Bereich der Bautechnik und Bauwerkstoffe sowie durch rationelle Energienutzung und Nutzung erneuerbarer Energiequellen energieautark sein (Null-Energiehäuser oder Plus-Energiehäuser). • Neue Baumaterialien und Bauweisen ermöglichen wesentlich flexiblere und leicht an veränderte Bedürfnisse anpassbare Gebäude. • In die Gebäude und Bauten werden verschiedenste Sensoren zur kontinuierlichen Überwachung und Steuerung von Funktionsabläufen integriert. • Bauverfahren sind weitgehend automatisiert. Es werden industriell vorgefertigte Komponenten verwendet. Der gesamte Bauprozess wird in einem vernetzten Informationsverbund unter Einbeziehung aller Beteiligten abgewickelt.	
• Die technische Weiterentwicklung zielt bei zahlreichen Geräten, Anlagen und Prozessen auf einen effizienteren Umgang mit Energie, Werkstoffen und Wasser ab. Die systematische Einbeziehung von „Design-for-Environment"-Überlegungen und des gesamten Lebenszyklus eines technischen Systems in die Entwicklung reduziert nicht nur die Umweltbelastungen bei der Herstellung, sondern auch während der gesamten Nutzungsphase und bei der Entsorgung der Systeme am Ende ihrer nutzbaren Lebensdauer.	
• Die Emissionen von NOX, SOX, VOC etc. aus Industrie, Gewerbe, privaten Haushalten und aus dem Verkehr in die Atmosphäre sind gegenüber dem Jahr 2002 deutlich zurückgegangen. Die Schadstoffbelastung des Regenwassers hat deshalb deutlich abgenommen und stellt so eine hochwertige Rohwasserquelle für vielfältige Nutzungen dar.	

Tabelle A1-1 (Teil 5): Charakteristika der AKWA 2100 Szenarien (a)

Lfd. Nr.	Einflussfaktor	Teilaspekt	Szenario 1 „Weiter so!“
	Fortsetzung Umwelt	Klima-veränderung	Siehe Szenario 2 bzw. 3
		Gewässer-schutz, Grundwasser-schutz	Siehe Szenario 2 bzw. 3
		Wasser als (globaler) Mangelfaktor	Siehe Szenario 2 bzw. 3
		„Abfall“-wirschaft/ Stoffwirtschaft	Siehe Szenario 2 bzw. 3
		Wohn- und Lebensumfeld, Natur	Siehe Szenario 2 bzw. 3

Tabelle A1-1 (Teil 5): Charakteristika der AKWA 2100 Szenarien (b)

<table>
<tr><th>Szenario 2
„Kommunaler Wasserkreislauf“</th><th>Szenario 3
„Kleinräumige Stoffkreisläufe“</th></tr>
<tr><td colspan="2">• Die Auswirkungen der globalen Klimaveränderungen führen im Jahr 2050 in Deutschland (NRW, Raum Dortmund) zu einem Anstieg der mittleren Jahrestemperatur um 0,5 bis 3 °K. gegenüber den Werten für das Jahr 2000. Dies hat eine Reduktion des mittleren Jahresniederschlags um ca. 35 bis 50 mm gegenüber den Werten des Jahres 2000 zur Folge (PIK, 2000).
• Die Klimaveränderung und die globale Erwärmung hat sich durch ein deutliches Abschmelzen der Polareiskappen sowie durch eine dramatische Zunahme von Stürmen, Extremniederschlägen sowie lang andauernden Trockenperioden auch in den gemäßigten Breiten bestätigt.</td></tr>
<tr><td colspan="2">• Die Belastung der Gewässer durch endokrine Substanzen oder Antibiotika ist weitestgehend beseitigt. Damit wurde auch die Zunahme der Antibiotika-Resistenzen gestoppt.
• Die Mischwasserentlastungen aus kommunalen Kanalisationen sind Mitte des 21. Jahrhunderts die wesentlichen, noch verbleibenden Ursachen der Gewässerbelastung.
• Die Gewässerbelastung durch die Landwirtschaft konnte durch die breite Anwendung der teilflächenspezifischen Landbewirtschaftung (sog. Precision Farming) weitestgehend reduziert werden.</td></tr>
<tr><td colspan="2">• Wasser ist der zentrale Knappheitsfaktor für die wirtschaftliche Entwicklung weltweit. Wasser ist damit zu einem der wichtigsten Anlässe für militärische Auseinandersetzungen zwischen Entwicklungsländern in den Wassermangelgebieten der Erde geworden.
• Während im Jahr 1995 „nur“ 8 % der Weltbevölkerung an Wasserknappheit oder Wassermangel litten, ist dieser Anteil auf 42 % im Jahr 2050 angestiegen.
• Der effiziente Umgang mit Wasser hat sich in Deutschland nicht primär aus Gründen des Wassermangels, sondern vor allem wegen der Kosten (einschließlich der externen Kosten) für Abwasserentsorgung durchgesetzt.</td></tr>
<tr><td colspan="2">• Industrielle Abfälle sind im Zuge der Kreislaufwirtschaft zu wichtigen Rohstoffen für die Gewinnung von Sekundärrohstoffen geworden.
• Häusliche, nicht-organische Abfälle sind weitgehend in die nationalen Stoffkreisläufe integriert und werden zur Gewinnung von Sekundärrohstoffen rezycliert.
• Organische Abfälle werden energetisch und in zunehmendem Maß stofflich zur Rückgewinnung von Nährstoffen und zur Erzeugung von Grundchemikalien genutzt.
• Die meisten industriell gefertigten Produkte des täglichen Lebens haben gegenüber dem Stand des Jahres 2000 eine um den Faktor 4 bis 10 höhere Ressourceneffizienz erreicht.</td></tr>
<tr><td colspan="2">• Ein ästhetisch ansprechendes, ruhiges Wohn- und Lebensumfeld und eine intakte Natur mit hohem Erholungswert spielen als Standortfaktoren bei der Gewinnung qualifizierter Arbeitskräfte eine große Rolle.</td></tr>
</table>

Tabelle A1-1 (Teil 6): Charakteristika der AKWA 2100 Szenarien (a)

Lfd. Nr.	Einflussfaktor	Teilaspekt	Szenario 1 „Weiter so!“
1.4	Gesellschaft	Gesundheit und Gesundheits-bewusstsein	Siehe Szenario 2 bzw. 3
		Ernährung	Siehe Szenario 2 bzw. 3
		Dienstleistungs-gesellschaft	Siehe Szenario 2 bzw. 3
		Anforderungen an die Umweltqualität	Siehe Szenario 2 bzw. 3
		Bildung und Qualifikation	Siehe Szenario 2 bzw. 3

Tabelle A1-1 (Teil 6): Charakteristika der AKWA 2100 Szenarien (b)

Szenario 2 **„Kommunaler Wasserkreislauf"**	**Szenario 3** **„Kleinräumige Stoffkreisläufe"**
• Präventivmedizin und der Einsatz diagnostischer Frühwarnsysteme ermöglichen eine frühzeitige Therapie, die weitgehend nicht-invasive Methoden einsetzt. • Gentherapien finden bei Krankheiten, die auf Defekten einzelner Gene beruhen, breite klinische Anwendung. • Hochspezifische und hochwirksame, auf den individuellen Patienten zugeschnittene Medikamente werden weitgehend nebenwirkungsfrei zur Therapie eingesetzt.	
• Die Ernährungsgewohnheiten haben sich deutlich verändert. Der Anteil an tierischem Protein hat sich zugunsten pflanzlicher Proteine deutlich reduziert. • Verbraucher decken ihren Bedarf an Lebensmitteln zu einem überwiegenden Teil mit Halbfertig- und Fertigprodukten („Convenience Food"), statt selbst zu kochen. • Durch leistungsfähige und kostengünstige Nachweismethoden ist eine umfassende Lebensmittelüberwachung sichergestellt.	
• Elektronische Supermärkte sind weit verbreitet. Zu jeder Tages- und Nachtzeit kann über das Internet eingekauft werden. Die Waren werden direkt und zu vereinbarten Zeiten ausgeliefert (Teleshopping). • Haustechnische Anlagen (zur Energie- und Wärmeversorgung, Wasserver-/Abwasserentsorgung, etc.) werden vielfach von Dienstleistern als Komplettangebot bereitgestellt und auf der Basis mehrjähriger Dienstleistungsverträgen betrieben. Der Haus-/Wohnungsbesitzer bzw. Mieter bezahlt nur für den bereitgestellten Nutzen (Licht, Wärme, Wasser, Sicherheit etc.). • Von den Privathaushalten werden zahlreiche dauerhafte Konsumprodukte nicht mehr direkt gekauft, sondern nur noch der damit bereitgestellte Nutzen (z.B. Auto -> Mobilitätsleistung, Energie -> Licht, Wärme, Kälte, Sicherheit, Kommunikation).	
• Der Anspruch der Bevölkerung an die Qualität der Umwelt ist deutlich über das Niveau der 1980er Jahre gestiegen. • Gesellschaftliche Aufmerksamkeit richtet sich auf akute und nunmehr gleichgewichtig auch auf latente, chronische und akkumulative Bedrohungen der Umweltqualität. • Der Beitrag der Natur und der Umwelt für das menschliche Wohlbefinden, die Gesundheit aber auch als wertvoller Genpool ist als Wirtschaftsfaktor anerkannt. Die Natur wird nicht mehr länger als Teil des Problems, sondern als Teil der Lösung für das Überleben der Menschheit gesehen. Der Schutz der Umwelt hat weltweit Verfassungsrang.	
• Lebenslanges, kontinuierliches Lernen unter Nutzung des weltweiten Kommunikationsnetzes ist ein selbstverständlicher Teil des Arbeitslebens.	

Tabelle A1-1 (Teil 7): Charakteristika der AKWA 2100 Szenarien (a)

Lfd. Nr.	Einflussfaktor	Teilaspekt	Szenario 1 „Weiter so!“
	Fortsetzung Gesellschaft	Sicherheits-bedürfnisse	Siehe Szenario 2 bzw. 3
1.5	Wirtschaft	Wettbewerbs-fähigkeit auf dem globalen Markt	Siehe Szenario 2 bzw. 3
		Beschäftigung	Siehe Szenario 2 bzw. 3
		Kreislauf-wirtschaft, Ressourcen-/ Ökoeffizienz	Siehe Szenario 2 bzw. 3

Tabelle A1-1 (Teil 7): Charakteristika der AKWA 2100 Szenarien (b)

Szenario 2 „Kommunaler Wasserkreislauf“	Szenario 3 „Kleinräumige Stoffkreisläufe“
• Bargeld ist vollständig durch elektronischen Zahlungsverkehr ersetzt. • Der Schutz der Gesellschaft vor terroristischen Übergriffen durch technische sowie wirtschafts- und entwicklungspolitische Maßnahmen ist ein zentrales Element bei Planung und Betrieb komplexer sozio-technischer Systeme. • Gesellschaftlich relevante Kriminalität findet im Wesentlichen auf ökonomischem Gebiet und im Hinblick auf die böswillige Verbreitung von Falschinformationen statt. In beiden Bereichen werden hauptsächlich die weltweiten Kommunikations- und Computernetze von kriminellen Organisationen genutzt. • Kryptographische und biometrische Verfahren zur Authentifizierung und zur Verifikation von Informationen werden standardmäßig genutzt und stetig weiterentwickelt.	
• Ein wesentlicher Wettbewerbsfaktor ist die Ökoeffizienz der Produkte und Dienstleistungen. „Doing more with less“ ist neben der weitgehenden und auf den gesamten Lebenszyklus bezogenen Umweltverträglichkeit das zentrale Designkriterium für innovative Produkte und Dienstleistungen. Umweltbelastende Produkte sind - auch aus Umwelt- und Produkthaftungsgründen - für Unternehmen nicht mehr absetzbar. Das Konzept der Integrierten Produktpolitik (IPP) sowie der Life-cycle Betrachtung ist von der Wirtschaft als Leitbild angenommen worden. • Die überwiegende Zahl technischer Systeme wird von Dienstleistungsunternehmen, industriellen und privaten Kunden im Rahmen von Betreibermodellen angeboten. • Der Verkauf des Nutzens hat den Verkauf eines physischen Produktes als zentrales Ziel der Unternehmenstätigkeit bei der überwiegenden Zahl der Produkte im Investitions- und im Konsumbereich verdrängt. Durch den Nutzenverkauf wird die Kundenbindung erhöht und der Kunde wesentlich besser in kontinuierliche Verbesserungs- und Innovationsprozesse integriert. • Die Vernetzung der Unternehmen entlang der verschiedenen Wertschöpfungsketten ist äußerst intensiv. Hierdurch erschließen sich die Unternehmen neben der Möglichkeit, vielfältige neue Technologien kennen zu lernen, weitgehende Innovationspotenziale sowie Potenziale zur Verbesserung der Ressourceneffizienz und damit zur Kostensenkung. • Die weitgehende Entkopplung des Wirtschaftswachstums vom Ressourcen- und Umweltverbrauch ist erreicht.	
• In den Industrieländern herrscht aufgrund der demographischen Entwicklung Vollbeschäftigung. • Durch die Übernahme körperlich schwerer, gefährlicher und repetitiver Arbeitsabläufe durch Roboter, sowie durch deutlich höhere Produktivität und eine wesentlich höhere Selbstbestimmung der eigenen Arbeit wird die Erwerbstätigkeit weniger belastend und attraktiver.	
• Neue Trenntechnologien ermöglichen ein weitgehendes Recycling auf stofflicher Ebene. Sekundärrohstoffe sind für die industrielle Fertigung wichtiger geworden als Primärrohstoffe.	

Tabelle A1-1 (Teil 8): Charakteristika der AKWA 2100 Szenarien (a)

Lfd. Nr.	Einflussfaktor	Teilaspekt	Szenario 1 „Weiter so!“
1.6	Politik	Wirtschafts-, Bildungs-, Forschungs- und Technologiepolitik, Internationale Umweltpolitik und Entwicklungspolitik	Siehe Szenario 2 bzw. 3
		Grad der De-/ Regulierung	• Die Grundlinien der Wirtschafts- und Umweltpolitik setzen auf eine deutliche Regulierung. • Das Ordnungsrecht überwiegt vor allem im Bereich des Umweltschutzes und im Bereich der kommunalen Infrastruktursysteme die Anwendung marktlicher Instrumente.

Tabelle A1-1 (Teil 8): Charakteristika der AKWA 2100 Szenarien (b)

<table>
<tr><th>Szenario 2
„Kommunaler Wasserkreislauf“</th><th>Szenario 3
„Kleinräumige Stoffkreisläufe“</th></tr>
<tr><td colspan="2">• Die verschiedenen Politikbereiche integrieren die globale mit der regionalen Perspektive.
• Es gibt eine umfassende internationale Arbeitsteilung.
• Internationale überstaatliche Organisationen und NGOs haben gegenüber den Nationalstaaten und regionalen Staatenbünden an Bedeutung und faktischer Macht gewonnen.
• Das „globale Dorf“ ist nicht nur kommunikationstechnisch, sondern auch wirtschafts-, technologie- und entwicklungspolitisch weitgehend akzeptiert und dient als praktisches Leitbild der Politik („global denken - lokal handeln“).
• Das Verursacherprinzip ist als gesellschaftliches Grundprinzip anerkannt umgesetzt.
• Der Ressourcenverbrauch hat weltweit die Arbeit als primären steuerbestimmenden Faktor abgelöst.</td></tr>
<tr><td>• Die Grundlinien der Wirtschafts- und Umweltpolitik setzen auf eine deutliche Regulierung.
• Das Ordnungsrecht überwiegt vor allem im Bereich des Umweltschutzes und im Bereich der kommunalen Infrastruktursysteme die Anwendung marktlicher Instrumente.</td><td>• Die Grundlinie der Wirtschafts- und Umweltpolitik setzt auf eine deutliche Deregulierung und verantwortungsvolle Rolle der Wirtschaft innerhalb eines allgemeinen Rahmens.
• Marktliche Instrumente haben das Ordnungsrecht in weiten Bereichen der Wirtschaft ersetzt, da die Wirtschaft über das Konzept der Ökoeffizienz die Vorteilhaftigkeit eines effizienten Umganges mit den Ressourcen und eines schonungsvollen Umgangs mit der Natur als Grundlage der wirtschaftlichen Tätigkeit erkannt hat.</td></tr>
</table>

Tabelle A1-1 (Teil 9): Charakteristika der AKWA 2100 Szenarien (a)

Lfd. Nr.	Einflussfaktor	Teilaspekt	Szenario 1 „Weiter so!“
2	Gegenstandsbereich		
2.1	Differenzierungsgrad der Sammlung und Behandlung der Wasser- und Stoffteilströme	Abwasser-systemkonzept	• Verbot des Eintretens bestimmter Stoffe in die aquatische Umwelt (teilweise werden diese Stoffe generell verboten, teilweise müssen sie vor der Einleitung aus dem Abwasser entfernt werden). • Mischsystem bzw. modifiziertes Mischsystem bleibt erhalten. • Regenwasserauskopplung zur Versickerung bis zu 30 %. • Industrielle und gewerbliche Abwässer werden weitgehend vorbehandelt in die Kanalisation eingeleitet. Die kommunalen Kläranlagen sind zur Behandlung der mit den gewerblichen Abwässern eingetragenen Restbelastungen aufgerüstet.
		Transport-mechanismus für Abwasser	• Abwasser (als Mischwasser aus Trockenwetter- und Regenwetterabfluss) wird im Mischwasserkanal ggf. mit Hebung abgeführt. • In Teilgebieten ist das Regenwasser ausgekoppelt. Hier wird es im Regenwasserkanal abgeführt (Schwerkraft).
		Leitungs-verlegung	• Einzelleitungen

Tabelle A1-1 (Teil 9): Charakteristika der AKWA 2100 Szenarien (b)

Szenario 2 „Kommunaler Wasserkreislauf"	Szenario 3 „Kleinräumige Stoffkreisläufe"
• Integrierte Entsorgung von Schmutzwasser und Bioabfällen über die Kanalisation; häusliche Bioabfälle werden über Schneidpumpen dem Braunwasserstrom beigemischt. • Mischabwasser (Stickstoff und Phosphor reduziert durch Gelbwasserauskopplung). • Gelbwasser (Urin) wird getrennt erfasst und verwertet. • Regenwasserauskopplung zur Versickerung ca. 50 %. • Betriebliche Wasserwirtschaft in Industrie und Gewerbe hat intensive Wasserkreisläufe und Kaskadennutzungen umgesetzt und so den Abwasseranfall weitgehend reduziert. Industrielles und gewerbliches Abwasser ist hinsichtlich gewerblicher Belastungen weitestgehend gereinigt. Durch die Einleitung der industriellen und gewerblichen Abwässer in die Kanalisation werden keine zusätzlichen, über die Erfordernisse aus der Behandlung häuslicher Abwässer hinausgehenden Aufbereitungserfordernisse notwendig.	• Integrierte Entsorgung von Schmutzwasser und Bioabfällen; häusliche Bioabfälle werden über Schneidpumpen dem Braunwasserstrom beigemischt. • Gelbwasser wird getrennt erfasst und verwertet. • Grauwasser (Stickstoff und Phosphor reduziert) wird separat erfasst und nach Aufbereitung erneut genutzt. • Regenwasser wird genutzt bzw. vor Ort versickert. • Betriebliche Wasserwirtschaft in Industrie und Gewerbe hat intensive Wasserkreisläufe und Kaskadennutzungen umgesetzt und so den Abwasseranfall weitestgehend reduziert. Das verbleibende industrielle und gewerbliche Abwasser wird mit Membrantechnologie soweit aufbereitet, dass ohne weitere Behandlung eine direkte Einleitung in die Gewässer möglich ist.
• Aufbereitetes Abwasser (Brauchwasser) wird neben sonstigen Nutzungen zur Aufrechterhaltung eines bedarfsgerechten Spülstroms in der Schmutzwasserkanalisation verwendet. • Mischwasser inkl. Spülwasser: Schwerkraft (Schwemmkanal) ggf. mit Hebung + Spülwasser mit Druck an Bedarfspunkten. • Teilweise: Regenwasser in Regenwasserkanal: Schwerkraft. • Gelbwasser: Schwerkraft + Sammelbehälter und Abfuhr.	• Regenwasser: Schwerkraft. • Grauwasser: Vakuum/Druck/Schwerkraft. • Braun-/Schwarzwasser: Vakuum/Druck. • Gelbwasser: Schwerkraft/Vakuum + Sammelbehälter und Abfuhr.
• Einzelleitungen/Leitungsgang	• Versorgungsschacht/Leitungsgang

Tabelle A1-1 (Teil 10): Charakteristika der AKWA 2100 Szenarien (a)

Lfd. Nr.	Einflussfaktor	Teilaspekt	Szenario 1 „Weiter so!"
	Fortsetzung Differenzierungsgrad der Sammlung und Behandlung der Wasser- und Stoffteilströme	Regenwasser-management	• Regenwasser von unbelasteten öffentlichen Flächen wird teilweise aus der Kanalisation ausgekoppelt und dann i. d. R. ohne weitere Behandlung in den Vorfluter abgeleitet bzw. versickert.
		Abfall-erfassung (organische Hausabfälle)	• Separate Entsorgung von Bioabfällen/ Biotonne; Abfallentsorger.
		Abfall-behandlung (Bioabfälle)	• Co-Vergärung bis zur Kapazitätsgrenze in kläranlageneigenen Anlagen; Kompostierung/Vergärung unter Trägerschaft der entsorgungspflichtigen Körperschaft.
		Gelbwasser	• Gelbwasser wird mit dem häuslichen Abwasser entsorgt.
2.2	Zentralitätsgrad des Konzepts der Wasser-infrastruktur Grad an (De-) Zentralität der Anlagen (Größe der Anlagen-Einzugsgebiete)	Abwasserbe-handlung	• Abwasser (Mischwasser): Zentralkläranlage (Technik offen, z. B. Biologie, Membrantechnik). • Hygienisierung des gereinigten Abwassers vor der Einleitung in den Vorfluter. • Mischwasser bei Regenereignis: Stauraumbewirtschaftung. • Mischwasserüberlauf bei Regenereignis: Stauraumbewirtschaftung + semizentrale Anlagen (Rechen/Siebe + Regenklärbecken + Bodenpassage). • Mischwasserabschlag: keine Behandlung.

Tabelle A1-1 (Teil 10): Charakteristika der AKWA 2100 Szenarien (b)

Szenario 2 **„Kommunaler Wasserkreislauf"**	**Szenario 3** **„Kleinräumige Stoffkreisläufe"**
• Regenwasser wird ausgekoppelt und dezentral bzw. semizentral für Brauchwassernutzungen aufbereitet und gespeichert. • Der Überschuss wird (ggf. nach Regenwasserbehandlung) versickert oder in den Vorfluter eingeleitet.	• Regenwasser von öffentlichen Flächen: Versickerung über Mulden und Rigolen unter der Fahrbahn oder über Regenwasserkanal in Regenwasserspeicher bzw. über Regenwasserkanalisation und nach Reinigung über Bodenfiltersysteme dezentrale Speicherung des Wassers als Brauch- und Löschwasser. • Auf privaten Flächen: Regenwasser von Dachflächen wird als Rohwasser zur Trink- und Pflegewassergewinnung genutzt. Der Überschuss wird gemeinsam mit Regenwasser von sonstigen versiegelten Flächen dezentral gespeichert. Der Überlauf des Regenwasserspeichers wird versickert.
• Organische Küchenabfälle werden nach Aufmahlung (Schneidpumpen) gemeinsam mit dem häuslichen Abwasser eingeleitet.	• Organische Küchenabfälle werden nach Aufmahlung (Schneidpumpen) gemeinsam mit Braunwasser behandelt.
• Vollständige Integration in Mischwasserbehandlung. Reinigung gemeinsam mit häuslichem Abwasser in anaerober/aerober Kläranlage. Energetische Nutzung des Biogases.	• Vollständige Integration in Braunwasser/-behandlung. • Energetische Nutzung des Biogases.
• Wird separat erfasst und in den Gebäuden in speziellen Tanks gesammelt und regelmäßig (vierteljährlich) von einem Verwerter abgeholt und zur industriellen Nährstoffrückgewinnung eingesetzt.	
• Mischabwasser: Zentralkläranlage C-Entfernung (ganz überwiegend mit Hilfe der Anaerob-Technik, Membrantechnik), Kläranlagenablauf Brauchwasserqualität (entspricht etwa Badegewässerqualität), energetische Nutzung Biogas. Hygienisierung des gereinigten Abwassers • Mischwasserüberlauf bei Regenereignis: Stauraumbewirtschaftung + semizentrale Anlagen (Rechen/Siebe + Regenklärbecken + Bodenpassage). • Mischwasserabschlag: Bodenfilter. • Gelbwasser: dezentrale Speicherung in den Haushalten; externe Verwertung (z. B. Düngemittelindustrie).	• Grauwasser: dezentrale Reinigung mit Membranverfahren. • Braunwasser: dezentral anaerob, energetische Nutzung Biogas. • Gelbwasser: dezentrale Speicherung in den Haushalten; externe Verwertung (z. B. Düngemittelindustrie). • Hygienisierung der Nutzwasserteilströme (z. B. UV-Verfahren).

Tabelle A1-1 (Teil 11): Charakteristika der AKWA 2100 Szenarien (a)

Lfd. Nr.	Einflussfaktor	Teilaspekt	Szenario 1 „Weiter so!"
	Fortsetzung Zentralitätsgrad des Konzepts der Wasserinfrastruktur Grad an (De-) Zentralität der Anlagen (Größe der Anlagen-Einzugsgebiete)	Behandlung Rückstände aus Abwasserbehandlung	• Klärschlamm wird zentral anaerob behandelt. Das Biogas wird energetisch genutzt.
		Wasserversorgung	• Es wird eine Wasserqualität (Trinkwasser) durch den zentralen Wasserversorger über das Wasserversorgungsnetz bereitgestellt.
		Häuslicher Wasserbedarf/ Wasserverbrauch (pro Person)	• In den Haushalten steht (abgesehen von einigen wenigen Haushalten mit Regenwassernutzung) nur Wasser mit Trinkwasserqualität zur Verfügung. • Wasserinput in die häusliche Nutzung je Einwohner 100 l/d: Trinkwasser: 97 l/d Regenwasser: 3 l/d • Wasserumsatz Endverbraucher je Einwohner 100 l/d: Trinkwasser: 97 l/d Regenwasser: 3 l/d • Abwasseroutput aus der häuslichen Nutzung: 96 l/d.

Tabelle A1-1 (Teil 11): Charakteristika der AKWA 2100 Szenarien (b)

Szenario 2 **„Kommunaler Wasserkreislauf"**	**Szenario 3** **„Kleinräumige Stoffkreisläufe"**
• Klärschlamm wird zentral anaerob behandelt. Das Biogas wird energetisch genutzt.	• Restschlämme zur landwirtschaftlichen Verwertung.
• Es werden zentral zwei Wasserqualitäten (Trinkwasser- und Brauchwasser) angeboten, wobei das Brauchwasser in etwa Badegewässerqualität aufweist. • Brauchwassergewinnung aus Kläranlagenablauf und Regenwasser für kontinuierliche Spülung der Schwemmkanäle, Versorgung von Industrie und Haushalten sowie zur Löschwasserversorgung.	• Dezentrale Aufbereitung und Vorhaltung verschiedener Wasserqualitäten: Trinkwasser, Pflegewasser, Brauchwasser, Nutzwasser. • Trinkwasser aus Regen-/Grundwasser bzw. aus Flaschen. • Pflegewasser aus Regen-/Grundwasser bzw. leicht verschmutztem Grauwasser.
• In den meisten Haushalten werden je nach Nutzungsanforderung Trinkwasser und Brauchwasser/Regenwasser genutzt (gelegentlich nach Aufbereitung mehrfach). • Wasserinput in die häusliche Nutzung je Einwohner 93 l/d: Trinkwasser: 45 l/d Brauchwasser: 45 l/d Regenwasser: 3 l/d • Wasserumsatz Endverbraucher je Einwohner 93 l/d: Trinkwasser: 45 l/d Brauchwasser: 45 l/d Regenwasser: 3 l/d • Abwasseroutput aus der häuslichen Nutzung: 89 l/d. Abwasser (ohne Bioabfälle): 87 l/d Gelbwasser: 2 l/d	• In den meisten Haushalten wird neben Trinkwasser, das in eigenen Aufbereitungsanlagen aus Grund- bzw. Regenwasser erzeugt wird, je nach Nutzungsanforderung Pflege-/Brauch-/Regenwasser mit Hilfe von eigenen Aufbereitungsanlagen mehrfach genutzt. • Teilweise wird das zum direkten menschlichen Konsum eingesetzte Trinkwasser in Flaschen vom Einzelhandel bezogen. • Wasserinput in die häusliche Nutzung je Einwohner 46 l/d: Regenwasser: 46 l/d • Wasserumsatz Endverbraucher je Einwohner 73 l/d: Trinkwasser: 6 l/d Pflegewasser: 51 l/d Brauchwasser: 13 l Regenwasser: 3 l/d • Abwasseroutput aus der häuslichen Nutzung: 42 l/d. Behandeltes Braunwasser (ohne Bioabfälle): 16 l/d Grauwasser zur Versickerung: 24 l/d Gelbwasser: 2 l/d

Tabelle A1-1 (Teil 12): Charakteristika der AKWA 2100 Szenarien (a)

Lfd. Nr.	Einflussfaktor	Teilaspekt	Szenario 1 „Weiter so!“
	Fortsetzung Zentralitätsgrad des Konzepts der Wasserinfrastruktur Grad an (De-) Zentralität der Anlagen (Größe der Einzugsgebiete der Anlagen)	Effiziente Wassertechnologie und Haustechnik in den Privathaushalten	• Einsatz wassersparender Sanitäreinrichtungen (WC, Urinale, Badarmaturen) erfolgt nur in einzelnen, engagierten Privathaushalten.
		Löschwasserversorgung	• Löschwasser wird über das Trinkwassernetz bereitgestellt.
		Gewerblicher Wasserbedarf/ Wasserverbrauch	• Wasserverbrauch in der Produktion wird weitestgehend reduziert bzw. Wasser wird nach Möglichkeit substituiert (abwasserlose Produktionsverfahren). • Regenwasser wird in einzelnen Betrieben genutzt. • Nicht mehr nutzbares Abwasser wird auf Brauchwasserqualität aufbereitet und an andere Gewerbebetriebe weitergeleitet oder entsprechend der Einleitebedingungen in den kommunalen Schmutzwasserkanal eingeleitet.

Tabelle A1-1 (Teil 12): Charakteristika der AKWA 2100 Szenarien (b)

Szenario 2 **„Kommunaler Wasserkreislauf"**	**Szenario 3** **„Kleinräumige Stoffkreisläufe"**
• Breiter Einsatz wassersparender Sanitärtechnik: (Trenn-) Toiletten, (wasserlose) Urinale, berührungslos schaltende Waschtisch-Armaturen, wassersparende Duschen (teilweise mit unmittelbarer Mehrfachnutzung des Duschwassers). • Regenwassernutzung (teilweise). • Einsatz wassersparender Spül- und Waschmaschinen mit Direktanschluss an das Warmwassersystem. • On-line Wassersprudler und Softdrinkbereiter. • Sämtliche haustechnische Anlagen sind über einen Installationsbus kommunikationstechnisch vernetzt und damit fernbedienbar und fernüberwachbar. Dies ermöglicht, einzelne Anlagen auch im Sinne eines übergeordneten Lastmanagements zu betreiben.	• Breiter Einsatz von wassersparender Sanitärtechnik: Trenn-Toiletten (Vakuumtechnik), wasserlose Urinale, berührungslos schaltende Waschtisch-Armaturen, wassersparende Duschen (mit unmittelbarer Mehrfachnutzung des Duschwassers). • Grauwasseraufbereitung. • Regenwassernutzung. • Einsatz wassersparender Spül- und Waschmaschinen mit Direktanschluss an das Warmwassersystem. • On-line Wassersprudler und Softdrinkbereiter. • Desinfektionsanlagen. • Sämtliche haustechnische Anlagen sind über einen Installationsbus kommunikationstechnisch vernetzt und damit fernbedienbar und fernüberwachbar.
• Löschwasser wird über das Brauchwassernetz sowie in semi-zentralen Regenwasserspeichern (z. B. Löschteiche) vorgehalten.	• Löschwasser wird in dezentralen und semizentralen Speichern (Löschteiche) vorgehalten (Regenwasser, Brauchwasser). • Minimierung der vorzuhaltenden Löschwassermengen durch verstärkten Einsatz von Brandmeldern in den Häusern.
• Wasserverbrauch in der Produktion wird weitestgehend reduziert bzw. Wasser wird nach Möglichkeit substituiert (abwasserlose Produktionsverfahren). • Regenwasser wird systematisch als Brauchwasser genutzt. • Nicht mehr nutzbares Abwasser wird auf Brauchwasserqualität aufbereitet und an andere Gewerbebetriebe weitergeleitet, in das kommunale Brauchwassernetz eingespeist oder entsprechend der Einleitebedingungen in den kommunalen Schmutzwasserkanal eingeleitet.	• Wasserverbrauch in der Produktion wird weitestgehend reduziert bzw. Wasser wird nach Möglichkeit substituiert (abwasserlose Produktionsverfahren). • Regenwasser wird systematisch als Wasserressource genutzt. • Nicht mehr nutzbares Abwasser wird auf Brauchwasserqualität aufbereitet und an andere Gewerbebetriebe weitergeleitet oder entsprechend der Einleitebedingungen in den kommunalen Schmutzwasserkanal eingeleitet.

Tabelle A1-1 (Teil 13): Charakteristika der AKWA 2100 Szenarien (a)

Lfd. Nr.	Einflussfaktor	Teilaspekt	Szenario 1 „Weiter so!“
2.3	Grad der Schließung anthropogener Wasser- und Stoffkreisläufe	Verbleib behandelter Rückstände aus Abwasser-behandlung und Schlamm-behandlung	• Klärschlamm aus Mischwasserbehandlung: Verwertung in der Landwirtschaft mit fallender Tendenz; ansonsten Beseitigung: Verbrennung/Deponie. • Schlämme aus gewerblicher Abwasserbehandlung gehen in die Verwertung oder Beseitigung.
		Verbleib Biogas	• Energetische Nutzung.
		Verbleib gereinigtes Abwasser	• Einleitung des Abwassers in den Vorfluter nach Reinigung in der Kläranlage. • Der Mischwasserüberlauf bei Regenereignissen wird nach Behandlung in den Vorfluter eingeleitet oder versickert.

Tabelle A1-1 (Teil 13): Charakteristika der AKWA 2100 Szenarien (b)

Szenario 2 **„Kommunaler Wasserkreislauf"**	**Szenario 3** **„Kleinräumige Stoffkreisläufe"**
• Klärschlamm aus anaerober Behandlung der häuslichen Abwässer: Verwertung der Rest C, N, P-Komponente (z. B. Landwirtschaft, Düngemittelindustrie). • Schlämme aus gewerblicher Abwasserbehandlung gehen in die Verwertung oder Beseitigung.	• Klärschlamm aus Braunwasserbehandlung: Verwertung der Rest C, N, P-Komponente (z. B. Landwirtschaft, Düngemittelindustrie). • Schlämme aus gewerblicher Abwasserbehandlung gehen in die Verwertung/Beseitigung.
• Vorwiegend energetische Nutzung. Teilweise stoffliche Nutzung durch katalytische Umsetzung des Methans zu Methanol.	• Energetische Nutzung.
• Das gereinigte Abwasser wird nach Hygienisierung über das Brauchwassernetz in den privaten Haushalten sowie in Industrie und Gewerbe eingesetzt. Daneben wird aus dem Brauchwassernetz der Spülwasserbedarf zur Vermeidung von Sedimentationsproblemen in der öffentlichen Kanalisation gedeckt. Der Überschuss wird in den Vorfluter abgeleitet. Ein geringer Teil wird versickert. • Der Mischwasserüberlauf bei Regenereignissen wird nach der Behandlung durch Bodenfilter versickert.	• Das Grauwasser wird nach Behandlung als Pflege- u. Brauchwasser verwendet. Der Überschuss wird versickert.

Tabelle A1-1 (Teil 14): Charakteristika der AKWA 2100 Szenarien (a)

Lfd. Nr.	Einflussfaktor	Teilaspekt	Szenario 1 „Weiter so!“
2.4	Auswirkungen der De-/Regulierung im Wassersektor	Umfang der Aufgaben einzelner Akteure	• Wasserversorgung und Abwasserentsorgung sind hoheitliche bzw. öffentliche Aufgaben der Daseinsvorsorge. • Wasserver- und Abwasserentsorgung (Kanalnetz, Kläranlage und Schlammentsorgung) können von der Kommune auf private Unternehmen übertragen werden. • Es besteht Anschlusszwang an die Abwasserkanalisation und ans Trinkwassernetz. • Planung, Bau, sachgerechte Wartung und Instandhaltung und teilweise auch der Betrieb der wenigen privaten Regenwasserversickerungs- und -nutzungsanlagen sowie ggf. privater Abwasserreinigungsanlagen wird von privaten Unternehmen durchgeführt. • Die Ablesung der Verbrauchsdaten der verschiedenen Ver- und Entsorgungssparten ist nicht mehr an den jeweiligen Ver-/Entsorger gebunden, sondern wird in deren Auftrag in Form von Fernablesung von einem Dienstleister durchgeführt, der die notwendige IuK-technische Infrastruktur bereitstellt.

Tabelle A1-1 (Teil 14): Charakteristika der AKWA 2100 Szenarien (b)

Szenario 2 „Kommunaler Wasserkreislauf"	Szenario 3 „Kleinräumige Stoffkreisläufe"
• Wasserversorgung und Abwasserentsorgung sind hoheitliche bzw. öffentliche Aufgaben der Daseinsvorsorge. Die Kommune hat diese Aufgabe einem großen privatwirtschaftlichen Unternehmen aus der Ver- und Entsorgungswirtschaft übertragen, das auch für den Aufbau der Brauchwasserversorgung im Rahmen eines „Build-Operate-Transfer" (BOT)-Vertrages zuständig ist. Neben den wasserbezogenen Sektoren bietet dieses Unternehmen auch die anderen Versorgungssparten (Strom, Gas, Fernwärme, Abfall, Telekommunikation) im Versorgungsgebiet an. • Es besteht ein Anschlusszwang an das Trinkwassernetz und an die Abwasserentsorgung. • Planung, Bau, sachgerechte Wartung und Instandhaltung und teilweise auch der Betrieb der privaten Regenwasserversickerungs- und -nutzungsanlagen werden von privaten Unternehmen durchgeführt. • Die Ablesung der Verbrauchsdaten der verschiedenen Ver-/Entsorgungssparten sowie Aufbau und Betrieb der notwendigen Infrastruktur liegen in der Hand des Versorgungsunternehmens. Durch quasi-kontinuierliche Fernablesung werden die Verbrauchsdaten der einzelnen Versorgungssparten wohnungsspezifisch erfasst. Dies dient sowohl dem Lastmanagement der einzelnen Ver-/ Entsorgungsbereiche als auch der zeitnahen und verbrauchsgerechten Abrechnung der Versorgungsbereiche gegenüber dem Kunden. Der Kunde erhält je Abrechnungsintervall nur noch eine Gesamtrechnung für alle Ver- und Entsorgungssparten.	• Wasserver- und Abwasserentsorgung sind keine hoheitlichen Aufgaben mehr. Die Ver- und Entsorgungsverantwortung liegt bei den Haushalten. Die Öffentliche Hand nimmt nur noch Überwachungsaufgaben wahr bzw. beauftragt Dritte damit. • Jeder private Haushalt besitzt selbst bzw. mietet die für seine eigene Wasserver- und Abwasserentsorgung sowie zum Regenwassermanagement (auch Heiztechnik, Energietechnik, sonstige Haustechnik wie z. B. weiße Ware) notwendigen dezentral einsetzbaren Anlagen („On-site" Anlagen) von Haustechnik-Dienstleistern. Teilweise haben sich benachbarte private Haushalte zu Gruppen zusammengeschlossen, in denen entsprechende Haustechniksysteme gemeinsam genutzt werden. • Durch systematischen Einsatz von Fernüberwachungs-/Fernwirk- und Fernablesungstechnik ist ein sicherer und fachgerechter Betrieb dieser Anlagen durch die mit der Wartung/Instandhaltung beauftragten Firmen bzw. durch die Betreiberfirmen gewährleistet.

Tabelle A1-1 (Teil 15): Charakteristika der AKWA 2100 Szenarien (a)

Lfd. Nr.	Einflussfaktor	Teilaspekt	Szenario 1 „Weiter so!“
	Fortsetzung Auswirkungen der De-/Regulierung im Wassersektor	Wettbewerb	• Im Trink- und Abwasserbereich besteht bei der Neuvergabe der Lizenzen ein Wettbewerb um den Markt. • Im Bereich der Wasserver- und Abwasserentsorgung bestehen Gebietsmonopole der Kommunen. • Es besteht ein Wettbewerb für Bau, Planung, Betrieb, Wartung und Instandhaltung der dezentralen privaten Anlagen zur Regenwassernutzung und -versickerung.
2.5	Organisation/ institutionelle Strukturen im Wassersektor	Wettbewerb	• Die Abwasserableitung und -behandlung ist organisatorisch in einer Hand. • Kein Wettbewerb bzgl. Wasserdienstleistungen innerhalb eines Versorgungsgebietes (definiert durch das Netz). • Kooperation mit Abfallentsorgern (Co-Vergärung).

Tabelle A1-1 (Teil 15): Charakteristika der AKWA 2100 Szenarien (b)

Szenario 2 „Kommunaler Wasserkreislauf"	Szenario 3 „Kleinräumige Stoffkreisläufe"
• Im Trink-, Brauch- und Abwasserbereich besteht bei der Neuvergabe der Lizenzen ein Wettbewerb um den Markt. • Im Bereich der Wasserver- und Abwasserentsorgung bestehen Gebietsmonopole der Kommunen. • Es besteht ein Wettbewerb für Bau, Planung, Betrieb, Wartung und Instandhaltung der dezentralen privaten Anlagen zur Regenwassernutzung und -versickerung.	• Es besteht ein intensiver Wettbewerb um die Ausstattung der privaten Haushalte mit entsprechender On-site-Technik zur Wasserver- und Abwasserentsorgung sowie auch den Betrieb entsprechender Anlagen.
• Es sind integrierte Ver- und Entsorgungsunternehmen entstanden, die viele bzw. alle Ver-/Entsorgungssparten (Wasser, Abwasser, Gas, Strom, Wärme, Abfall, Recycling, Facilitymanagement, ...) anbieten. Diese finanzstarken Unternehmen bewerben sich um die Übernahme der Ver- und Entsorgungsaufgaben in Kommunen. Neben ihrem umfassenden und hochwertigen technischen Leistungsangebot verfügen sie über umfassende Kompetenzen im Bereich der Kundenorientierung. • Ähnlich dem Öl- oder Gasmarkt ist ein globaler Wassermarkt entstanden, auf dem Wasser aus den relativ wasserreichen Regionen gehandelt wird. • Die integrierten Versorgungsunternehmen in Deutschland treten auf dem Weltmarkt sowohl als Anbieter von Wasser als auch von Wassertechnologie auf. • Sowohl hinsichtlich der Technologien als auch der „best-practice"-Standards gibt es internationale Benchmarks. • Der globale Markt verlangt im Bereich der kommunalen Wasserver- und Abwasserentsorgung eine konsequente internationale Orientierung der Fach-Communities und ihrer wissenschaftlich-technischen Gesellschaften. Dies ist auch durch den Bedeutungsgewinn internationaler Standards und internationaler Standardisierungsarbeiten im Wassersektor notwendig.	• Offener Wettbewerb bei Bau und Betrieb der Ver-/Entsorgungsanlagen und der Ver-/Entsorgungsdienstleistungen. • Herkömmliche Wasserver- und Abwasserentsorgungsunternehmen haben sich zu Haustechnikanbietern weiterentwickelt und bieten Planungs-, Bau-, Wartungs- und Betreiberdienstleistungen für haustechnische Anlagen an. • Ähnlich dem Öl- oder Gasmarkt ist ein globaler Wassermarkt entstanden, auf dem Wasser aus den relativ wasserreichen Regionen gehandelt wird. • Nach einem Konsolidierungsprozess haben sich in Deutschland einige wenige private Wasserunternehmen herausgebildet. Sie treten auf dem Weltmarkt sowohl als Anbieter von Wasser als auch von Wassertechnologie auf. • Der globale Markt verlangt im Bereich der kommunalen Wasserver- und Abwasserentsorgung eine konsequente internationale Orientierung der Fach-Communities und ihrer wissenschaftlich-technischen Gesellschaften. Dies ist auch durch den Bedeutungsgewinn internationaler Standards und internationaler Standardisierungsarbeiten im Wassersektor notwendig.

Tabelle A1-1 (Teil 16): Charakteristika der AKWA 2100 Szenarien (a)

Lfd. Nr.	Einflussfaktor	Teilaspekt	Szenario 1 „Weiter so!"
	Fortsetzung Organisation/ institutionelle Strukturen im Wassersektor	Innovations-freundlichkeit	• Entwicklungsdynamik im Rahmen des konventionellen siedlungswasserwirtschaftlichen Innovationssystems (Kommunen, Hochschulen, Verbände, Planer, Anlagenbau).
		Tarife	• Trinkwasser wird nach Verbrauchsmenge mit einem linearen Tarif abgerechnet. • Die in die Kanalisation abgeleitete Menge an Dachablaufwasser wird gebäudespezifisch gemessen. Diese Ablaufmenge ist Grundlage für die zu entrichtende (Niederschlagswasser-)Gebühr. • Das abzuleitende (häusliche) Schmutzwasser wird sowohl mengenmäßig als auch im Hinblick auf die Konzentrationen einiger Belastungsparameter erfasst. Diese Daten bilden die Grundlage für die zu entrichtende Gebühr.

Tabelle A1-1 (Teil 16): Charakteristika der AKWA 2100 Szenarien (b)

Szenario 2 **„Kommunaler Wasserkreislauf"**	**Szenario 3** **„Kleinräumige Stoffkreisläufe"**
• Entwicklungsdynamik im Rahmen des konventionellen siedlungswasserwirtschaftlichen Innovationssystems (Kommunen, Hochschulen, Verbände, Planer, Anlagenbau). • Entwicklungen werden im Zusammenhang mit Regenwassernutzung, Brauchwassernutzung und wassersparender Armaturen- und Sanitärtechnik angestoßen. • Integration der Brauchwasserver- und Abwasserentsorgung gibt Innovationsimpulse.	• Hohe Innovationsgeschwindigkeit im gesamten Bereich der dezentral einsetzbaren („On-site") Ver- und Entsorgungstechnik (dies betrifft Verfahrenstechnik, Automatisierungstechnik, Dienstleistung).
• Trinkwasser wird nach einem zeitvariablen, progressiven Tarif abgerechnet. Dabei wird der Tarif sowohl saisonal wie auch über kürzere Zeitintervalle zum Lastmanagement variiert. • Brauchwasser wird nach einem linearen Tarif abgerechnet. • Kubikmeterpreis für Brauchwasser liegt bei 50 % des Kubikmeterpreises für Trinkwasser. • Das in die Kanalisation abgeleitete Regenwasser wird separat nach der versiegelten Fläche (Dach-, Hoffläche) berechnet. • Das in die Kanalisation abgeleitete (häusliche) Schmutzwasser (einschließlich Bioabfälle) wird mit geeigneten Messverfahren nach Menge und organischer Fracht erfasst. Diese Daten bilden die Grundlage für die zu entrichtende Schmutzwassergebühr. • Die Gelbwasserentsorgung ist für die Haushalte kostenfrei. • Durch die Teilnahme am Lastmanagementprogramm des Versorgers erhält der Haushalt einen günstigeren Tarif. In diesem Programm können bestimmte Gas-, Stromverbrauchsstellen im Haushalt in einem vorgegebenen Zeitfenster vom Versorger ferngesteuert ab-/angeschaltet werden und so zum Lastmanagement im Versorgungsgebiet mit genutzt werden.	• Tarife entfallen; Kosten werden als Betriebsausgaben von den Haushalten direkt aufgebracht. • Lastmanagement für Stromeinspeisung in das Netz.

Tabelle A1-1 (Teil 17): Charakteristika der AKWA 2100 Szenarien (a)

Lfd. Nr.	Einflussfaktor	Teilaspekt	Szenario 1 „Weiter so!“
	Fortsetzung Organisation/ institutionelle Strukturen im Wassersektor	Internalisierung externer Kosten	• Internalisierung durch ökonomische Instrumente (Tarifgestaltung).
2.6	Nutzung innovativer Technologien im Wassersektor	Dichtheits-prüfung und Sanierung	• Autonome Molche.
		Membran-technik	• Kommunale Abwasserbehandlung: Klassische biologische Abwasseraufbereitungsverfahren sind weiterhin Standardverfahren, Membranverfahren werden zum Standardverfahren. • Industrielle Abwasserbehandlung: Membranverfahren sind zur gezielten Teilstrombehandlung industrieller Abwässer vorherrschend.
		Werkstoff-technik	Siehe Szenario 2 bzw. 3
		IuK-Technik (Sensortechnik, MSR-Technik, Fernablesungs-/ Fernwirktechnik)	• IuK-Technologien werden intensiv zum Betrieb der zentralen Infrastruktursysteme genutzt.

Tabelle A1-1 (Teil 17): Charakteristika der AKWA 2100 Szenarien (b)

Szenario 2 „Kommunaler Wasserkreislauf"	Szenario 3 „Kleinräumige Stoffkreisläufe"
• Internalisierung durch ordnungsrechtliche Vorgaben und Anforderungen. • Internalisierung durch ökonomische Instrumente (Tarifgestaltung). • Externe Effekte der Einleitung von gereinigtem Abwasser in die Vorfluter sind verringert.	• Internalisierung durch ordnungsrechtliche Vorgaben und Anforderungen. • Es treten bis auf die Versickerung von gereinigtem Abwasser keine weiteren externen Effekte auf.
• Autonome Molche.	• Bei Vakuum und Druckleitungen inhärent.
• Kommunale Abwasserbehandlung: Zur Behandlung werden gleichermaßen Membranverfahren und klassische biologische Verfahren eingesetzt. Die Aufbereitung des Kläranlagenablaufs zu Brauchwasser erfolgt mit Membrantechnik. • Industrielle Abwasserbehandlung: Membrantechnologie ist Standard.	• Kommunale Abwasserbehandlung: Membranverfahren sind Standardtechnologie. • Industrielle Abwasserbehandlung: Membranverfahren sind Standardtechnologie.
• Die moderne Werkstofftechnologie ermöglicht durch ein gezieltes Design von Funktionswerkstoffen innovative Lösungen: z. B. praktische Nutzung des Lotus-Effektes für selbstreinigende Oberflächen (z. B. Sanitärmöbel, Innenflächen von Rohren), robuste, hochselektive Membranwerkstoffe.	
• IuK-Technologien sind für alle praktischen Anwendungen (inkl. Prozessüberwachung und -regelung) verfügbar, kostengünstig, technisch zuverlässig und finden deshalb allgemeine Verwendung (Standardtechnologien): wichtige Anwendungsbereiche sind die Anlagen zur Wasseraufbereitung und -verteilung, Abwasserableitung und -aufbereitung sowie die gesamte Haustechnik. • Das Internet hat sich als globales Kommunikationsnetz auch für industriell-gewerbliche und haustechnische Überwachungs- und Steuerungsfunktionen, Anwendungen und Dienstleistungen durchgesetzt. Entsprechende Funktionalitäten werden auch im LAN-Bereich und in einzelnen Haushalten als Intranet-Systeme eingesetzt. • Es steht robuste, dauerhafte, kontinuierlich messende mikrosystemtechnische Sensorik für alle wichtigen Mess- und Überwachungsaufgaben von Wasser und Abwasser kostengünstig zur Verfügung.	

Tabelle A1-1 (Teil 18): Charakteristika der AKWA 2100 Szenarien (a)

Lfd. Nr.	Einflussfaktor	Teilaspekt	Szenario 1 „Weiter so!“
	Fortsetzung Nutzung innovativer Technologien im Wassersektor	Anlagen-technik	• IuK-Technologien werden intensiv zum Betrieb der zentralen Infrastruktursysteme genutzt.
		Bio- und Gen-technologie	Siehe Szenario 2 bzw. 3
		Tiefbau	Siehe Szenario 2 bzw. 3

Tabelle A1-1 (Teil 18): Charakteristika der AKWA 2100 Szenarien (b)

Szenario 2 „Kommunaler Wasserkreislauf"	Szenario 3 „Kleinräumige Stoffkreisläufe"
• IuK-Technologien werden intensiv zum Betrieb der zentralen Infrastruktursysteme genutzt.	• Der Einsatz dezentraler Technologien „On-site"-Technologien) hat sich unter Einsatz IuK-technischer Vernetzung in den meisten Technikanwendungen gegenüber zentralen Technologien durchgesetzt. • Physikalische Verfahren der Wasseraufbereitung und Stofftrennung (Membranverfahren, Plasma- und optochemische Verfahren, z. B. für Desinfektion, Enthärtung/Aufhärtung) haben sich in weiten Bereichen gegenüber rein chemischen Verfahren durchgesetzt und ermöglichen problemlose „On-site"-Anwendungen.
• Die Bio- und Gentechnologie stellt Pflanzen und Mikroorganismen für zahlreiche Anwendungen im Bereich der Aufbereitung und Behandlung von Wässern und zum Recycling von Wertstoffen ebenso zur Verfügung wie Zellsubstanzen für Biosensoren für Anwendungen im Bereich der Wasser- und Prozessüberwachung.	
• Grabenloses Verlegen, Überwachen und Instandsetzen von Leitungen beliebiger Querschnitte ist Standard.	

Anhang A2: Erläuterung der Nachhaltigkeitskriterien urbaner Wasserinfrastruktursysteme

1. Ökonomische Dimension

1.1 Investitions-, Reinvestitions- und laufende Kosten

Welches Szenario benötigt insgesamt geringere Investitionskosten und erfordert geringere laufende Kosten für die Systemerstellung und den Betrieb (öffentliche Hand und private Nutzer/Haushalte)? Die Investitionskosten beinhalten die notwendigen Reinvestitionskosten während der gesamten Lebensdauer des Systems.

(Bei diesem Nachhaltigkeitsriterium wurden die Ergebnisse des betriebswirtschaftlichen Teils der Kosten-Nutzen-Analyse (Kapitel 5) eingesetzt.)

1.2 Markt

1.2.1 Lokaler Markt

Welches Szenario schafft mehr Betätigungsfelder für lokale Unternehmen?

1.2.2 Regionaler Markt

Welches Szenario schafft mehr Betätigungsfelder für Unternehmen auf regionaler und überregionaler Ebene?

1.2.3 Marktstruktur

Welches Szenario ist weniger anfällig für monopolistische Marktstrukturen bzw. ist für einen intensiven Wettbewerb förderlicher?

1.2.4 Innovationsklima

Welches Szenario erzeugt ein innovationsfreundlicheres Klima im Hinblick auf die Entwicklung und Anwendung neuer Technologien zum Umgang mit Wasser und Abwasser (öffentlicher und privatwirtschaftlicher Bereich)?

1.2.5 Exportpotenzial

Welches Szenario eröffnet bessere Exportchancen für die deutsche Wasserindustrie und Wasserwirtschaft und hat das Potenzial für international höhere Marktanteile?

1.3 Systemische Aspekte

1.3.1 Flexibilität

1.3.1.1 Erweiterbarkeit

Welches Szenario kann leichter an geänderten Kapazitätsbedarf angepasst bzw. zur Erfüllung veränderter Anforderungen um- oder nachgerüstet werden?

1.3.1.2 Offenheit für neue Technologien

Welches Szenario hat die größere Offenheit und Anpassungsfähigkeit im Hinblick auf die Integration neuer technischer Entwicklungen, d. h., welches Szenario hat die geringere technologische Pfadabhängigkeit und den geringeren Lock-in-Effekt?

1.3.1.3 Umstellungsaufwand

Ausgehend von den urbanen Wasserinfrastruktursystemen des Jahres 2000: Bei der Umstellung auf welches Szenario treten geringere nicht-monetäre Umstellungsprobleme auf (z. B. organisatorische Maßnahmen, Störungen des Verkehrs oder der Geschäftstätigkeit durch Baumaßnahmen)?

1.3.2 Synergiepotenziale

Welches Szenario bietet mehr Synergiepotenziale/Integrationsmöglichkeiten/Vernetzungsfähigkeit/Kompatibilität zu anderen Ver- und Entsorgungssektoren?

Zur Erläuterung: z. B. integrierte Entsorgung organischer Abfälle, gemeinsame Wartung/Instandhaltung, gemeinsames Netzmanagement (Trink-/Brauchwasserversorgung, Strom, Telekommunikation, Gas, Fernwärme, Rohrpost).

1.3.3 Sicherheit der Ver- und Entsorgung

Hier geht es um die Abschätzung des Risikos von Systemstörungen/Systemversagen (d. i. die Nichterbringung der geforderten Aufbereitungs-/Reinigungsleistung bspw. durch Fremdwasser, Prozessstörungen, Sabotage, Energieausfall) von Abwassersystemen (Achtung: Es wird das Gesamtsystem im Untersuchungsgebiet betrachtet und nicht eine einzelne Anlage oder Anlagenbestandteile.)

1.3.3.1 Reliabilität (Zuverlässigkeit, Schadenshäufigkeit)

Bei welchem Szenario ist die Wahrscheinlichkeit geringer, dass das Abwassersystem im Hinblick auf die geforderte Aufbereitungs-/Reinigungswirkung versagt?

1.3.3.2 Vulnerabilität (Schadensausmaß)

Bei welchem Szenario tritt im Versagensfall (d. i. die Nichterbringung der geforderten Aufbereitungs-/Reinigungsleistung) ein geringerer Schadensumfang auf?

1.3.3.3 Resilienz (Schadensdauer)

Welches Szenario ermöglicht im Versagensfall (d. i. die Nichterbringung der geforderten Aufbereitungs-/Reinigungsleistung) die raschere Rückkehr zum normalen Systembetrieb?

2. Gesellschaftliche (soziokulturelle) Dimension

2.1 Individuelle Aspekte

2.1.1 Handhabbarkeit

Welches Szenario bietet dem Endverbraucher eine einfachere Handhabbarkeit, höheren Bedienungskomfort bzw. verursacht einen geringeren Bedienungsaufwand?

2.1.2 Gebührengerechtigkeit

Welches Szenario setzt das Verursacherprinzip im Hinblick auf den Endnutzer konsequenter um?

2.1.3 Eigenverantwortung

Welches Szenario begünstigt eigenverantwortliches Verhalten im Hinblick auf Nachhaltigkeit stärker?

2.1.4 Gesundheit und Arbeitsschutz

Bei welchem Szenario sind negative Auswirkungen auf die menschliche Gesundheit geringer (z. B. Gefährdungspotenziale und hygienische Risiken bei der Nutzung bzw. dem Betrieb der Anlagen wie beispielsweise Rattenproblematik, Keimbelastung der Luft; Risiken bei der Nutzung von Sekundär„produkten“ wie beispielsweise Komposte, Klärschlämme, Nährstoffe, Brauchwasser)?

2.2 Kollektive Aspekte

2.2.1 Beschäftigungswirkung

Welches Szenario bietet hinsichtlich der Arbeitsmarktsituation die höhere Flexibilität, d. i. die Anpassbarkeit der personellen Anforderungen an unterschiedliche arbeitsmarktpolitische Situationen (Arbeitslosigkeit, Arbeitskräftemangel)?

2.2.2 Anfälligkeit bzgl. Fehlentscheidungen

Welches Szenario ist weniger anfällig im Hinblick darauf, dass aufgrund kurzer Amtsperioden der Entscheidungsträger in Politik und Wirtschaft kurzfristig getroffene Entscheidungen langfristig Fehlentscheidungen sind?

2.2.3 Akzeptanz der Technologie

Welches Szenario weist geringere kulturell begründete Akzeptanz- und Umgewöhnungsprobleme hinsichtlich des Umgangs mit Wasser auf?

2.3 Lebensumfeld

2.3.1 Qualität des Lebensumfelds

Welches Szenario führt insgesamt zu geringeren Beeinträchtigungen des direkten menschlichen Lebensumfelds (z. B. durch Lärm, Staus, Geruchsbelästigungen, Flächenverbrauch) und führt zu einem höheren Naherholungswert (unbelastete Gewässer und Grünbereiche, geringere Immissionsbelastung)?

2.3.2 Hochwasserrisiko

Welches Szenario führt zu einer höheren Reduzierung des Hochwasserrisikos (sowohl lokal, als auch stromabwärts)?

2.4 Intergenerationelle Gerechtigkeit

Welches Szenario erhält die Freiheitsgrade/Handlungsoptionen/Entscheidungsspielräume der nachfolgenden Generationen im Hinblick auf urbane Wasserinfrastruktursysteme besser?

2.5 Transferierbarkeit

Kriterien sind u. a.: Technische Eignung und Anpassbarkeit, institutionelle Voraussetzungen, Qualifizierungserfordernisse, Finanzierbarkeit, schrittweise Realisierbarkeit, Kompatibilität mit vorhandenen lokalen Systemen und der Kultur/Mentalität.

2.5.1 Transferierbarkeit bzgl. Klima

Welches Szenario ist besser für einen Einsatz in Regionen mit aridem Klima und beschränkter lokaler Wasserverfügbarkeit geeignet?

2.5.2 Transferierbarkeit bzgl. Entwicklungsländer

Welches Szenario ist besser für einen Einsatz in Regionen mit geringer wirtschaftlicher Leistungsfähigkeit geeignet?

3. Ökologische Dimension

3.1 Stoffstrommanagement/Kreislaufwirtschaft

3.1.1 Beseitigung Rückstände

Bei welchem Szenario entstehen weniger Rückstände aus der Wasserversorgung, Abwasserentsorgung und Bioabfallentsorgung, die beseitigt (Verbrennung, Deponierung) werden müssen?

3.1.2 Nährstoffe (N, P, K)

Welches Szenario ermöglicht eine bessere Rückgewinnung der im Abwasser/Abfall enthaltenen Nährstoffe?

3.1.3 Kohlenstoff

3.1.3.1 Biogas

Welches Szenario ermöglicht eine bessere energetische Nutzung des im Abwasser/Abfall enthaltenen Kohlenstoffs?

3.1.3.2 Bodenverbesserung

Welches Szenario ermöglicht eine bessere Nutzung des im Abwasser/Abfall enthaltenen Kohlenstoffs zur Bodenverbesserung?

3.1.4 Materialrecycling

Bei welchem Szenario lassen sich die in den Anlagen eingesetzten Materialien besser recyceln? (Hier sind die Materialien aller Systembestandteile gemeint, z. B. Behandlungsanlagen, Rohrleitungen, Sammelbehälter, Sanitärausstattung etc.)

3.2 Ressourcenverbrauch

3.2.1 Energiebilanz (Betrieb des Wasserver- und Abwasserentsorgungssystems)

Welches Szenario hat im Hinblick auf das Wasserver-/Abwasserentsorgungssystem die günstigere Energiebilanz (Primärenergie) für den Betrieb des gesamten Systems (öffentlicher Bereich und Endverbraucher)?

3.2.2 Rohwasserimport

Welches Szenario ist von Rohwasserimporten in das Versorgungsgebiet unabhängiger, greift also stärker auf lokale Wasserressourcen zu?

3.3 Auswirkungen auf Oberflächengewässer

3.3.1 Chronische Belastung

Welches Szenario führt zu einer geringeren Belastung der Oberflächengewässer durch das Einleiten von Stoffen mit akkumulierender und chronischer Schadwirkung? (Hier sind neben den üblichen Schadstoffklassen (z. B. Schwermetalle, halogenorganische Stoffe) auch hormonell wirkende Stoffe, Abbauprodukte von Medikamenten, antibiotische Stoffe u. ä. gemeint, die von den Reinigungsanlagen nicht zurückgehalten werden.)

3.3.2 Akute Belastung

Welches Szenario hat das geringere Risiko der akuten Belastung der Oberflächengewässer durch Schadstoffe? (Hier sind Stoßbelastungen gemeint, die systemimmanent, d. h. mit dem Regelbetrieb des Systems verbunden sind (z. B. Mischwasserentlastung). Nicht gemeint sind hingegen Stoßbelastungen durch Störungen des Betriebs der Abwasserbehandlungsanlagen (vgl. Ziffer 1.3.3 Sicherheit der Abwasserentsorgung).

3.3.3 Beeinträchtigung natürlicher Habitate

Welches Szenario führt durch die Einleitung von Stoff- und Wassermengen in die Oberflächengewässer zu geringeren Beeinträchtigungen der natürlicherweise vorhandenen Lebensgemeinschaften?

3.4 Auswirkungen auf das Grundwasser

3.4.1 Grundwasserneubildung

Welches Szenario führt zu einer höheren lokalen Grundwasserneubildungsrate?

3.4.2 Entnahme/Entzug von Grundwasser

Welches Szenario führt zu einem geringeren Entzug von Grundwasser?

3.4.3 Schadstoffeintrag

Welches Szenario hat das geringere Risiko, dass das Grundwasser durch Schadstoffeinträge (z. B. Leckagen, Versickerung) belastet wird?

3.5 Emission von Klimagasen

Welches Szenario führt zu einer geringeren Freisetzung von Klimagasen (CO_2, N_2O, CH_4)?

Anhang A3: Vollständige Ergebnisse der Nachhaltigkeitsbewertung (tabellarisch)

Tabelle A3-1: Ergebnis der Nachhaltigkeitsbewertung - Ökonomische Aspekte

Level 1	Lokal	Global	Level 2	Lokal	Global	Level 3	Lokal	Global	Level 4	Lokal	Global	Alternatives	Prty	Prty	Prty
Ökonomie	47,8%	47,8%	Investitions-, Reinvestitions-, laufende Kosten	21,2%	10,1%							Weiter so!	3,7%		
												Kommunaler Wass		3,0%	
												Kleinräumiger S			3,4%
			Markt	27,8%	13,3%	Lokaler Markt	12,1%	1,6%				Weiter so!	0,2%		
												Kommunaler Wass		0,3%	
												Kleinräumiger S			1,1%
						Regionaler/Überregionaler Markt	13,2%	1,8%				Weiter so!	0,2%		
												Kommunaler Wass		0,5%	
												Kleinräumiger S			1,0%
						Marktstruktur	24,9%	3,3%				Weiter so!	0,4%		
												Kommunaler Wass		0,6%	
												Kleinräumiger S			2,4%
						Innovationsklima	31,5%	4,2%				Weiter so!	0,3%		
												Kommunaler Wass		0,9%	
												Kleinräumiger S			3,0%
						Exportpotenzial	18,2%	2,4%				Weiter so!	0,3%		
												Kommunaler Wass		0,5%	
												Kleinräumiger S			1,7%
			Systemische Aspekte	51,0%	24,4%	Flexibilität	26,8%	6,5%	Erweiterbarkeit	43,6%	2,8%	Weiter so!	0,6%		
												Kommunaler Wass		0,6%	
												Kleinräumiger S			1,6%
									Offenheit für neue Technologien	30,4%	2,0%	Weiter so!	0,2%		
												Kommunaler Wass		0,5%	
												Kleinräumiger S			1,3%
									Umstellungsprobleme	26,1%	1,7%	Weiter so!	1,1%		
												Kommunaler Wass		0,2%	
												Kleinräumiger S			0,3%
						Synergiepotenziale	12,7%	3,1%				Weiter so!	0,3%		
												Kommunaler Wass		1,1%	
												Kleinräumiger S			1,7%
						Sicherheit Wasserver-/Abwasserentsorgung	60,5%	14,8%	Reliabilität (Schadenshäufigkeit)	45,7%	6,7%	Weiter so!	3,2%		
												Kommunaler Wass		2,1%	
												Kleinräumiger S			1,4%
									Vulnerabilität (Schadensausmaß)	36,8%	5,4%	Weiter so!	1,0%		
												Kommunaler Wass		0,8%	
												Kleinräumiger S			3,6%
									Resilienz (Schadensdauer)	17,5%	2,6%	Weiter so!	1,0%		
												Kommunaler Wass		0,7%	
												Kleinräumiger S			1,0%

Tabelle A3-2: Ergebnis der Nachhaltigkeitsbewertung - Gesellschaftliche Aspekte

Level 1	Lokal	Global	Level 2	Lokal	Global	Level 3	Lokal	Global	Level 4	Lokal	Global	Alternatives	Prty	Prty	Prty
Gesellschaft	20,7%	20,7%	Individuelle Aspekte	24,6%	5,1%	Handhabbarkeit	22,3%	1,1%				Weiter so!	0,6%		
												Kommunaler Wass		0,4%	
												Kleinräumiger S			0,1%
						Gebührengerechtigkeit	26,3%	1,3%				Weiter so!	0,1%		
												Kommunaler Wass		0,2%	
												Kleinräumiger S			1,0%
						Eigenverantwortung	17,8%	0,9%				Weiter so!	0,1%		
												Kommunaler Wass		0,2%	
												Kleinräumiger S			0,7%
						Gesundheit/Arbeitsschutz	33,5%	1,7%				Weiter so!	0,6%		
												Kommunaler Wass		0,5%	
												Kleinräumiger S			0,6%
			Gesellschaftliche Aspekte	21,7%	4,5%	Beschäftigungswirkung	17,3%	0,8%				Weiter so!	0,2%		
												Kommunaler Wass		0,2%	
												Kleinräumiger S			0,4%
						Anfälligkeit bzgl. Fehlentscheidungen	35,9%	1,6%				Weiter so!	0,6%		
												Kommunaler Wass		0,4%	
												Kleinräumiger S			0,6%
						Akzeptanz der Technologie	47,1%	2,1%				Weiter so!	1,4%		
												Kommunaler Wass		0,5%	
												Kleinräumiger S			0,2%
			Lebensumfeld	24,4%	5,1%	Qualität des Lebensumfelds	56,5%	2,9%				Weiter so!	0,5%		
												Kommunaler Wass		0,7%	
												Kleinräumiger S			1,7%
						Hochwasserrisiko	43,5%	2,2%				Weiter so!	0,3%		
												Kommunaler Wass		0,6%	
												Kleinräumiger S			1,4%
			Intergenerationelle Gerechtigkeit	20,6%	4,3%							Weiter so!	0,7%		
												Kommunaler Wass		1,2%	
												Kleinräumiger S			2,4%
			Transferierbarkeit	8,7%	1,8%	Transferierbarkeit bzgl. Klima	41,7%	0,8%				Weiter so!	0,1%		
												Kommunaler Wass		0,2%	
												Kleinräumiger S			0,5%
						Transferierbarkeit bzgl. Entwicklungsländer	58,3%	1,1%				Weiter so!	0,3%		
												Kommunaler Wass		0,2%	
												Kleinräumiger S			0,6%

Tabelle A3-3: Ergebnis der Nachhaltigkeitsbewertung - Ökologische Aspekte

Level 1	Lokal	Global	Level 2	Lokal	Global	Level 3	Lokal	Global	Level 4	Lokal	Global	Alternatives	Prty	Prty	Prty
Ökologie	31,5%	31,5%	Stoffstrommanagement	11,5%	3,6%	Beseitigung Rückstände	30,1%	1,1%				Weiter so!	0,1%		
												Kommunaler Wass		0,3%	
												Kleinräumiger S			0,7%
						Nährstoffrückgewinnung (N, P, K)	35,9%	1,3%				Weiter so!	0,1%		
												Kommunaler Wass		0,4%	
												Kleinräumiger S			0,8%
						Kohlenstoffrückgewinnung	20,1%	0,7%	Biogas	67,7%	0,5%	Weiter so!	0,1%		
												Kommunaler Wass		0,2%	
												Kleinräumiger S			0,2%
									Bodenverbesserung	32,3%	0,2%	Weiter so!	0,0%		
												Kommunaler Wass		0,1%	
												Kleinräumiger S			0,1%
						Materialrecycling	13,9%	0,5%				Weiter so!	0,1%		
												Kommunaler Wass		0,1%	
												Kleinräumiger S			0,3%
			Ressourcenverbrauch	15,8%	5,0%	Energie	63,0%	3,1%				Weiter so!	0,5%		
												Kommunaler Wass		0,8%	
												Kleinräumiger S			1,9%
						Rohwasser	37,0%	1,8%				Weiter so!	0,2%		
												Kommunaler Wass		0,5%	
												Kleinräumiger S			1,2%
			Auswirkungen auf Oberflächengewässer	25,7%	8,1%	Chronische Belastung	62,6%	5,1%				Weiter so!	0,6%		
												Kommunaler Wass		1,2%	
												Kleinräumiger S			3,2%
						Akute Belastung	18,0%	1,5%				Weiter so!	0,2%		
												Kommunaler Wass		0,3%	
												Kleinräumiger S			1,0%
						Beeinträchtigung Habitate	19,4%	1,6%				Weiter so!	0,2%		
												Kommunaler Wass		0,4%	
												Kleinräumiger S			1,0%
			Auswirkung auf Grundwasser	32,6%	10,3%	Grundwasserneubildung	22,6%	2,3%				Weiter so!	0,2%		
												Kommunaler Wass		0,5%	
												Kleinräumiger S			1,6%
						Entnahme von Grundwasser	18,7%	1,9%				Weiter so!	0,2%		
												Kommunaler Wass		0,4%	
												Kleinräumiger S			1,3%
						Schadstoffeintrag	58,7%	6,0%				Weiter so!	1,0%		
												Kommunaler Wass		0,9%	
												Kleinräumiger S			4,1%
			Emission von Klimagasen	14,3%	4,5%							Weiter so!	0,6%		
												Kommunaler Wass		1,0%	
												Kleinräumiger S			2,9%

TECHNIK, WIRTSCHAFT und POLITIK

Schriftenreihe des Fraunhofer-Instituts
für Systemtechnik und Innovationsforschung ISI

Band 2: B. Schwitalla
Messung und Erklärung industrieller Innovationsaktivitäten
1993. ISBN 3-7908-0693-4

Band 3: H. Grupp (Hrsg.)
Technologie am Beginn des 21. Jahrhunderts,
2. Aufl.
1995. ISBN 3-7908-0862-8

Band 4: M. Kulicke u.a.
Chancen und Risiken junger Technologieunternehmen
1993. ISBN 3-7908-0732-X

Band 5: H. Wolff, G. Becher, H. Delpho, S. Kuhlmann, U. Kuntze, J. Stock
FuE-Kooperation von kleinen und mittleren Unternehmen
1994. ISBN 3-7908-0746-X

Band 6: R. Walz
Die Elektrizitätswirtschaft in den USA und der BRD
1994. ISBN 3-7908-0769-9

Band 7: P. Zoche (Hrsg.)
Herausforderungen für die Informationstechnik
1994. ISBN 3-7908-0790-7

Band 8: B. Gehrke, H. Grupp
Innovationspotential und Hochtechnologie,
2. Aufl.
1994. ISBN 3-7908-0804-0

Band 9: U. Rachor
Multimedia-Kommunikation im Bürobereich
1994. ISBN 3-7908-0816-4

Band 10: O. Hohmeyer, B. Hüsing, S. Maßfeller, T. Reiß
Internationale Regulierung der Gentechnik
1994. ISBN 3-7908-0817-2

Band 11: G. Reger, S. Kuhlmann
Europäische Technologiepolitik in Deutschland
1995. ISBN 3-7908-0825-3

Band 12: S. Kuhlmann, D. Holland
Evaluation von Technologiepolitik in Deutschland
1995. ISBN 3-7908-0827-X

Band 13: M. Klimmer
Effizienz der computergestützten Fertigung
1995. ISBN 3-7908-0836-9

Band 14: F. Pleschak
Technologiezentren in den neuen Bundesländern
1995. ISBN 3-7908-0844-X

Band 15: S. Kuhlmann, D. Holland
Erfolgsfaktoren der wirtschaftsnahen Forschung
1995. ISBN 3-7908-0845-8

Band 16: D. Holland, S. Kuhlmann (Hrsg.)
Systemwandel und industrielle Innovation
1995. ISBN 3-7908-0851-2

Band 17: G. Lay (Hrsg.)
Strukturwandel in der ostdeutschen Investitionsgüterindustrie
1995. ISBN 3-7908-0869-5

Band 18: C. Dreher, J. Fleig, M. Harnischfeger, M. Klimmer
Neue Produktionskonzepte in der deutschen Industrie
1995. ISBN 3-7908-0886-5

Band 19: S. Chung
Technologiepolitik für neue Produktionstechnologien in Korea und Deutschland
1996. ISBN 3-7908-0893-8

Band 20: G. Angerer u.a.
Einflüsse der Forschungsförderung auf Gesetzgebung und Normenbildung im Umweltschutz
1996. ISBN 3-7908-0904-7

Band 21: G. Münt
Dynamik von Innovation und Außenhandel
1996. ISBN 3-7908-0905-5

Band 22: M. Kulicke, U. Wupperfeld
Beteiligungskapital für junge Technologieunternehmen
1996. ISBN 3-7908-0929-2

Band 23: K. Koschatzky
Technologieunternehmen im Innovationsprozeß
1997. ISBN 3-7908-0977-2

Band 24: T. Reiß, K. Koschatzky
Biotechnologie
1997. ISBN 3-7908-0985-3

Band 25: G. Reger
Koordination und strategisches Management internationaler Innovationsprozesse
1997. ISBN 3-7908-1015-0

Band 26: S. Breiner
Die Sitzung der Zukunft
1997. ISBN 3-7908-1040-1

Band 27: M. Kulicke, U. Broß, U. Gundrum
Innovationsdarlehen als Instrument zur Förderung kleiner und mittlerer Unternehmen
1997. ISBN 3-7908-1046-0

Band 28: G. Angerer, C. Hipp, D. Holland, U. Kuntze
Umwelttechnologie am Standort Deutschland
1997. ISBN 3-7908-1063-0

Band 29: K. Cuhls
Technikvorausschau in Japan
1998. ISBN 3-7908-1079-7

Band 30: J. Fleig
Umweltschutz in der schlanken Produktion
1998. ISBN 3-7908-1080-0

Band 31: S. Kuhlmann, C. Bättig, K. Cuhls, V. Peter
Regulation und künftige Technikentwicklung
1998. ISBN 3-7908-1094-0

Band 32: Umweltbundesamt (Hrsg.)
Innovationspotentiale von Umwelttechnologien
1998. ISBN 3-7908-1125-4

Band 33: F. Pleschak, H. Werner
Technologieorientierte Unternehmensgründungen in den neuen Bundesländern
1998. ISBN 3-7908-1133-5

Band 34: M. Fritsch, F. Meyer-Krahmer, F. Pleschak (Hrsg.)
Innovationen in Ostdeutschland
1998. ISBN 3-7908-1144-0

Band 35: F. Meyer-Krahmer, S. Lange (Hrsg.)
Geisteswissenschaften und Innovationen
1999. ISBN 3-7908-1197-1

Band 36: B. Geiger, E. Gruber, W. Megele
Energieverbrauch und Einsparung in Gewerbe, Handel und Dienstleistung
1999. ISBN 3-7908-1216-1

Band 37: G. Reger, M. Beise, H. Belitz
Innovationsstandorte multinationaler Unternehmen
1999. ISBN 3-7908-1225-0

Band 38: C. Kolo, T. Christaller, E. Pöppel
Bioinformation
1999. ISBN 3-7908-1241-2

Band 39: R. Bierhals et al.
Mikrosystemtechnik – Wann kommt der Marktdurchbruch?
2000. ISBN 3-7908-1250-1

Band 40: C. Hipp
Innovationsprozesse im Dienstleistungssektor
2000. ISBN 3-7908-1264-1

Band 41: U. Broß
Innovationsnetzwerke in Transformationsländern
2000. ISBN 3-7908-1287-0

Band 42: F. Pleschak, M. Fritsch, F. Stummer
Industrieforschung in den neuen Bundesländern
2000. ISBN 3-7908-1288-9

Band 43: Katrin Ostertag et al.
Energiesparen – Klimaschutz der sich rechnet
2000. ISBN 3-7908-1294-3

Band 44: U. Böde, E. Gruber
Klimaschutz als sozialer Prozess
2001. ISBN 3-7908-1317-6

Band 45: A. Hullmann
Internationaler Wissenstransfer und technischer Wandel
2001. ISBN 3-7908-1413-X

Band 46: V. Peter
Institutionen im Innovationsprozess
2002. ISBN 3-7908-1462-8

Band 47: F. Pleschak u.a.
Gründung und Wachstum FuE-intensiver Unternehmen
2002. ISBN 3-7908-1478-4

Band 48: H. Grupp u.a.
Das deutsche Innovationssystem seit der Reichsgründung
2002. ISBN 3-7908-1479-2

Band 49: K. Blind u.a.
Software-Patente
2003. ISBN 3-7908-1540-3

Band 50: K. Menrad u.a.
Gentechnik in der Landwirtschaft, Pflanzenzucht und Lebensmittelproduktion
2003. ISBN 3-7908-0021-X

Band 51: C. Nathani
Modellierung des Strukturwandels beim Übergang zu einer materialeffizienten Kreislaufwirtschaft
2003. ISBN 3-7908-0023-6

Band 52: M. Herrchen, E. Gruber
Ökotoxikologie-Forschung
2003. ISBN 3-7908-0035-X

Druck und Bindung: Strauss Offsetdruck GmbH

9 783790 800371

GPSR Compliance

The European Union's (EU) General Product Safety Regulation (GPSR) is a set of rules that requires consumer products to be safe and our obligations to ensure this.

If you have any concerns about our products, you can contact us on ProductSafety@springernature.com

In case Publisher is established outside the EU, the EU authorized representative is:

Springer Nature Customer Service Center GmbH
Europaplatz 3
69115 Heidelberg, Germany

Batch number: 10815974

Printed by Printforce, the Netherlands